《电磁学与电动力学（第二版）》
习题解答

胡友秋　程福臻　叶邦角　刘之景　胡岳东　编著

科学出版社
北　京

内 容 简 介

本书是与中国科学技术大学的《电磁学与电动力学（第二版）》（分上、下两册）完全配套的习题解答，是学习电磁学与电动力学课程的配套辅导书.旨在帮助学生理解课本的知识，加深对基本概念的理解，加强对基本解题方法与技巧的掌握，为学生提供完整而详细的课后习题答案，进而提高学习能力和应试水平，帮助学生巩固所学知识，也可以用来帮助学生完成考研备考学习.

本书分电磁学和电动力学两个部分，其中电磁学部分（上册）包含 10 章，电动力学部分（下册）包含 8 章，章节的划分与教材一致，分别解答《电磁学与电动力学（第二版）》（分上、下两册）中所布置的全部习题.在解题过程中，我们尽力做到概念清晰、方法简洁、规范，与课堂内容密切配合. 除极个别习题之外，每题只给了一种解法，供教师和同学参考.

图书在版编目 (CIP) 数据

《电磁学与电动力学（第二版）》习题解答 / 胡友秋等编著. —北京：科学出版社，2016.1

ISBN 978-7-03-046825-3

Ⅰ. ①电… Ⅱ. ①胡… Ⅲ. ①电磁学－高等学校－教学参考资料 ②电动力学－高等学校－教学参考资料 Ⅳ. ①O44

中国版本图书馆 CIP 数据核字（2015）第 319936 号

责任编辑：窦京涛 / 责任校对：邹慧卿

责任印制：赵 博 / 封面设计：迷底书装

科学出版社 出版

北京东黄城根北街 16 号

邮政编码：100717

http://www.sciencep.com

三河市春园印刷有限公司印刷

科学出版社发行 各地新华书店经销

*

2016 年 1 月第 一 版 开本：720×1 000 1/16

2025 年12月第十一次印刷 印张：12 1/4

字数：290 000

定价：39.00 元

（如有印装质量问题，我社负责调换）

目　　录

《电磁学与电动力学（上册）（第二版）》习题解答

第 1 章　真空中的静电场……3
第 2 章　静电场中的导体和电介质……20
第 3 章　静电场的能量……36
第 4 章　稳恒电流……49
第 5 章　真空中的静磁场……59
第 6 章　介质中的静磁场……70
第 7 章　电磁感应……82
第 8 章　磁能……94
第 9 章　交流电路……99
第 10 章　麦克斯韦电磁理论……104
附录　单位制和单位制间的公式变换……109

《电磁学与电动力学（下册）（第二版）》习题解答

第 1 章　电磁现象的基本规律……115
第 2 章　静电场……123
第 3 章　静磁场……133
第 4 章　电磁波的传播……141
第 5 章　电磁波的辐射……153
第 6 章　运动电荷的辐射……168
第 7 章　电磁波的散射、吸收和色散……175
第 8 章　狭义相对论……179

《电磁学与电动力学（第二版）习题解答》后记……191

《电磁学与电动力学（上册）（第二版）》习题解答

第 1 章　真空中的静电场

1.1　把总电量为 Q 的同一种电荷分成两部分，一部分均匀分布在地球上，另一部分均匀分布在月球上，使它们之间的库仑力正好抵消万有引力. 已知 $1/(4\pi\varepsilon_0)=9.00\times10^9\,\mathrm{N\cdot m^2\cdot C^{-2}}$，引力常数 $G=6.67\times10^{-11}\,\mathrm{N\cdot m^2\cdot kg^{-2}}$，地球质量为 $5.98\times10^{24}\,\mathrm{kg}$，月球质量为 $7.34\times10^{22}\,\mathrm{kg}$.

（1）求 Q 的最小值；

（2）如果电荷分配与质量成正比，求 Q.

解　（1）设地球上带电 Q_E，月球上带电 Q_M，由题意

$$Q_\mathrm{E}+Q_\mathrm{M}=Q,\quad \frac{GMm}{r^2}=\frac{Q_\mathrm{E}Q_\mathrm{M}}{4\pi\varepsilon_0 r^2},\quad \frac{Q_\mathrm{E}Q_\mathrm{M}}{4\pi\varepsilon_0}=GMm$$

由不等式 $Q_\mathrm{E}+Q_\mathrm{M}\geqslant 2\sqrt{Q_\mathrm{E}Q_\mathrm{M}}$，可求得 Q 的最小值

$$Q_{\min}=2\sqrt{Q_\mathrm{E}Q_\mathrm{M}}=2\sqrt{4\pi\varepsilon_0 GMm}$$

$$=2\sqrt{\frac{6.67\times10^{-11}\times5.98\times10^{24}\times7.34\times10^{22}}{9.00\times10^9}}=1.14\times10^{14}(\mathrm{C})$$

（2）记 $Q_\mathrm{E}=aM,\ Q_\mathrm{M}=am$，则

$$Q=a(M+m),\quad \frac{GMm}{r^2}=\frac{a^2Mm}{4\pi\varepsilon_0 r^2}$$

于是有 $a=\sqrt{4\pi\varepsilon_0 G}$，即

$$Q=\sqrt{4\pi\varepsilon_0 G}(M+m)=\sqrt{\frac{6.67\times10^{-11}}{9.00\times10^9}}(5.98\times10^{24}+7.34\times10^{22})=5.21\times10^{14}(\mathrm{C})$$

1.2　真空中有一点电荷 Q 固定不动，另一质量为 m、电荷为 $-q$ 的质点，在它们之间的库仑力的作用下，绕 Q 做匀速圆周运动，半径为 r，周期为 T. 证明：

$$\frac{r^3}{T^2}=\frac{qQ}{16\pi^3\varepsilon_0 m}$$

证　设质点速度为 v，则 $v=2\pi r/T$. 根据牛顿第二定律，由库仑力提供质点圆周运动的向心力，即 $\dfrac{Qq}{4\pi\varepsilon_0 r^2}=\dfrac{m(2\pi r/T)^2}{r}$，于是有 $\dfrac{r^3}{T^2}=\dfrac{qQ}{16\pi^3\varepsilon_0 m}$，证毕.

1.3　有三个点电荷，电量都是 $q=1.6\times10^{-19}\,\mathrm{C}$，分别固定在边长为 $a=3.0\times10^{-10}\,\mathrm{m}$ 的正三角形三个顶点，在这三角形中心 O，有一个质量为 $m=2.3\times10^{-26}\,\mathrm{kg}$，电量为 $Q=-4.8\times10^{-19}\,\mathrm{C}$ 的粒子.

（1）证明：这个粒子处在平衡位置（即作用在它上面的库仑力为零）；

（2）求这粒子以 O 为中心沿一轴线（该轴线过 O 并与三角形的平面互相垂直）作微小振动的频率 ν.

解　（1）处在正三角形中心 O 点的负电荷 Q，受三个顶点正电荷 q 的引力大小相等，均为 $|Q|q/(4\pi\varepsilon_0 r^2)$，$r=\sqrt{3}a/3$ 为 O 点至顶点间的距离. 三个力均指向顶点，两两夹角均为 120°，合力为零.

（2）过 O 点作 x 轴，与三角形所在平面垂直. 当粒子在 x 处时，三个点电荷对粒子的引力沿 x 轴方向的分量为

$$F=3\cdot\frac{Qq}{4\pi\varepsilon_0(r^2+x^2)}\cdot\frac{x}{\sqrt{r^2+x^2}}$$

沿垂直于 x 轴方向的分量为 0.于是粒子沿 x 轴的作微振动的运动方程如下：

$$m\frac{\mathrm{d}^2x}{\mathrm{d}t^2}=\frac{3Qqx}{4\pi\varepsilon_0(r^2+x^2)^{3/2}}\approx\frac{3Qqx}{4\pi\varepsilon_0 r^3}$$

上式表明，粒子作简谐振动，角频率 $\omega=[-3Qq/(4\pi\varepsilon_0 mr^3)]^{1/2}$. 于是

$$\nu=\frac{\omega}{2\pi}=\frac{1}{2\pi}\left(\frac{-3Qq}{4\pi\varepsilon_0 mr^3}\right)^{1/2}$$

$$=\frac{1}{2\pi}\left[\frac{3\times4.8\times10^{-19}\times1.6\times10^{-19}\times8.99\times10^9}{2.3\times10^{-26}\times(\sqrt{3}\times3\times10^{-10}/3)^3}\right]^{1/2}=2.1\times10^{13}\ (\mathrm{Hz})$$

1.4　电量为 Q 的两个点电荷，相距 $2l$，在其连线的中垂面上放一点电荷 q_0，求证该点电荷在中垂面上受力的极大值的轨迹是一个圆，并给出该圆的半径.

解　设位于中垂面上的点电荷 q_0 离连线的距离为 r，则由题义，q_0 所受合力 F 与中垂面平行，且与连线垂直，其大小为 $F=2Qq_0r/[4\pi\varepsilon_0(l^2+r^2)^{3/2}]$. 当 $\mathrm{d}F/\mathrm{d}r=0$ 时，F 取极值，即

$$\frac{\mathrm{d}}{\mathrm{d}r}\left(\frac{r}{(l^2+r^2)^{3/2}}\right)=0\quad\Rightarrow\quad\frac{1}{(l^2+r^2)^{3/2}}-\frac{3r^2}{(l^2+r^2)^{5/2}}=0$$

由上式可解得 $r=l/\sqrt{2}$. 容易验证，该极值为极大值. 这说明，点电荷 q_0 在中垂面上受力极大所在位置的轨迹为一个半径为 $l/\sqrt{2}$ 的圆.

1.5　习题 1.5 图中的 q 和 l 都已知，这样的四个点电荷称作平面电四极子. 图中 A 点与电四极子在同一平面内，它到电四极子中心 O 的距离为 x，AO 与正方形的两边平行.

（1）求 A 点的电场强度 $\boldsymbol{E}$；

（2）当 $x\gg l$ 时，$\boldsymbol{E}$=？

解　（1）建立坐标系如图 1.5a 所示，图中用 a、b、c、d 标记四个点电荷的位置. 点 a、c 两处点电荷在 A 点合电场的方向沿 y 轴负向，表达式为

$$\boldsymbol{E}_{ac}=-2\times\frac{ql/2}{4\pi\varepsilon_0[(l/2)^2+(x+l/2)^2]^{3/2}}\boldsymbol{e}_y$$

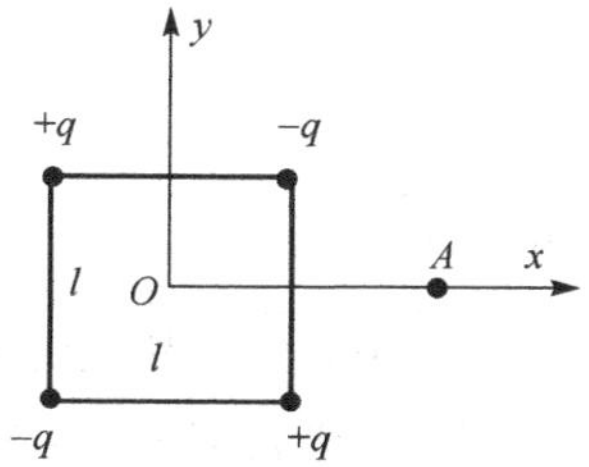

习题 1.5 图

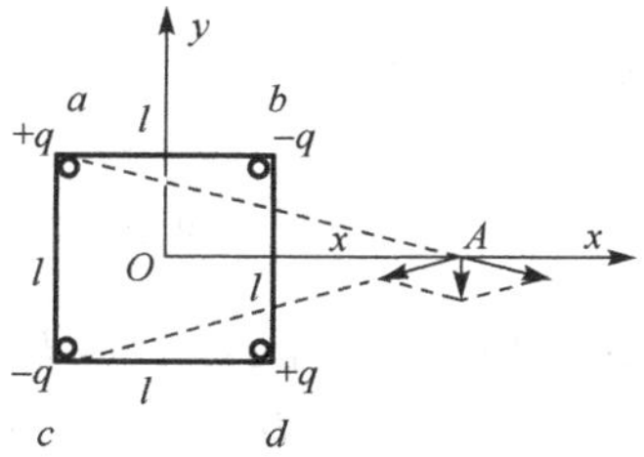

图 1.5a

b、d 两处点电荷在 A 点合电场的方向沿 y 轴正向，表达式为

$$\boldsymbol{E}_{bd}=2\times\frac{ql/2}{4\pi\varepsilon_0[(x-l/2)^2+(l/2)^2]^{3/2}}\boldsymbol{e}_y$$

于是，A 点的总电场为

$$\boldsymbol{E}=\boldsymbol{E}_{ac}+\boldsymbol{E}_{bd}=\frac{ql}{4\pi\varepsilon_0}\left\{\frac{1}{[(x-l/2)^2+(l/2)^2]^{3/2}}-\frac{1}{[(x+l/2)^2+(l/2)^2]^{3/2}}\right\}\boldsymbol{e}_y$$

（2）当 $x\gg l$ 时

$$\frac{1}{[(x-l/2)^2+(l/2)^2]^{3/2}}-\frac{1}{[(x+l/2)^2+(l/2)^2]^{3/2}}\approx\frac{1}{(x^2-xl)^{3/2}}-\frac{1}{(x^2+xl)^{3/2}}$$

$$=\frac{1}{x^3}\left[\frac{1}{(1-x/l)^{3/2}}-\frac{1}{(x+x/l)^{3/2}}\right]\approx\frac{1}{x^3}\left(1+\frac{3l}{2x}-1+\frac{3l}{2x}\right)=\frac{3l}{x^4}$$

$$\boldsymbol{E}\approx\frac{3ql^2}{4\pi\varepsilon_0x^4}\boldsymbol{e}_y$$

1.6　如习题 1.6 图所示，电荷分布在半径为 R 的半圆环上，线电荷密度为 $\lambda_0\sin\theta$，λ_0 为常数，θ 为半径 OB 和直径 AC 间的夹角. 证明 AC 上任一点的电场强度都与 AC 垂直.

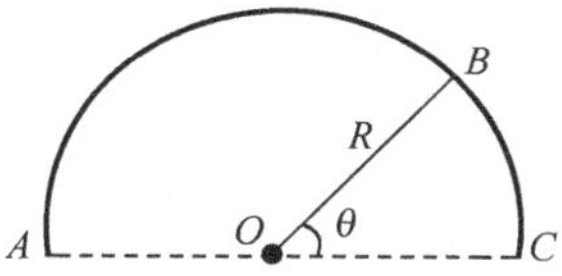

习题 1.6 图

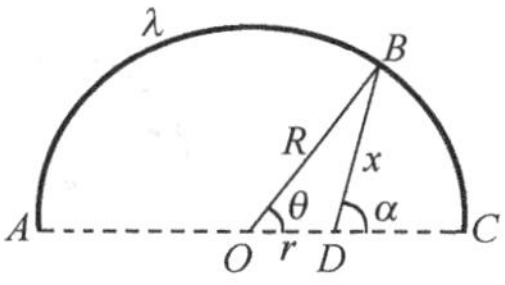

图 1.6a

证　设 D 为直径 AC 上任一点，D 到环心 O 的距离为 r，如图 1.6a 所示．要证明 D 点的 $\boldsymbol{E}$ 垂直于 AC，只需证明 $\boldsymbol{E}$ 沿 AC 方向的分量为零即可．

设环的半径为 R，则 B 处弧元 $R\mathrm{d}\theta$ 上的电荷量为 $\mathrm{d}q=\lambda_0\sin\theta R\,\mathrm{d}\theta$，它在 D 点产生的电场强度 $\mathrm{d}\boldsymbol{E}$ 的大小为

$$\mathrm{d}E=\frac{\mathrm{d}q}{4\pi\varepsilon_0 x^2}=\frac{\lambda_0 R\sin\theta\,\mathrm{d}\theta}{4\pi\varepsilon_0 x^2}$$

式中，x 是 B 到 D 的距离，其值为 $x=\sqrt{R^2+r^2-2Rr\cos\theta}$．$\mathrm{d}\boldsymbol{E}$ 沿 AC 方向的分量为

$$\mathrm{d}E_{//}=\mathrm{d}E\cos\alpha=\frac{\lambda_0 R\sin\theta\,\mathrm{d}\theta}{4\pi\varepsilon_0 x^2}\cdot\frac{R\cos\theta-r}{x}=\frac{\lambda_0 R}{4\pi\varepsilon_0}\frac{R\sin\theta\cos\theta-r\sin\theta}{(R^2+r^2-2Rr\cos\theta)^{3/2}}\mathrm{d}\theta$$

$$E_{//}=\frac{\lambda_0 R}{4\pi\varepsilon_0}\int_0^{\pi}\frac{R\sin\theta\cos\theta-r\sin\theta}{(R^2+r^2-2Rr\cos\theta)^{3/2}}\mathrm{d}\theta=\frac{\lambda_0 R}{4\pi\varepsilon_0}(I_1+I_2)$$

式中

$$I_1=R\int_0^{\pi}\frac{\sin\theta\cos\theta\,\mathrm{d}\theta}{(R^2+r^2-2Rr\cos\theta)^{3/2}}=R\int_{-1}^{1}\frac{u\,\mathrm{d}u}{(R^2+r^2-2Rru)^{3/2}}$$

$$=R\frac{2}{(-2Rr)^2}\left[\sqrt{R^2+r^2-2Rru}+\frac{R^2+r^2}{\sqrt{R^2+r^2-2Rru}}\right]_{-1}^{1}=\frac{2r}{R(R^2-r^2)}$$

其中用到不定积分公式

$$\int\frac{u\,\mathrm{d}u}{(a+bu)^{3/2}}=\frac{2}{b^2}\left(\sqrt{a+bu}+\frac{a}{\sqrt{a+bu}}\right),\quad (a=R^2+r^2,b=-2Rr)$$

$$I_2=-r\int_0^{\pi}\frac{\sin\theta\,\mathrm{d}\theta}{(R^2+r^2-2Rr\cos\theta)^{3/2}}=r\int_1^{-1}\frac{\mathrm{d}u}{(R^2+r^2-2Rru)^{3/2}}$$

$$=\frac{1}{R}\left[\frac{1}{\sqrt{R^2+r^2-2Rru}}\right]_1^{-1}=-\frac{2r}{R(R^2-r^2)}$$

I_1 和 I_2 互抵，电场切向分量 $E_{//}=0$，亦即 $\boldsymbol{E}$ 垂直于 AC，证毕．

1.7　一无限长均匀带电导线，线电荷密度为 λ，一部分弯成半圆形，其余部分为两条无穷长平行直导线，两直线都与半圆的直径 AB 垂直，如习题 1.7 图所示，求圆心 O 处的电场强度．

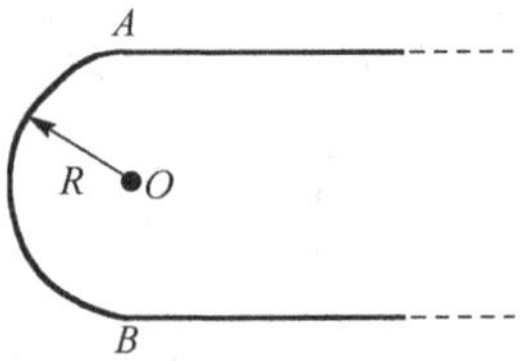

习题 1.7 图

解　根据对称性可以判断，O 点的电场与两直线平行，只需计算平行分量. 用电场强度叠加原理求解，先计算半圆上的电荷对 O 点电场的贡献. 设圆的半径为 R，圆上任意一点的位置由通过该点的矢径与直径 AB 之间的夹角 θ 表示，$0\leqslant\theta\leqslant\pi$. 考察位于 θ 处的线电荷元 $\mathrm{d}q=\lambda R\mathrm{d}\theta$，它在 O 点产生的电场强度的平行分量为（背离圆弧、指向右侧为正）

$$\mathrm{d}E_{1//}=\frac{\lambda R\mathrm{d}\theta}{4\pi\varepsilon_0 R^2}\sin\theta=\frac{\lambda\sin\theta\mathrm{d}\theta}{4\pi\varepsilon_0 R}$$

将上式过 $(0,\pi)$ 积分，求得整个半圆弧电荷对 O 点电场的贡献：

$$E_1=\int_0^{\pi}\frac{\lambda\sin\theta\mathrm{d}\theta}{4\pi\varepsilon_0 R}=\frac{\lambda}{2\pi\varepsilon_0 R}$$

再求两条半无穷直线电荷对 O 点电场平行分量的贡献，它正好等于单根半无穷直线电荷贡献的 2 倍. 考虑其中一条半无穷长直线电荷，以其与半圆弧连接处为起点，沿直线取坐标 x，则位于该处的线电荷元 $\mathrm{d}q=\lambda\mathrm{d}x$ 在 O 点产生的电场强度的平行分量（向右为正）为

$$\mathrm{d}E_{2//}=-\frac{\lambda\mathrm{d}x}{4\pi\varepsilon_0(R^2+x^2)}\cdot\frac{x}{(R^2+x^2)^{1/2}}=-\frac{\lambda x\mathrm{d}x}{4\pi\varepsilon_0(R^2+x^2)^{3/2}}$$

过 $(0,\infty)$ 积分后加倍，求得两条半无穷长直线电荷对 O 点电场的总贡献为

$$E_2=-2\cdot\frac{\lambda}{4\pi\varepsilon_0}\int_0^{\infty}\frac{x\mathrm{d}x}{(R^2+x^2)^{3/2}}=-\frac{\lambda}{2\pi\varepsilon_0}\left[-\frac{1}{\sqrt{R^2+x^2}}\right]_0^{\infty}=-\frac{\lambda}{2\pi\varepsilon_0 R}$$

将两部分贡献求和得 $E=E_1+E_2=0$，O 点电场为零.

1.8　把电偶极矩为 $\boldsymbol{p}=q\boldsymbol{l}$ 的电偶极子放在点电荷 Q 的电场内，$\boldsymbol{p}$ 的中心 O 到 Q 的距离为 D，如习题 1.8 图所示. 若 $\boldsymbol{p}$ 分别（1）平行于 OQ，（2）垂直于 OQ，求偶极子所受的力和力矩.

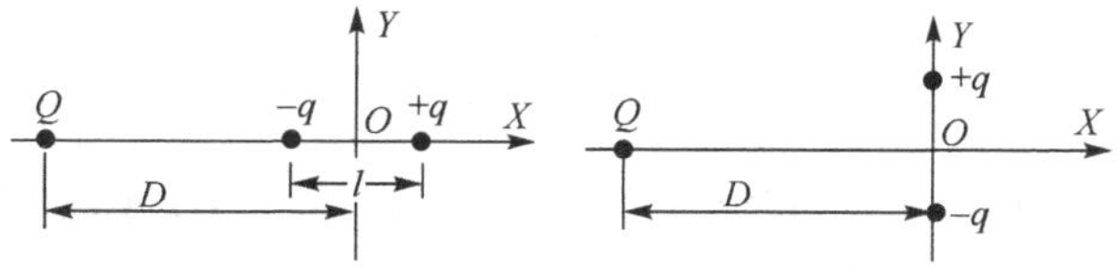

习题 1.8 图

解　（1）$\boldsymbol{p}/\!/\overline{OQ}$ 时，偶极子受力

$$\boldsymbol{F}=\frac{1}{4\pi\varepsilon_0}\left[\frac{-qQ}{(D-l/2)^2}+\frac{qQ}{(D+l/2)^2}\right]\boldsymbol{e}_x=-\frac{QD\boldsymbol{p}}{2\pi\varepsilon_0[D^2-(l/2)^2]^2}$$

以偶极子中心为参考点计算它受的力矩

$$\boldsymbol{L}=\frac{-qQ\boldsymbol{e}_x}{4\pi\varepsilon_0(D-l/2)^2}\times\left(\frac{-l}{2}\boldsymbol{e}_x\right)+\frac{qQ\boldsymbol{e}_x}{4\pi\varepsilon_0(D+l/2)^2}\times\left(\frac{l}{2}\boldsymbol{e}_x\right)=0$$

（2）$\boldsymbol{p}\perp\overline{OQ}$ 时，偶极子受力只有 $\boldsymbol{y}$ 方向分量，$\boldsymbol{x}$ 方向分量为零，结果为

$$\boldsymbol{F}=2\times\frac{Qq}{4\pi\varepsilon_0[D^2+(l/2)^2]}\cdot\frac{l/2}{[D^2+(l/2)^2]^{1/2}}\boldsymbol{e}_y=\frac{Q\boldsymbol{p}}{4\pi\varepsilon_0[D^2+(l/2)^2]^{3/2}}$$

仍以偶极子中心为参考点，仅力的 x 分量对力矩有贡献，所受力矩为

$$\boldsymbol{L}=\left(\frac{-l}{2}\boldsymbol{e}_y\right)\times\frac{-qQD\boldsymbol{e}_x}{4\pi\varepsilon_0[D^2+(l/2)^2]^{3/2}}+\left(\frac{l}{2}\boldsymbol{e}_y\right)\times\frac{qQD\boldsymbol{e}_x}{4\pi\varepsilon_0[D+(l/2)^2]^{3/2}}$$
$$=-\frac{qQDl\boldsymbol{e}_z}{4\pi\varepsilon_0[D^2+(l/2)^2]^{3/2}}=\frac{QD\boldsymbol{p}\times\boldsymbol{e}_x}{4\pi\varepsilon_0[D^2+(l/2)^2]^{3/2}}$$

1.9　有两个同心的均匀带电球面，内、外半径分别为 R_1 和 R_2，外球面的电荷面密度为 $+\sigma$，球外各处的电场强度都是零，试求：

（1）内球面上的电荷面密度；

（2）两球面间离球心为 r 处的电场强度 $\boldsymbol{E}$；

（3）小球面内的电场强度 $\boldsymbol{E}$.

解　（1）如习题 1.9 图所示，由题意，半径为 R_2 的外球带电 $Q_2=4\pi\sigma R_2^2$，球外电场等于零，即 $E(r>R_2)=0$．于是由高斯定理

$$\oiint_{S(r>R_2)}\boldsymbol{E}\cdot\mathrm{d}\boldsymbol{S}=\frac{1}{\varepsilon_0}Q=\frac{1}{\varepsilon_0}(Q_1+Q_2)=0$$

可推得内球带电量和面电荷密度如下：

$$Q_1=-Q_2=-4\pi\sigma R_2^2,\quad \sigma_1=Q_1/(4\pi R_1^2)=-\sigma R_2^2/R_1^2$$

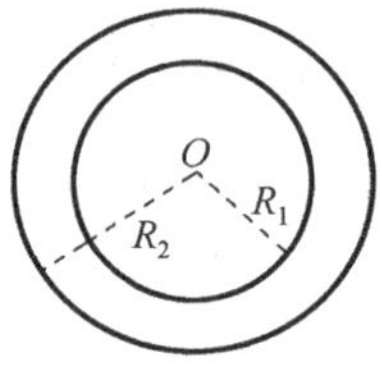

习题 1.9 图

（2）以 O 为球心作半径为 $r(R_1<r<R_2)$ 的球高斯面 S_r，由对称性可知面上 $\boldsymbol{E}$ 沿径向方向，大小均匀，由高斯定理推得

$$\oiint_{S_r}\boldsymbol{E}\cdot\mathrm{d}\boldsymbol{S}=E\oiint_{S_r}\mathrm{d}S=E\cdot4\pi r^2=\frac{1}{\varepsilon_0}Q_1=-\frac{1}{\varepsilon_0}Q_2$$

从而求得两球面间离球心为 r 处的电场强度为

$$E=\frac{-Q_2}{4\pi\varepsilon_0r^2}=-\frac{\sigma R_2^2}{\varepsilon_0r^2},\quad \boldsymbol{E}=-\frac{\sigma R_2^2\boldsymbol{r}}{\varepsilon_0r^3},\quad (R_1<r<R_2)$$

（3）以 O 为球心作半径为 $r(r<R_1)$ 的球高斯面 S_r，运用高斯定理，经过类似推导得

$$\oiint_{S_r} \boldsymbol{E}\cdot \mathrm{d}\boldsymbol{S} = E\oiint_{S_r} \mathrm{d}S = 0,\quad E=0,\quad \boldsymbol{E}=0\quad (r<R_1)$$

1.10 如习题 1.10 图所示，一厚度为 b 的无限大均匀带电板置于真空中，电荷体密度为 $\rho = kx(0\leqslant x\leqslant b)$，其中 k 是一正的常数，试求空间各点的电场强度.

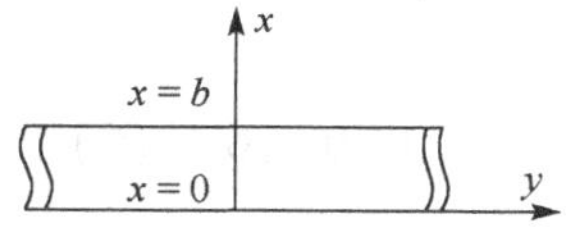

习题 1.10 图

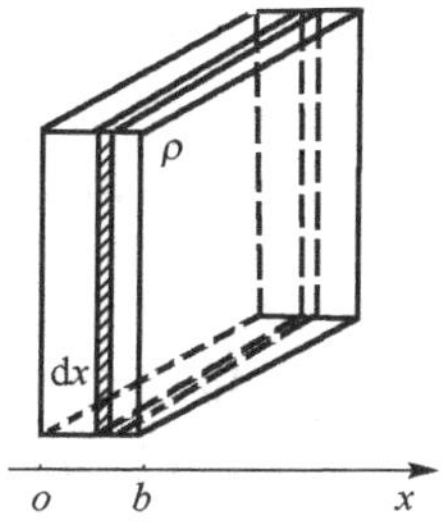

图 1.10a

解　(1) 如图 1.10a 所示. 平板外侧任意点 $P_1(x<0)$ 和 $P_2(x>b)$ 的电场可视为带电板各薄层产生的电场的叠加. 在 $\boldsymbol{x}$ 处厚度为 $\mathbf{d}\boldsymbol{x}$ 的薄板在 P_1 点产生的电场大小为

$$\mathrm{d}E = \frac{\sigma}{2\varepsilon_0} = \frac{\rho \mathrm{d}x}{2\varepsilon_0} = kx\frac{\mathrm{d}x}{2\varepsilon_0}$$

式中，σ 是厚度为 $\mathrm{d}x$ 的薄板上的电荷面密度. 叠加所有薄板，可得电场强度的大小为

$$E = \int_0^b \mathrm{d}E = \frac{1}{2\varepsilon_0}\int_0^b kx\mathrm{d}x = \frac{kb^2}{4\varepsilon_0}$$

显然，P_1 点的电场沿 x 轴负向，P_2 点的电场沿 x 轴正向，即

$$\boldsymbol{E}_1 = -\frac{kb^2}{4\varepsilon_0}\boldsymbol{e}_x\quad (x<0),\quad \boldsymbol{E}_2 = \frac{kb^2}{4\varepsilon_0}\boldsymbol{e}_x\quad (x>b)$$

式中，$\boldsymbol{e}_x$ 为沿 x 轴正向的单位矢量.

(2) 平板内部某点 $P(0<x<b)$ 的电场是该点左右两部分产生电场的叠加，左边部分（$0,x$）产生的电场沿 x 轴正向；右边部分（x,b）产生的电场沿 x 轴负向；两部分产生的合成电场等于

$$\boldsymbol{E} = \int_0^x \frac{kx\mathrm{d}x}{2\varepsilon_0}\boldsymbol{e}_x - \int_x^b \frac{kx\mathrm{d}x}{2\varepsilon_0}\boldsymbol{e}_x = \frac{kx^2}{4\varepsilon_0}\boldsymbol{e}_x - \frac{k(b^2-x^2)}{4\varepsilon_0}\boldsymbol{e}_x = \frac{k(2x^2-b^2)}{4\varepsilon_0}\boldsymbol{e}_x\quad (0<x<b)$$

1.11 根据量子力学，氢原子在正常状态下核外电荷的分布如下：离核心 r 处，电荷的体密度 $\rho(r) = -q\mathrm{e}^{-2r/a}/(\pi a^3)$，式中 $q = 1.60\times 10^{-19}\mathrm{C}$ 是核外电荷总量的绝对值，$a = 5.29\times 10^{-11}\mathrm{m}$ 是玻尔半径. 试求：

(1) 核外电荷的总电量；

(2) 核外电荷在 r 处的电场强度 $\boldsymbol{E}$.

解　（1）因 $\rho=-\dfrac{q}{\pi a^3}e^{-2r/a}$ 是球对称分布，故核外总电量为

$$Q=\iiint_V \rho dV=-\frac{q}{\pi a^3}\int_0^\infty e^{-2r/a}\cdot 4\pi r^2 dr=-\frac{4q}{a^3}\int_0^\infty r^2 e^{-2r/a}dr$$

由不定积分公式

$$\int_0^\infty x^n e^{-bx}dx=\frac{n!}{b^{n+1}}$$

得

$$Q=-\frac{4q}{a^3}\frac{2}{(2/a)^3}=-q=-1.60\times 10^{-19}\ (\mathrm{C})$$

可见核外电荷的总电荷量等于电子的电荷量.

（2）由对称性和高斯定理得

$$\begin{aligned}\oiint_S \boldsymbol{E}\cdot d\boldsymbol{S}&=-\frac{q}{\pi\varepsilon_0 a^3}\int_0^r e^{-2r/a}\cdot 4\pi r^2 dr=-\frac{4q}{\varepsilon_0 a^3}\left(-\frac{ar^2}{2}e^{-2r/a}+a\int_0^r e^{-2r/a}r dr\right)\\&=-\frac{4q}{\varepsilon_0 a^3}\left(-\frac{1}{2}ar^2e^{-2r/a}-\frac{1}{2}a^2re^{-2r/a}+\frac{1}{2}a^2\int_0^r e^{-2r/a}dr\right)\\&=-\frac{4q}{\varepsilon_0 a^3}\left(-\frac{ar^2}{2}e^{-2r/a}-\frac{a^2r}{2}e^{-2r/a}-\frac{a^3}{4}e^{-2r/a}+\frac{a^3}{4}\right)\\&=\frac{q}{\varepsilon_0}\left(\frac{2r^2}{a^2}+\frac{2r}{a}+1\right)e^{-2r/a}-\frac{q}{\varepsilon_0}=4\pi r^2 E\end{aligned}$$

于是得核外电荷在 r 处产生的电场强度为

$$\boldsymbol{E}=\frac{q}{4\pi\varepsilon_0}\left[\left(\frac{2}{a^2}+\frac{2}{ar}+\frac{1}{r^2}\right)e^{-2r/a}-\frac{1}{r^2}\right]\boldsymbol{e}_r$$

1.12　如习题 1.12 图所示，空间有两个球，球心间距离小于半径之和，因此有一部分重叠（见图）. 今使一球充满密度为 ρ 的均匀正电荷，另一球充满密度为 $-\rho$ 的均匀负电荷，以至于重叠区域无电荷. 求这重叠区域内的电场强度 $\boldsymbol{E}$，说明 $\boldsymbol{E}$ 是匀强电场.

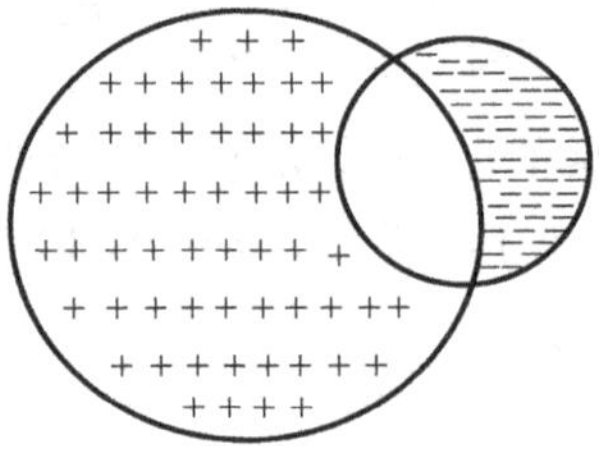

习题 1.12 图

解　利用 1.5.1 节例 1.7 的结果，均匀带电球内的场 $\boldsymbol{E}=\rho\boldsymbol{r}/(3\varepsilon_0)$，$\rho$ 为电荷体密度，$\boldsymbol{r}$ 为球心到场点的位矢. 在重叠区内部，带正电荷的球产生的场为 $\rho\boldsymbol{r}/(3\varepsilon_0)$，$\boldsymbol{r}$ 为正电荷球心到场点的位矢；带负电荷的球产生的场为 $-\rho\boldsymbol{r}'/(3\varepsilon_0)$，$\boldsymbol{r}'$ 为负电荷球心到场点的位矢，成立 $\boldsymbol{r}'=\boldsymbol{r}-\boldsymbol{a}$，式中 $\boldsymbol{a}$ 为从正电荷球心到负电荷球心的常矢量. 重叠区内部的电场为上述两部分场的叠加，结果为

$$\boldsymbol{E}=\frac{\rho}{3\varepsilon_0}\boldsymbol{r}-\frac{\rho}{3\varepsilon_0}(\boldsymbol{r}-\boldsymbol{a})=\frac{\rho\boldsymbol{a}}{3\varepsilon_0}$$

$\boldsymbol{E}$ 为均匀场，$\boldsymbol{a}$ 为由正电荷球心指向负电荷球心的常矢量.

1.13　在半导体 pn 结附近总是堆积着正、负电荷，在 n 区内有正电荷，p 区内有负电荷，两区电荷的代数和为零. 我们把 pn 结看成一对带正、负电荷的无限大平板，它们相互接触（习题 1.13 图）. 取 x 轴的原点在 p、n 区的交界面上，n 区的范围是 $-x_{\mathrm{n}}\leqslant x\leqslant 0$，p 区的范围是 $0\leqslant x\leqslant x_{\mathrm{p}}$. 设两区内电荷体分布均匀，n 区电荷密度为 $N_{\mathrm{D}}e$，p 区电荷密度为 $-N_{\mathrm{A}}e$，称为突变结模型. 设 N_{D}、N_{A} 是常数，且 $N_{\mathrm{A}}x_{\mathrm{p}}=N_{\mathrm{D}}x_{\mathrm{n}}$，证明电场的分布为

（1）n 区：$E(x)=N_{\mathrm{D}}e(x_{\mathrm{n}}+x)/\varepsilon_0$；

（2）p 区：$E(x)=N_{\mathrm{A}}e(x_{\mathrm{p}}-x)/\varepsilon_0$.

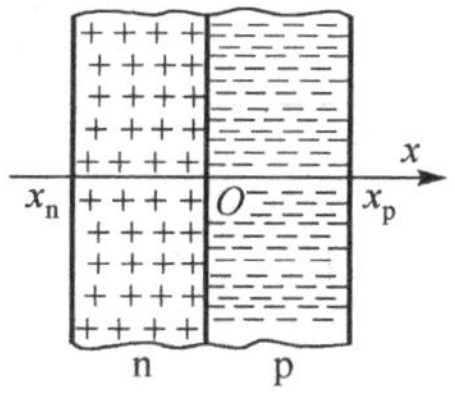

习题 1.13 图

证　（1）由对称性，可知电场只有 x 分量. 显然在 $x<-x_{\mathrm{n}}$ 和 $x>x_{\mathrm{p}}$ 区有 $E=0$.

为求得 n 区电场，作高斯面，它是底面积为 S 的柱面，左侧底面位于左侧零磁场区，右侧底面位于 n 区（$-x_{\mathrm{n}}\leqslant x\leqslant 0$），运用高斯定理得

$$E(x)\cdot S=\frac{1}{\varepsilon_0}N_{\mathrm{D}}e\cdot S(x_{\mathrm{n}}+x)\quad\Rightarrow\quad E(x)=\frac{1}{\varepsilon_0}N_{\mathrm{D}}e(x_{\mathrm{n}}+x)\quad(-x_{\mathrm{n}}\leqslant x\leqslant 0)$$

证毕.

（2）为求得 p 区电场，作柱形高斯面，底面积为 S，左侧底面位于 p 区（$0\leqslant x\leqslant x_{\mathrm{p}}$），右侧底面位于右侧零磁场区，运用高斯定理得

$$-E(x)\cdot S=-\frac{1}{\varepsilon_0}N_{\mathrm{A}}e\cdot S(x_{\mathrm{p}}-x)\quad\Rightarrow\quad E(x)=\frac{1}{\varepsilon_0}N_{\mathrm{A}}e(x_{\mathrm{p}}-x)\quad(0\leqslant x\leqslant x_{\mathrm{p}})$$

证毕.

1.14　设气体放电形成的等离子体圆柱内的体电荷分布可表为 $\rho_e(r)=\rho_0[1+(r/a)^2]^{-2}$，$r$ 是到其对称轴的距离，ρ_0 是轴线上的电荷密度，a 是常数，求电场分布.

解　设所考察的场点离圆柱轴线的距离 r 远小于柱长，从而可将圆柱体作为无限长柱体处理. 由对称性，电场指向 r 方向，大小仅与 r 有关. 取高为 h、半径为 r 的柱形高斯面，则由高斯定理得

$$\oiint_{S_r}\boldsymbol{E}\cdot\mathrm{d}\boldsymbol{S}=4\pi rhE=\frac{2\pi h}{\varepsilon_0}\int_0^r\rho_e r\mathrm{d}r=\frac{2\pi h\rho_0 a^4}{\varepsilon_0}\int_0^r\frac{r\mathrm{d}r}{(a^2+r^2)^2}$$

$$=\frac{\pi h\rho_0 a^4}{\varepsilon_0}\left(\frac{1}{a^2}-\frac{1}{a^2+r^2}\right)=\frac{\pi h\rho_0 a^2 r^2}{\varepsilon_0(a^2+r^2)}$$

$$E=\frac{a^2\rho_0 r}{2\varepsilon_0(a^2+r^2)},\quad \boldsymbol{E}=\frac{a^2\rho_0\boldsymbol{r}}{2\varepsilon_0(a^2+r^2)}$$

1.15　如习题 1.15 图所示，$AB=2l$，弧 OCD 是以 B 为中心，l 为半径的半圆. A 点有正电荷 $+q$，B 点有负电荷 $-q$. 求：

（1）把正电荷 Q 从 O 点沿弧 OCD 移到 D 点，电场力对它做了多少功？

（2）把负电荷 $-Q$ 从 D 点沿 AB 延长线移到无穷远处，电场力对它做了多少功？

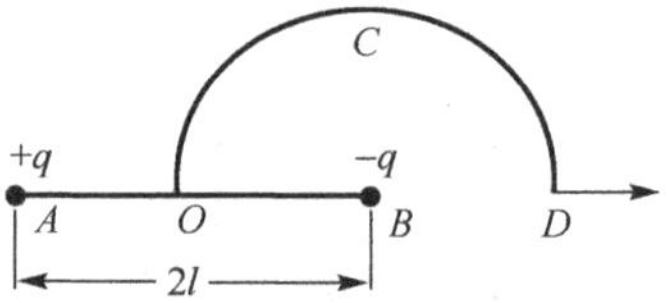

习题 1.15 图

解　（1）由电场叠加原理，电场由 $+q$ 和 $-q$ 的电场叠加而成. 当正电荷 Q 沿 OCD 圆弧移动时，$-q$ 电场提供的电场力不做功，仅 $+q$ 电场提供的电场力做功. 又 $+q$ 的电场力做功与路径无关，故电场力对电荷 Q 所做的总功等于（取+所在位置为坐标原点）

$$\int_{OCD}Q\boldsymbol{E}\cdot\mathrm{d}\boldsymbol{l}=\int_{OD}Q\boldsymbol{E}\cdot\mathrm{d}\boldsymbol{l}=\int_l^{3l}\frac{qQ\mathrm{d}r}{4\pi\varepsilon_0 r^2}=\frac{qQ}{6\pi\varepsilon_0 l}$$

（2）将负电荷 $-Q$ 从 D 移到无限远，电场力做功等于 $\pm q$ 提供的电场力做功之和（分别取 $+q$ 和 $-q$ 所在位置为坐标原点）

$$W_+=\int_{3l}^{\infty}\frac{-qQ\mathrm{d}\boldsymbol{r}}{4\pi\varepsilon_0 r^2}=\frac{-qQ}{12\pi\varepsilon_0 l},\quad W_-=\int_l^{\infty}\frac{qQ\mathrm{d}\boldsymbol{r}}{4\pi\varepsilon_0 r^2}=\frac{qQ}{4\pi\varepsilon_0 l},\quad W=W_++W_-=\frac{qQ}{6\pi\varepsilon_0 l}$$

1.16　证明：在无电荷分布的空间中，凡是电场线都是平行直线的地方，电场强度的大小必定处处相等. 换句话说，凡是电场强度的方向处处相同的地方，电场强度的大小必定处处相等.（提示：利用高斯定理和环路定理，分别证明沿同一电场线和不同电场线上任意两点的场强相等）

证　如习题 1.16 图所示，取柱形高斯面，柱轴与电场方向平行，底面积 ΔS 足够小，通过其侧面的电通量为零，由高斯定理得

$$-E_a \Delta S + E_b \Delta S = Q/\varepsilon_0 = 0 \quad \Rightarrow \quad E_a = E_b$$

即同一电场线上任意两点的场强相等. 作矩形环路 $bacd$，其 ab 和 cd 两边与电场方向平行，由环路定理得

$$\int_{bacd} \boldsymbol{E} \cdot \mathrm{d}\boldsymbol{l} = \int_{ba} \boldsymbol{E} \cdot \mathrm{d}\boldsymbol{l} + \int_{ac} \boldsymbol{E} \cdot \mathrm{d}\boldsymbol{l} + \int_{cd} \boldsymbol{E} \cdot \mathrm{d}\boldsymbol{l} + \int_{db} \boldsymbol{E} \cdot \mathrm{d}\boldsymbol{l} = 0$$

由于 ac 和 db 两边与电场方向垂直，故上式右边第 2 项和第 4 项等于零；又因前面已经证明电场沿电场线均匀，故可将上式写为

$$\int_{bacd} \boldsymbol{E} \cdot \mathrm{d}\boldsymbol{l} = -E_a \overline{ab} + E_c \overline{cd} = 0 \quad \Rightarrow \quad E_a = E_c$$

即不同电场线上任意两点的场强相等. 于是，在无电荷分布的空间，凡是电场线都是平行直线的地方，电场强度必定处处相等，证毕.

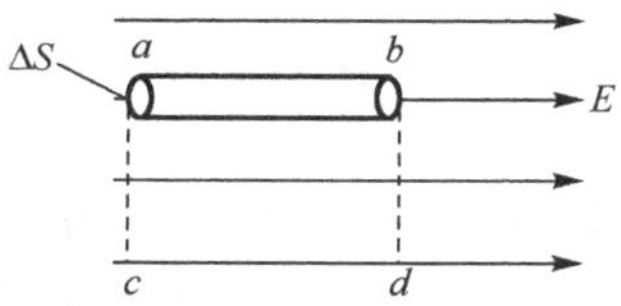

习题 1.16 图

1.17　线电四极子如习题 1.17 图所示，求它在 $r \gg l$ 处的点 A（r,θ）处所产生的电势 U 和电场强度 $\boldsymbol{E}$.

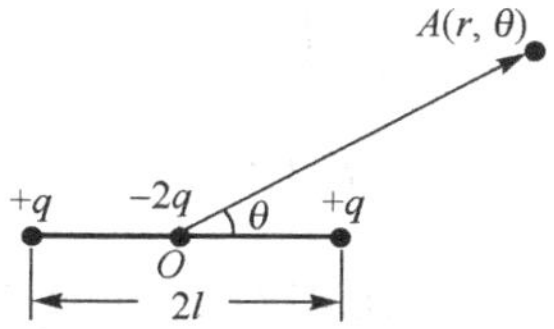

习题 1.17 图

解　取无限远点为电势零点，则

$$U = \frac{-2q}{4\pi\varepsilon_0 r} + \frac{q}{4\pi\varepsilon_0 \sqrt{r^2 + l^2 - 2lr\cos\theta}} + \frac{q}{4\pi\varepsilon_0 \sqrt{r^2 + l^2 + 2lr\cos\theta}}$$

$$= \frac{q}{4\pi\varepsilon_0 r}\left[-2 + \frac{1}{\sqrt{1 + (l/r)^2 - 2(l/r)\cos\theta}} + \frac{1}{\sqrt{1 + (l/r)^2 + 2(l/r)\cos\theta}}\right]$$

对远处（$r \gg l$），利用泰勒展开式

$$\frac{1}{\sqrt{1+x}} = 1 - \frac{1}{2}x + \frac{1\cdot 3}{2\cdot 4}x^2 + \cdots = 1 - \frac{1}{2}x + \frac{3}{8}x^2 + \cdots$$

仅保留至二级小量，则上述电势表达式化为

$$U=\frac{q}{4\pi\varepsilon_0 r}\left[-2+1-\frac{1}{2}\left(\frac{l^2}{r^2}-\frac{2l}{r}\cos\theta\right)+\frac{3}{8}\left(\frac{l^2}{r^2}-\frac{2l}{r}\cos\theta\right)^2\right.$$

$$\left.+1-\frac{1}{2}\left(\frac{l^2}{r^2}+\frac{2l}{r}\cos\theta\right)+\frac{3}{8}\left(\frac{l^2}{r^2}+\frac{2l}{r}\cos\theta\right)^2+\cdots\right]$$

$$=\frac{q}{4\pi\varepsilon_0 r}\left(-\frac{l^2}{r^2}+\frac{3l^2}{r^2}\cos^2\theta+\cdots\right)\approx\frac{ql^2}{4\pi\varepsilon_0 r^3}(3\cos^2\theta-1)$$

下面从所得电势表达式出发计算电场：

$$\boldsymbol{E}=-\nabla U=-\frac{\partial U}{\partial r}\boldsymbol{e}_r-\frac{1}{r}\frac{\partial U}{\partial\theta}\boldsymbol{e}_\theta$$

$$=\frac{3ql^2(3\cos^2\theta-1)}{4\pi\varepsilon_0 r^4}\boldsymbol{e}_r+\frac{3ql^2\sin\theta\cos\theta}{2\pi\varepsilon_0 r^4}\boldsymbol{e}_\theta$$

$$=\frac{3ql^2}{4\pi\varepsilon_0 r^4}[(3\cos^2\theta-1)\boldsymbol{e}_r+2\sin\theta\cos\theta\boldsymbol{e}_\theta]$$

***1.18**　面电四极子如习题 1.18 图所示，点 $A(r,\theta)$ 与四极子共面，极轴（$\theta=0$）通过正方形中心并与两边平行. 设 $r\gg l$，求面电四极子在点 A 处产生的电势和电场强度.

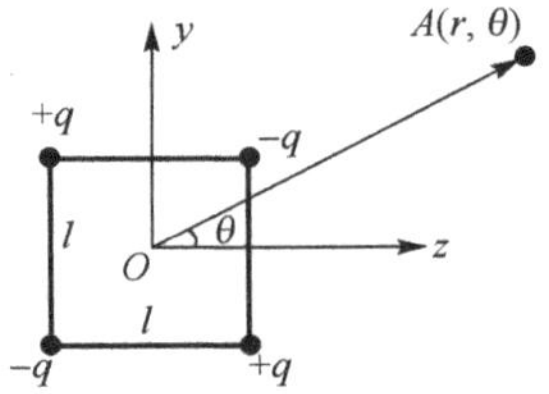

习题 1.18 图

解　取无限远处为电势零点，电荷到 O 点的距离为 $a=l/\sqrt{2}$，则

$$U=\frac{q}{4\pi\varepsilon_0}\left[\frac{-1}{\sqrt{r^2+a^2-2ra\cos(0.25\pi-\theta)}}+\frac{1}{\sqrt{r^2+a^2-2ra\cos(0.25\pi+\theta)}}\right.$$

$$\left.+\frac{1}{\sqrt{r^2+a^2-2ra\cos(0.75\pi-\theta)}}+\frac{-1}{\sqrt{r^2+a^2-2ra\cos(0.75\pi+\theta)}}\right]$$

$$=\frac{q}{4\pi\varepsilon_0 r}\left\{-\left[1+\left(\frac{a}{r}\right)^2-\frac{2a}{r}\cos\left(\frac{\pi}{4}-\theta\right)\right]^{-1/2}+\left[1+\left(\frac{a}{r}\right)^2-\frac{2a}{r}\cos\left(\frac{\pi}{4}+\theta\right)\right]^{-1/2}\right.$$

$$\left.+\left[1+\left(\frac{a}{r}\right)^2+\frac{2a}{r}\cos\left(\frac{\pi}{4}+\theta\right)\right]^{-1/2}-\left[1+\left(\frac{a}{r}\right)^2+\frac{2a}{r}\cos\left(\frac{\pi}{4}-\theta\right)\right]^{-1/2}\right\}$$

推导中用到如下恒等式：

$$\cos\left(\frac{3\pi}{4}\pm\theta\right)=-\cos\left(\frac{\pi}{4}\mp\theta\right)$$

对远处（$r\gg l$），利用泰勒展开式

$$\frac{1}{\sqrt{1+x}}=1-\frac{1}{2}x+\frac{1\cdot 3}{2\cdot 4}x^2+\cdots=1-\frac{1}{2}x+\frac{3}{8}x^2+\cdots$$

仅保留至二级小量，则上述电势表达式化为

$$\begin{aligned}U=\frac{q}{4\pi\varepsilon_0 r}&\left[-1+\frac{a^2}{2r^2}-\frac{a}{r}\cos\left(\frac{\pi}{4}-\theta\right)-\frac{3a^2}{2r^2}\cos^2\left(\frac{\pi}{4}-\theta\right)\right.\\&+1-\frac{a^2}{2r^2}+\frac{a}{r}\cos\left(\frac{\pi}{4}+\theta\right)+\frac{3a^2}{2r^2}\cos^2\left(\frac{\pi}{4}+\theta\right)\\&+1-\frac{a^2}{2r^2}-\frac{a}{r}\cos\left(\frac{\pi}{4}+\theta\right)+\frac{3a^2}{2r^2}\cos^2\left(\frac{\pi}{4}+\theta\right)\\&\left.-1+\frac{a^2}{2r^2}+\frac{a}{r}\cos\left(\frac{\pi}{4}-\theta\right)-\frac{3a^2}{2r^2}\cos^2\left(\frac{\pi}{4}-\theta\right)\right]\\=\frac{3qa^2}{4\pi\varepsilon_0 r^3}&\left[\cos^2\left(\frac{\pi}{4}+\theta\right)-\cos^2\left(\frac{\pi}{4}-\theta\right)\right]=\frac{3ql^2}{4\pi\varepsilon_0 r^3}\sin\theta\cos\theta\end{aligned}$$

下面从所得电势表达式出发计算电场（限于面电四极子所在平面）

$$\begin{aligned}\boldsymbol{E}&=-\nabla U=-\frac{\partial U}{\partial r}\boldsymbol{e}_r-\frac{1}{r}\frac{\partial U}{\partial\theta}\boldsymbol{e}_\theta\\&=-\frac{9ql^2\sin\theta\cos\theta}{4\pi\varepsilon_0 r^4}\boldsymbol{e}_r+\frac{3ql^2\cos 2\theta}{4\pi\varepsilon_0 r^4}\boldsymbol{e}_\theta\end{aligned}$$

1.19　两均匀带电的无限长直轴圆筒，内筒半径为 a，沿轴线单位长度的电量为 λ_e，外筒半径为 b，沿轴线单位长度的电量为 $-\lambda_e$. 试求：

（1）离轴线为 r 处的电势 U；

（2）两筒的电势差.

解　先算电场，再由电场算电势. 由对称性可知，电场只有 $\boldsymbol{r}$ 分量，仅与 r 有关. 取与圆筒共轴、高为 h、半径为 r 的圆柱面 S_r 为高斯面，利用高斯定理可依次求得各区的电场分布如下：

$$\oiint_{S_r}\boldsymbol{E}\cdot d\boldsymbol{S}=2\pi rhE=0\quad\Rightarrow\quad E=0\quad(r<a)$$

$$\oiint_{S_r}\boldsymbol{E}\cdot d\boldsymbol{S}=2\pi rhE=h\lambda_e/\varepsilon_0\quad\Rightarrow\quad E=\lambda_e/(2\pi\varepsilon_0 r)\quad(a\leqslant r\leqslant b)$$

$$\oiint_{S_r}\boldsymbol{E}\cdot d\boldsymbol{S}=2\pi rhE=0\quad\Rightarrow\quad E=0\quad(r>b)$$

从所得电场分布出发，取外筒为电势零点位置，求得电势分布如下：

$$U=-\int_b^r E\mathrm{d}r=\begin{cases}\dfrac{1}{2\pi\varepsilon_0}\ln\dfrac{b}{a}, & r\leqslant a\\ \dfrac{1}{2\pi\varepsilon_0}\ln\dfrac{b}{r}, & a\leqslant r\leqslant b\\ 0, & r\geqslant b\end{cases}$$

内、外筒之间的电势差为 $U(a)-U(b)=\lambda_e\ln(b/a)/(2\pi\varepsilon_0)$.

1.20　设氢原子处于基态时的核外电荷呈球对称分布，其电荷密度为 $\rho(r)=-q\mathrm{e}^{-2r/a}/(\pi a^3)$，$r$ 为离核的距离，q 为电子电荷的大小，a 是玻尔半径. 求在 r 处，

（1）核外电荷产生的电势；

（2）所有电荷产生的电势.

解　（1）如习题 1.20 图所示，以氢核 O 为球心、R 和 $R+\mathrm{d}R$ 为半径作一球壳，P 点到 O 点的距离为 r. 考察球壳上的体积元 $\mathrm{d}V=2\pi R^2\sin\theta\mathrm{d}R\mathrm{d}\theta$，所带电荷量为

$$\mathrm{d}q=\rho(R)\mathrm{d}V=2\pi\rho(R)R^2\sin\theta\mathrm{d}R\mathrm{d}\theta$$

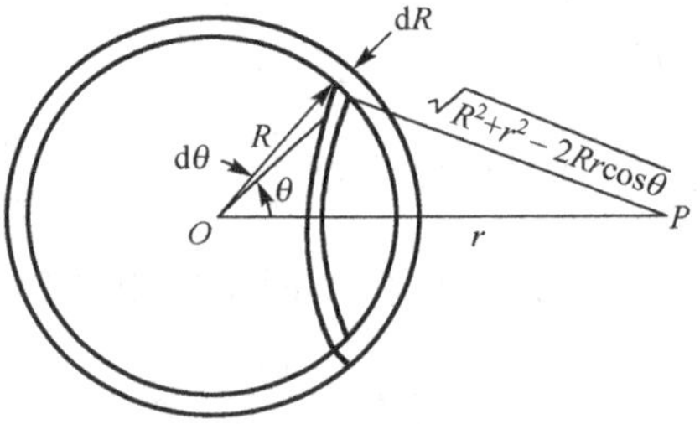

习题 1.20 图

它在 P 点产生的电势为

$$\mathrm{d}U=\frac{\mathrm{d}q}{4\pi\varepsilon_0\sqrt{R^2+r^2-2Rr\cos\theta}}=\frac{1}{2\varepsilon_0}\cdot\frac{\rho(R)R^2\sin\theta\mathrm{d}R\mathrm{d}\theta}{\sqrt{R^2+r^2-2Rr\cos\theta}}$$

对 R 和 θ 积分得 P 点电势

$$U=\frac{1}{2\varepsilon_0}\int_0^r\rho(R)R^2\mathrm{d}R\int_0^\pi\frac{\sin\theta\mathrm{d}\theta}{\sqrt{R^2+r^2-2Rr\cos\theta}}$$

式中积分

$$\int_0^\pi\frac{\sin\theta\mathrm{d}\theta}{\sqrt{R^2+r^2-2Rr\cos\theta}}=\frac{1}{Rr}\sqrt{R^2+r^2-2Rr\cos\theta}\Big|_0^\pi==\begin{cases}\dfrac{1}{Rr}(2R)=\dfrac{2}{r}, & R<r\\ \dfrac{1}{Rr}(2r)=\dfrac{2}{R}, & R>r\end{cases}$$

代回电势积分表达式得

$$U=\frac{1}{\varepsilon_0 r}\int_0^r \rho(R)R^2\mathrm{d}R+\frac{1}{\varepsilon_0}\int_r^\infty \rho(R)R\mathrm{d}R$$

$$=-\frac{q}{\pi\varepsilon_0 a^3 r}\int_0^r \mathrm{e}^{-2R/a}R^2\mathrm{d}R-\frac{q}{\pi\varepsilon_0 a^3}\int_r^\infty \mathrm{e}^{-2R/a}R\mathrm{d}R$$

$$=-\frac{q}{\pi\varepsilon_0 a^3 r}\left[-\frac{a^3}{4}\left(\frac{2r^2}{a^2}+\frac{2r}{a}+1\right)\mathrm{e}^{-2r/a}+\frac{a^3}{4}\right]-\frac{q}{\pi\varepsilon_0 a^3}\left[\frac{a^2}{4}\left(\frac{2r}{a}+1\right)\mathrm{e}^{-2r/a}\right]$$

$$=\frac{q}{4\pi\varepsilon_0}\left[\left(\frac{1}{a}+\frac{1}{r}\right)\mathrm{e}^{-2r/a}-\frac{1}{r}\right]$$

（2）所有电荷在 r 处产生的电势为

$$U_{\mathrm{T}}=U+\frac{q}{4\pi\varepsilon_0 r}=\frac{q}{4\pi\varepsilon_0}\left[\left(\frac{1}{a}+\frac{1}{r}\right)\mathrm{e}^{-2r/a}-\frac{1}{r}\right]+\frac{q}{4\pi\varepsilon_0 r}=\frac{q}{4\pi\varepsilon_0}\left(\frac{1}{a}+\frac{1}{r}\right)\mathrm{e}^{-2r/a}$$

本题也可以先求电场再算电势. 由习题 1.11 的结果

$$\boldsymbol{E}=\frac{q}{4\pi\varepsilon_0}\left[\left(\frac{2}{a^2}+\frac{2}{ar}+\frac{1}{r^2}\right)\mathrm{e}^{-2r/a}-\frac{1}{r^2}\right]\boldsymbol{e}_r$$

式中，$\boldsymbol{e}_r$ 是从 O 指向场点的单位矢量，由此得

$$U=\int_r^\infty \boldsymbol{E}\cdot\mathrm{d}\boldsymbol{r}=\frac{q}{4\pi\varepsilon_0}\int_r^\infty\left[\left(\frac{2}{a^2}+\frac{2}{ar}+\frac{1}{r^2}\right)\mathrm{e}^{-2r/a}-\frac{1}{r^2}\right]\mathrm{d}r=\frac{q}{4\pi\varepsilon_0}\left[\left(\frac{1}{a}+\frac{1}{r}\right)\mathrm{e}^{-2r/a}-\frac{1}{r}\right]$$

所有电荷在 r 处产生的电场强度为

$$\boldsymbol{E}_{\mathrm{T}}=\frac{q}{4\pi\varepsilon_0}\left(\frac{2}{a^2}+\frac{2}{ar}+\frac{1}{r^2}\right)\mathrm{e}^{-2r/a}\boldsymbol{e}_r$$

$$U_{\mathrm{T}}=\int_r^\infty \boldsymbol{E}_{\mathrm{T}}\cdot\mathrm{d}\boldsymbol{r}=\frac{q}{4\pi\varepsilon_0}\int_r^\infty\left(\frac{2}{a^2}+\frac{2}{ar}+\frac{1}{r^2}\right)\mathrm{e}^{-2r/a}\mathrm{d}r=\frac{q}{4\pi\varepsilon_0}\left(\frac{1}{a}+\frac{1}{r}\right)\mathrm{e}^{-2r/a}$$

***1.21**　两个均匀带电的圆面共轴线，半径都为 R，相距为 l，电荷面密度分别为 $+\sigma$ 和 $-\sigma$，它们间轴线的中点为原点 O，沿轴线取为 x 轴，如习题 1.21 图所示. 已知 $l\ll R$，试求轴线上 x 处的电势和电场强度.

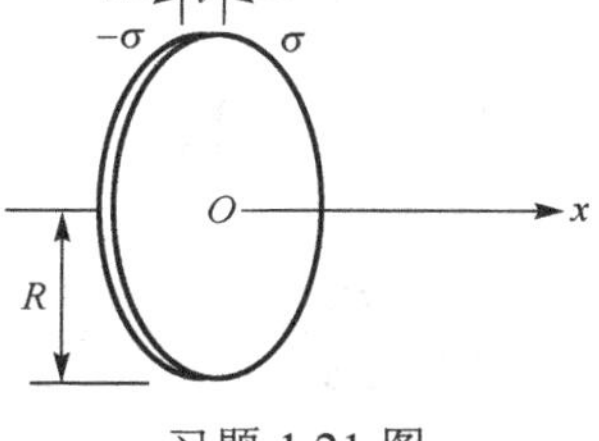

习题 1.21 图

解　（1）先求单个带电圆面产生的电势. 考虑圆面上以圆心为心、r 为半径、

宽度为 $\mathrm{d}r$ 的环带，该环带上的电荷量为 $\mathrm{d}q = 2\pi\sigma r\mathrm{d}r$，它在轴线上离圆心为 x 处产生的电势为

$$\mathrm{d}U = \frac{\mathrm{d}q}{4\pi\varepsilon_0}\frac{1}{\sqrt{x^2+r^2}} = \frac{\sigma}{2\varepsilon_0}\frac{r\mathrm{d}r}{\sqrt{x^2+r^2}}$$

积分便得总电势

$$U = \frac{\sigma}{2\varepsilon_0}\int_0^R \frac{r\mathrm{d}r}{\sqrt{x^2+r^2}} = \frac{\sigma}{2\varepsilon_0}(\sqrt{x^2+R^2} - |x|)$$

现在回到习题 1.21 图所示的两个圆面电荷的情况. 坐标原点位于两圆面之间的中心位置，以至两圆面分别位于 $x = \pm l/2$. 由前述单个带电圆面电势公式，不难求得带正、负电荷圆面各自的电势表达式如下：

$$U_+ = \frac{\sigma}{2\varepsilon_0}\left[\sqrt{\left(x-\frac{l}{2}\right)^2 + R^2} - \left|x-\frac{l}{2}\right|\right],\quad U_- = -\frac{\sigma}{2\varepsilon_0}\left[\sqrt{\left(x+\frac{l}{2}\right)^2 + R^2} - \left|x+\frac{l}{2}\right|\right]$$

二者之和等于

$$U = \frac{\sigma}{2\varepsilon_0}\left[\left|x+\frac{l}{2}\right| - \left|x-\frac{l}{2}\right| + \sqrt{\left(x-\frac{l}{2}\right)^2+R^2} - \sqrt{\left(x+\frac{l}{2}\right)^2+R^2}\right]$$

因 $l \ll R$，上式中两根号项可以化简如下：

$$\begin{aligned}\sqrt{\left(x-\frac{l}{2}\right)^2+R^2} - \sqrt{\left(x+\frac{l}{2}\right)^2+R^2} &\approx \sqrt{x^2 - xl + R^2} - \sqrt{x^2+xl+R^2} \\ &= \sqrt{x^2+R^2}\left[\left(1-\frac{xl}{x^2+R^2}\right)^{1/2} - \left(1+\frac{xl}{x^2+R^2}\right)^{1/2}\right] \\ &\approx \sqrt{x^2+R^2}\left[1-\frac{1}{2}\frac{xl}{x^2+R^2} - 1 - \frac{1}{2}\frac{xl}{x^2+R^2}\right] = -\frac{xl}{\sqrt{x^2+R^2}}\end{aligned}$$

此外，显然有

$$\left|x+\frac{l}{2}\right| - \left|x-\frac{l}{2}\right| = \begin{cases} x + l/2 - (x - l/2) = l, & (x > l/2) \\ x + l/2 - (l/2 - x) = 2x, & (-l/2 \leqslant x \leqslant l/2) \\ -x - l/2 - (-x + l/2) = -l, & (x < -l/2) \end{cases}$$

代回上述电势表达式，求得各区电势如下：

$$U\left(x > \frac{l}{2}\right) = \frac{\sigma l}{2\varepsilon_0}\left(1 - \frac{x}{\sqrt{x^2+R^2}}\right)$$

$$U\left(-\frac{l}{2} \leqslant x \leqslant \frac{l}{2}\right) = \frac{\sigma x}{2\varepsilon_0}\left(2 - \frac{l}{\sqrt{x^2+R^2}}\right) \approx \frac{\sigma x}{\varepsilon_0}$$

$$U\left(x < \frac{l}{2}\right) = -\frac{\sigma l}{2\varepsilon_0}\left(1 + \frac{x}{\sqrt{x^2+R^2}}\right)$$

（2）求电场强度 $\boldsymbol{E}$

$$\boldsymbol{E}\left(x>\frac{l}{2}\right)=-\frac{\mathrm{d}U}{\mathrm{d}x}\boldsymbol{e}_x=-\frac{\sigma l}{2\varepsilon_0}\frac{\mathrm{d}}{\mathrm{d}x}\left(1-\frac{x}{\sqrt{x^2+R^2}}\right)\boldsymbol{e}_x=\frac{\sigma l R^2}{2\varepsilon_0(x^2+R^2)^{3/2}}\boldsymbol{e}_x$$

$$\boldsymbol{E}\left(-\frac{l}{2}\leqslant x\leqslant\frac{l}{2}\right)=-\frac{\mathrm{d}U}{\mathrm{d}x}\boldsymbol{e}_x=-\frac{\mathrm{d}}{\mathrm{d}x}\left(\frac{\sigma x}{\varepsilon_0}\right)\boldsymbol{e}_x=-\frac{\sigma}{\varepsilon_0}\boldsymbol{e}_x$$

$$\boldsymbol{E}\left(x<-\frac{l}{2}\right)=-\frac{\mathrm{d}U}{\mathrm{d}x}\boldsymbol{e}_x=\frac{\sigma l}{2\varepsilon_0}\frac{\mathrm{d}}{\mathrm{d}x}\left(1+\frac{x}{\sqrt{x^2+R^2}}\right)\boldsymbol{e}_x=\frac{\sigma l R^2}{2\varepsilon_0(x^2+R^2)^{3/2}}\boldsymbol{e}_x$$

第 2 章 静电场中的导体和电介质

2.1 如习题 2.1 图所示的两块大小相同的平行金属板，所带的电量 Q_1 和 Q_2 不相等，若 $Q_1 > Q_2$，略去边缘效应.

（1）证明：相向的两面上电荷的面密度的大小相等而符号相反，相背的两面上电荷的面密度大小相等而符号相同.

（2）计算金属板各面的电量.

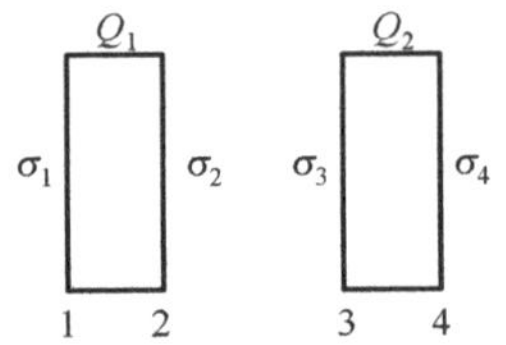

习题 2.1 图

解 （1）如习题 2.1 图所示，设金属平行板的 4 个端面的面电荷密度分别为 σ_1、σ_2、σ_3、σ_4. 由对称性，可知电场只有垂直于金属平板的分量. 此外，金属板内部电场为零. 取柱面为高斯面，其两底分别位于两个金属平板之中，并与板面平行. 由高斯定理，过高斯面的侧面和两底面的电通量均等于零，故高斯面内的总电量为零，$\sigma_2 + \sigma_3 = 0$，即相向的两面上电荷的面密度的大小相等，符号相反. 此外，由场叠加原理知，左侧金属板中某考察点的电场为 4 个面电荷电场叠加而成，其中 σ_1 位于考察点左侧，贡献的电场为 σ_1 / ε_0；σ_2、σ_3 和 σ_4 位于考察点右侧，贡献的电场为 $-(\sigma_1 + \sigma_2 + \sigma_3) / \varepsilon_0$，以至有 $\sigma_1 - \sigma_2 - \sigma_3 - \sigma_4 = 0$. 考虑到 $\sigma_2 + \sigma_3 = 0$，得 $\sigma_1 = \sigma_4$，即相背的两面上电荷的面密度大小相等而符号相同，证毕.

（2）由 $(\sigma_1 + \sigma_2)\cdot S = Q_1$ 和 $(\sigma_3 + \sigma_4)\cdot S = Q_2$，利用 $\sigma_1 = \sigma_4$ 和 $\sigma_3 = -\sigma_2$，得

$$\sigma_1 S + \sigma_2 S = Q_{11} + Q_{12} = Q_1, \quad \sigma_1 S - \sigma_2 S = Q_{11} - Q_{12} = Q_2$$

解得金属板各面的电量分别为

$$Q_{11} = Q_{24} = (Q_1 + Q_2)/2, \quad Q_{12} = -Q_{23} = (Q_1 - Q_2)/2$$

2.2 如习题 2.2 图所示，半径为 R_1 的导体球外有同心的导体球壳，壳的内外半径分别为 R_2 和 R_3，已知球壳带的电量为 Q，内球的电势为零. 求内球的电荷量和球壳的电势.

解 内球的电势为零，即内球的电势等于无穷远处的电势. 由此得知，内球上必定带有电荷，否则它的电势不可能为零. 设内球上的电荷量为 q，由对称性可知，

电场只有径向分量，只与径向距离 r 有关. 从高斯定理出发，取高斯面为与内球同心的球面，容易求得各区电场强度如下：

$$E(r<R_1)=0,\quad E(R_1<r<R_2)=\frac{q}{4\pi\varepsilon_0 r^2}$$

$$E(R_2<r<R_3)=0,\quad E(r>R_3)=\frac{q+Q}{4\pi\varepsilon_0 r^2}$$

内球的电势为

$$U=\int_{R_1}^{\infty}E\mathrm{d}r=\int_{R_1}^{R_2}E\mathrm{d}r+\int_{R_3}^{\infty}E\mathrm{d}r=\frac{q}{4\pi\varepsilon_0}\left(\frac{1}{R_1}-\frac{1}{R_2}\right)+\frac{q+Q}{4\pi\varepsilon_0 R_3}$$

该电势为零，得

$$q\left(\frac{1}{R_1}-\frac{1}{R_2}\right)=-\frac{q+Q}{R_3}\quad\Rightarrow\quad q=\frac{R_1R_2Q}{R_1R_3-R_1R_2-R_2R_3}$$

将上式代入球壳的电势表达式，最终求得球壳电势为

$$U=\frac{q+Q}{4\pi\varepsilon_0 R_3}=\frac{(R_1-R_2)Q}{4\pi\varepsilon_0(R_1R_3-R_1R_2-R_2R_3)}$$

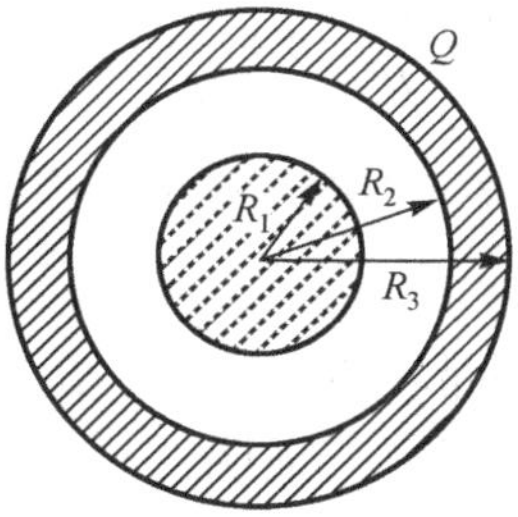

习题 2.2 图

2.3　一肥皂泡的半径为 r，肥皂水的表面张力系数为 α，外部空气的压强为 p. 使这肥皂泡带上电荷 Q 后，半径增大为 R，证明

$$(R^3-r^3)p+4\alpha(R^2-r^2)=\frac{Q^2}{32\pi^2\varepsilon_0 R}$$

证　先回顾一下表面张力及其作用效果. 表面张力为液体表面相邻两部分之间的相互牵引力，方向垂直于分界线并与液面相切；单位长度分界线上的表面张力称为表面张力系数，其国际制单位为牛顿/米. 对于肥皂泡来说，表面张力的作用效果相当于作用在肥皂泡外表面的压强 $4\alpha/r$，式中 α 为表面张力系数，r 为肥皂泡半径. 下面证明这一结论. 为此，考察肥皂泡上一个圆状面元，其半径相对肥皂泡中心的张角为 θ，其面积等于 $\pi(r\theta)^2$，周长等于 $2\pi r\theta$. 作用在它周边的表面张力，其合力与面元垂直，指向球心. 容易算得该合力的大小等于面元周长乘以表面张力系数 α，

再乘以投影因子 $\sin\theta\approx\theta$，然后加倍（考虑肥皂泡薄膜两面均有张力，故此加倍），最终求得单位面积薄膜外侧所受的压力为

$$\frac{\Delta F}{\Delta S}=\frac{2\pi r\theta\times\alpha\times\theta\times 2}{\pi(r\theta)^2}=\frac{4\alpha}{r}$$

证毕. 下面设带电前肥皂泡内的气体压强为 p_0，则由压力平衡条件得 $p_0=p+4\alpha/r$. 在肥皂泡带电之后，肥皂泡半径增大至 R. 设肥皂泡内气体作等温膨胀，则肥皂泡内的气压减小为 $p_1=r^3p_0/R^3$. 与此同时，有电场力作用于肥皂泡表面，单位面积所受的电场力大小为 $\sigma_{\mathrm{e}}E'$，式中 $\sigma_{\mathrm{e}}=Q/(4\pi R^2)$ 为面电荷密度，E' 为总电场减去受力面元的贡献，其值等于总电场的一半，即 $E'=\sigma_{\mathrm{e}}/2\varepsilon_0$. 该电场力自内朝外，等效于作用在肥皂泡内侧的压强：

$$\frac{\Delta F}{\Delta S}=\sigma_{\mathrm{e}}\cdot E'=\frac{\sigma_{\mathrm{e}}^2}{2\varepsilon_0}=\frac{Q^2}{32\pi^2\varepsilon_0R^4}$$

于是，带电后的肥皂泡的内外压力平衡条件化为

$$\frac{r^3}{R^3}\left(p+\frac{4a}{r}\right)+\frac{Q^2}{32\pi^2\varepsilon_0R^4}=p+\frac{4a}{R}$$

$$\begin{aligned}\frac{Q^2}{32\pi^2\varepsilon_0R}&=R^3\left[p+\frac{4a}{R}-\frac{r^3}{R^3}\left(p+\frac{4a}{r}\right)\right]\\&=4aR^2+R^3p-r^3p-r^24a=(R^3-r^3)p+4a(R^2-r^2)\end{aligned}$$

证毕.

2.4 有若干个互相绝缘的不带电的导体 A，B，C，…，它们的电势都是零，如果使其中任一个导体例如 A 带上正电，证明：

（1）所有这些导体的电势都高于零；

（2）其他导体的电势都低于 A 的电势.

证 设 A 导体带正电，无穷远电势为零. 先来证明 A 的电势高于零，即 $U_A>0$. 既然 A 带正电，则肯定有电场线自 A 发出. 这些电场线不能返回 A，因为同一根电场线不允许和某个等势面（A 导体表面）相交两次或多次. 因此，这些电场线只能趋向无穷远，或终止于某个导体 B. 若属于前者，则显然有 $U_A>0$；若为后者，则有 $U_B<U_A$，且由于 B 不带电，既有电场线为 B 接收，则必有电场线自 B 发出. 这样一直追踪下去，总会碰到某个导体，设为 C（$U_C<U_B<U_A$），其发出的电场线不会有任何导体接收，只能趋向无穷远，即 $U_C>0$，从而成立 $U_A>0$，证毕.

下面证明导体 A 不会自外部接收电场线. 换句话说，A 导体表面的电荷密度非负，不会有任何电场线终止于它. 用反证法，设有电场线终止于 A 的表面. 这些电场线不可能来自 A 本身，因为同一根电场线不可能与同一个等势面相交两次或多次；它们也不可能来自无穷远，因为我们已经证明 $U_A>0$. 因此，这些电场线只能来自

某个不带电导体，设为 B（$U_B > U_A$）. 因 B 不带电，它既已经发出电场线，就必然会从其他不带电导体接收电场线. 这样一直追踪下去，总会碰到某个导体，设为 C（$U_C > U_B > U_A$），其接收的电场线无处可来. 这说明原假定不成立，即不可能有任何电场线终止于导体 A 的表面.

有了以上准备，可接着证明所有不带电导体的电势高于零，但低于 U_A. 任何不带电导体将同时发出电场线和接收电场线，两部分电场线根数相同. 由于电场线不可能终止于带电导体 A，则某个不带电导体所发出的电场线只能直接或间接（经由其他不带电导体）趋向无穷远，故其电势高于零. 此外，被不带电导体接收的电场线，不会来自无穷远，因为这些导体的电势高于零. 因此，这些电场线只能直接或间接（经由其他不带电导体）来自带电导体 A，成立 $U_B < U_A$，证毕.

2.5　如习题 2.5 图所示，在金属球 A 内有两个球形空腔，此金属球整体上不带电，在两空腔中心各放置一点电荷 q_1 和 q_2，在金属球 A 之外远处放置一点电荷 q（q 至 A 中心距离 $r \gg$ 球 A 的半径 R）. 计算作用在 A、q_1、q_2、q 四物体上的静电力.

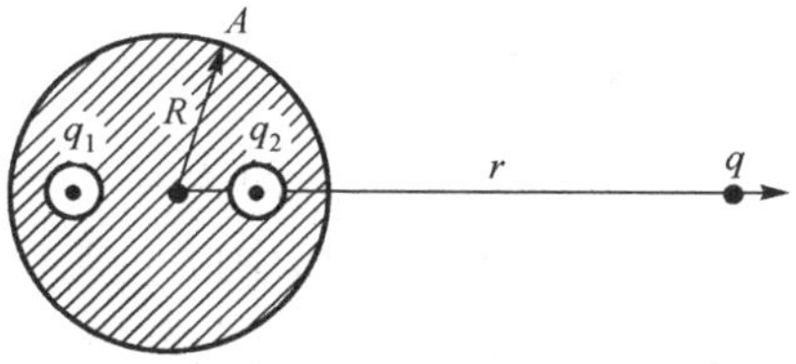

习题 2.5 图

解　先分析导体 A 和电荷 q 之间的相互作用. 当 $r \gg R$ 时，导体 A 及其空腔内的电荷 q_1 和 q_2 所构成的带电系统，可近似视为点电荷，它与导体 A 之间的电场力大小相等，方向相反，结果如下：

$$\boldsymbol{F}_q = -\boldsymbol{F}_A = \frac{q(q_1 + q_2)}{4\pi\varepsilon_0 r^3}\boldsymbol{r}$$

式中，$\boldsymbol{r}$ 为球心到 q 的位矢.

再考虑腔内电荷 q_1 和 q_2，它们各自位于球形导体空腔之内. 由于静电屏蔽作用，腔内电场只受腔内电荷及腔内壁感应电荷的影响，腔内电荷所受的力等于相应腔内壁感应电荷的电场力. 由对称性，腔内电荷位于空腔中心，相应腔内壁电荷均匀分布，从而施加在腔内电荷的电场力等于零. 也就是说，腔内电荷 q_1 和 q_2 所受电场力 $\boldsymbol{F}_{q1} = \boldsymbol{F}_{q2} = 0$. 不过，只要腔内电荷相对球腔中心稍有偏离，腔内电荷将受到腔内壁电荷的电场力，而且该力将使得这种偏移进一步增大，直至该电荷碰到腔内壁为止. 因此，位于球腔中心的点电荷虽处于平衡，但不稳定.

2.6　一电容器由三片面积都是 6.0cm^2 的锡箔构成，相邻两箔间的距离都是 0.10mm，外边两箔片连在一起构成为一极，中间箔片作为另一极，如习题 2.6 图所示.

（1）求电容 C；

（2）若在这电容器上加 220V 的电压，外箔片电势高于中间箔片，问外箔片和中间箔片上的面电荷密度各是多少？

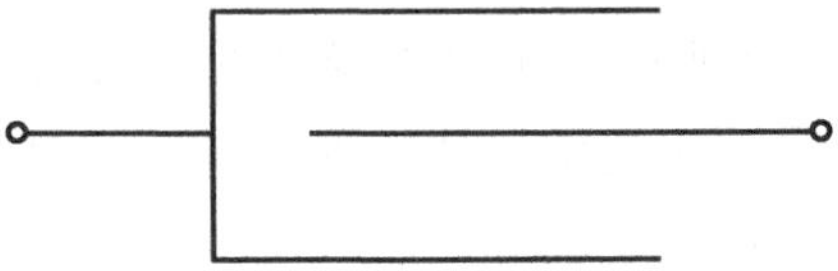

习题 2.6 图

解　（1）该电容器等效于两个面积为 S=6.0cm^2，间距为 d=0.1mm 的平行板电容器的并联.

$$C = C_1 + C_2 = 2C_1 = \frac{2\varepsilon_0 S}{d} = \frac{2\times 8.85\times 10^{-12}\times 6\times 10^{-4}}{0.1\times 10^{-3}} = 1.06\times 10^{-10}(\mathrm{F}) = 106(\mathrm{pF})$$

（2）若所加电压为 220V，则 $\sigma d/\varepsilon_0 = 220$，外箔片上电荷的面密度为

$$\sigma = 220\varepsilon_0/d = 220\times 8.85\times 10^{-12}/10^{-4} = 1.95\times 10^{-5}\ (\mathrm{C\cdot m^{-2}})$$

中间箔片的面电荷密度为上述数值两倍反号，即为 $-3.90\times 10^{-5}\ \mathrm{C\cdot m^{-2}}$.

2.7　如习题 2.7 图所示，一平行板电容器中间插入一厚度为 t 的导体板，导体板的面积为电容器极板面积的一半. 求插入后的电容值.

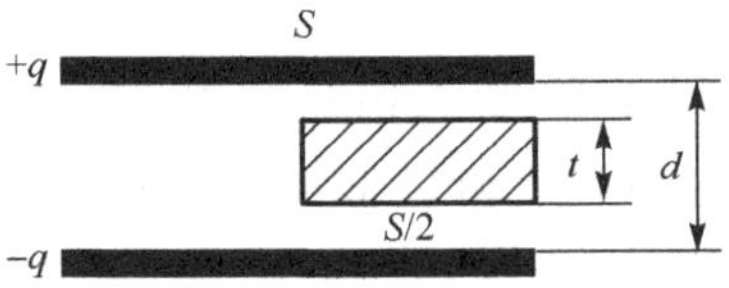

习题 2.7 图

解　该电容可以看成是两个电容器串联（插入导体板一侧）之后再和另外一个电容器的并联. 参与串联的两个电容分别为 $C_1 = \varepsilon_0 S/(2d_1)$ 和 $C_2 = \varepsilon_0 S/(2d_2)$，式中 $d_1 + d_2 = d - t$. 串联后的电容值等于

$$C_3 = \frac{C_1C_2}{C_1+C_2} = \frac{\varepsilon_0 S/(2d_1)\cdot\varepsilon_0 S/(2d_2)}{\varepsilon_0 S/(2d_1)+\varepsilon_0 S/(2d_2)} = \frac{\varepsilon_0 S}{2(d_1+d_2)} = \frac{\varepsilon_0 S}{2(d-t)}$$

上述电容再与电容 $C_4 = \varepsilon_0 S/(2d)$ 并联，结果为

$$C = C_3 + C_4 = \frac{\varepsilon_0 S}{2(d-t)} + \frac{\varepsilon_0 S}{2d} = \frac{\varepsilon_0 S(2d-t)}{2d(d-t)}$$

2.8　有 5 个电容器，如习题 2.8 图所示方式连接，$C_1 = C_5 = 2\mu\mathrm{F}$，$C_2 = C_3 = C_4 = 1\mu\mathrm{F}$，并接到电压为 U=600V 的电源上，求每个电容器上的电压值.

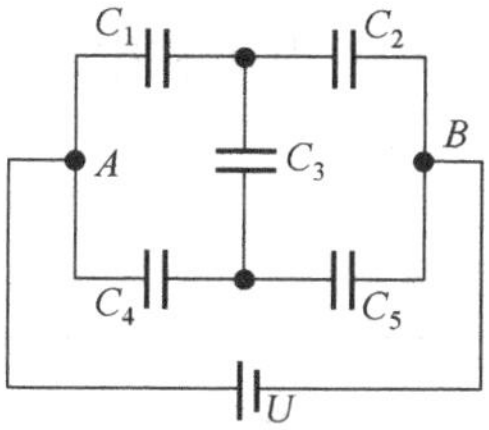

习题 2.8 图

解　设各电容器的电压为U_i $(i=1,2,\cdots,5)$，则各电容器正极板的电量为$Q_i=C_iU_i$. 规定电容器电压为左高右低，或上高下低，亦即规定电容器的左极板或上极板为正极. 过任何一个回路的电压的代数和等于零，据此可以写出如下 3 个独立的回路电压方程：

$$U_1+U_2-U=0,\quad U_4+U_5-U=0,\quad U_1+U_3-U_4=0$$

在列回路电压方程的时候，先规定回路绕行方向. 凡绕行方向自电容器正极进入负极，则在相应的电容器的电压前面加上"+"号，否则加上"−"号；凡绕行方向自电源正极进入负极，则在相应的电源电压前面加上"+"号，否则加上"−"号. 注意还可写出其他回路电压方程，例如针对由 C_3、C_2 和 C_5 构成的回路，可写下回路电压方程$U_3-U_2+U_5=0$，但不难验证它并不独立，可以从上述 3 个方程导出.

除了要求回路电压的代数和为零之外，还要求相互连接的电容器极板的电量的代数和等于零，对应的方程称为节点电荷方程. 由习题 2.8 图可见，电容 C_1 右侧的负极板、C_2 左侧的正极板和 C_3 上侧的正极板连接在一起，其电量的代数和为零，即$-Q_1+Q_2+Q_3=0$；电容 C_3 下侧的负极板、C_4 右侧的负极板和 C_5 左侧的正极板连接在一起，其电量的代数和也为零，即$-Q_3-Q_4+Q_5=0$. 在列节点电荷方程时，正极板上的电荷前面加上"+"号，负极板上的电荷前面加上"−"号. 利用$Q_i=C_iU_i$，可将上述两个节点电荷方程化为

$$-U_1C_1+U_2C_2+U_3C_3=0,\quad -U_3C_3-U_4C_4+U_5C_5=0$$

将已知量 U 和 C_i $(i=1,2,\cdots,5)$ 代入上述 5 个方程，解得

$$U_1=240\,\text{V},\ U_2=360\,\text{V},\ U_3=120\,\text{V},\ U_4=360\,\text{V},\ U_5=240\,\text{V}$$

2.9　如习题 2.9 图所示，三个共轴的金属圆筒，长度都是 l，半径分别为 a、b 和 d，里外两筒用导线连在一起作为一极，中间圆筒作为另一极. 略去边缘效应. 求电容 C.

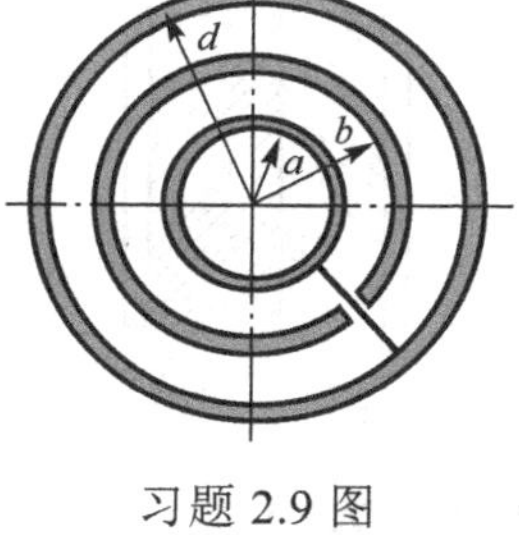

习题 2.9 图

解　该体系由两个电容并联而成：内筒和中筒构成 C_1，中筒和外筒构成 C_2，二者并联后的电容等于

$$C = C_1 + C_2 = 2\pi\varepsilon_0 l\left(\frac{1}{\ln(d/b)} + \frac{1}{\ln(b/a)}\right) = \frac{2\pi\varepsilon_0 l\ln(d/a)}{\ln(b/a)\ln(d/b)}$$

2.10　在 100℃和 1.0atm 时，饱和水蒸气的密度为 $598\text{g}\cdot\text{m}^{-3}$，水的相对分子质量为 18，水分子的电偶极矩为 $6.2\times10^{-30}\,\text{C}\cdot\text{m}$．求这时水蒸气电极化强度的最大值.

解　原子质量单位为 $1.66\times10^{-27}\,\text{kg}$，饱和水蒸气的数密度（单位体积内的分子数目）为

$$n = \frac{598\times10^{-3}}{18\times1.66\times10^{-27}} = 2.0\times10^{25}\ (\text{m}^{-3})$$

当全部水分子的电偶极矩 $p_0 = 6.2\times10^{-30}\,\text{C}\cdot\text{m}$ 时，求得水蒸气最大电极化强度如下：

$$P_{\max} = np = 2.0\times10^{25}\times6.2\times10^{-30} = 1.24\times10^{-4}\ (\text{C}\cdot\text{m}^{-2})$$

2.11　电介质强度是指电介质能经受的最大电场强度而不被击穿，迄今所知道的电介质强度的最大值约为 $1\times10^{9}\,\text{V}\cdot\text{m}^{-1}$．试问：

（1）当金属导体处在这种介质中时，它的面电荷密度 σ 最大不能超过多少？

（2）金属导体中原子的直径约为 $2\times10^{-10}\,\text{m}$，金属导体表面一层原子中，缺少或多出一个电子的原子数最多不能超过百分之几？

解　（1）金属表面处的场强大小为 $E = \sigma_{\text{e}}/\varepsilon_0$，$E \leqslant E_{\max} = 10^{9}\,\text{V}\cdot\text{m}^{-1}$，据此求得面电荷密度的最大值为

$$\sigma_{\text{emax}} = \varepsilon_0 E_{\max} = 8.85\times10^{-12}\times10^{9} = 8.85\times10^{-3}\ (\text{C}\cdot\text{m}^{-2})$$

（2）原子直径为 $2\times10^{-10}\,\text{m}$，每平方米原子数为 $1/(2\times10^{-10})^2 = 2.5\times10^{19}$ 个．由前面得到的极大面电荷密度 $\sigma_{\text{emax}} = 8.85\times10^{-3}\,\text{C}\cdot\text{m}^{-2}$，若为金属表面原子所致，则每平方米缺少或多出一个电子的原子数最多为 $8.85\times10^{-3}/(1.6\times10^{-19}) = 5.53\times10^{16}$ 个，占表面原子的百分比为 $5.53\times10^{16}/(2.5\times10^{19}) = 2.2\times10^{-3} \approx 0.2\%$.

2.12　如习题 2.12 图所示，一平行电容器两极板的面积都是 2.0m^2，相距为 5.0mm. 两板加上 10^4V 电压后，撤去电源，再在其间填满两层均匀介质，一层厚 2.0mm，相对介电常量为 $\varepsilon_{\text{r1}} = \varepsilon_1/\varepsilon_0 = 5.0$；另一层厚 3.0mm，$\varepsilon_{\text{r2}} = \varepsilon_2/\varepsilon_0 = 2.0$．略去边缘效应.

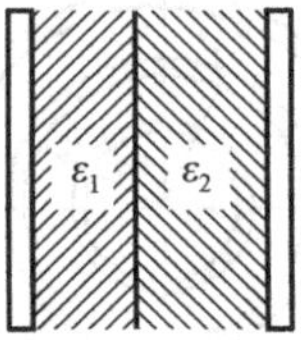

习题 2.12 图

（1）求各介质中电极化强度 $\boldsymbol{P}$ 的大小；

（2）当电容器紧靠介质 2 的极板接地（即电势为零）时，另一极板（正极板）的电势是多少？两介质接触面上的电势是多少？

解 在加入介质之前，电容器被充电量为

$$Q = CV = \varepsilon_0 SV / d = 2\varepsilon_0 \times 10^4 / 5\times 10^{-3} = 4\varepsilon_0 \times 10^6 \text{ (C)}$$

由高斯定理，求得电容器中电位移矢量的大小为：$D = \sigma_e = Q/S = 2\varepsilon_0 \times 10^6\ \text{C}\cdot\text{m}^{-2}$. 填入介质之后，$D$ 维持不变.

（1）介质中的电极化强度.

由 $P = \varepsilon_0(\varepsilon_r - 1)\cdot D/(\varepsilon_0\varepsilon_r) = (1-\varepsilon_r^{-1})D$，可算得两层介质中的电极化强度为

$$P_1 = (1-1/5)\times 2\times 8.85\times 10^{-12}\times 10^6 = 1.4\times 10^{-5}(\text{C}\cdot\text{m}^{-2})$$

$$P_2 = (1-1/2)\times 2\times 8.85\times 10^{-12}\times 10^6 = 8.9\times 10^{-6}(\text{C}\cdot\text{m}^{-2})$$

（2）电容器两层介质中的电场为

$$E_1 = D/(\varepsilon_0\varepsilon_{r1}) = 2\times 10^6 / 5 = 4\times 10^5(\text{V}\cdot\text{m}^{-2})$$

$$E_2 = D/(\varepsilon_0\varepsilon_{r2}) = 2\times 10^6 / 2 = 10^6(\text{V}\cdot\text{m}^{-2})$$

从而算得正极板的电势

$$U = E_1 d_1 + E_2 d_2 = 4\times 10^5 \times 2\times 10^{-3} + 10^6 \times 3\times 10^{-3} = 3.8\times 10^3(\text{V})$$

和分界面上的电势

$$U_{界面} = E_2 d_2 = 10^6 \times 3\times 10^{-3} = 3.0\times 10^3(\text{V})$$

2.13 圆柱电容器是由半径为 R_1 的直导线和与它同轴的导体圆筒构成，圆筒内半径为 R_2，长为 l，其间充满了介电常量为 ε 的介质. 设沿轴线单位长度上，导线带电量为 λ_0，圆筒带电量为 $-\lambda_0$. 略去边缘效应，求：

（1）介质中的电场强度 $\boldsymbol{E}$、电位移 $\boldsymbol{D}$、极化强度 $\boldsymbol{P}$、极化电荷体密度 ρ' 和介质表面的极化电荷面密度 σ'；

（2）两极板的电势差 U；

（3）电容 C.

解 （1）采用圆柱坐标（r,ϕ,z）. 由对称性，介质中的 $\boldsymbol{D}$ 沿极径方向（$\boldsymbol{e}_r \equiv \boldsymbol{r}/r$），其大小仅与 r 有关，于是，可运用高斯定理算得 $\boldsymbol{D}$ 的大小等于 $D = \lambda_e/(2\pi r)$，由此求得

$$\boldsymbol{D} = \frac{\lambda_e}{2\pi r}\boldsymbol{e}_r,\quad \boldsymbol{E} = \frac{\boldsymbol{D}}{\varepsilon} = \frac{\lambda_e}{2\pi\varepsilon r}\boldsymbol{e}_r,\quad \boldsymbol{P} = \boldsymbol{D} - \varepsilon_0\boldsymbol{E} = \frac{\lambda_e(\varepsilon-\varepsilon_0)}{2\pi\varepsilon r}\boldsymbol{e}_r$$

介质中的极化电荷体密度等于

$$\rho' = -\nabla\cdot\boldsymbol{P} = -\frac{1}{r}\frac{\partial}{\partial r}\left[r\cdot\frac{\lambda_e(\varepsilon-\varepsilon_0)}{2\pi\varepsilon r}\right] = 0$$

介质内表面和外表面的极化电荷面密度分别为

$$\sigma_1' = \boldsymbol{P}(r=R_1)\cdot\boldsymbol{n}_1 = \boldsymbol{P}(r=R_1)\cdot(-\boldsymbol{e}_r) = -\frac{\lambda_e(\varepsilon-\varepsilon_0)}{2\pi\varepsilon R_1}$$

$$\sigma_2' = \boldsymbol{P}(r=R_2)\cdot\boldsymbol{n}_2 = \boldsymbol{P}(r=R_1)\cdot\boldsymbol{e}_r = \frac{\lambda_e(\varepsilon-\varepsilon_0)}{2\pi\varepsilon R_2}$$

（2）两极板的电势差等于

$$\Delta U = \int_{R_1}^{R_2}\boldsymbol{E}\cdot d\boldsymbol{r} = \int_{R_1}^{R_2}\frac{\lambda_e\,dr}{2\pi\varepsilon r} = \frac{\lambda_e}{2\pi\varepsilon}\ln r\Big|_{R_1}^{R_2} = \frac{\lambda_e}{2\pi\varepsilon}\ln\frac{R_2}{R_1}$$

（3）电容等于

$$C = \frac{q}{\Delta U} = \frac{2\pi\varepsilon\lambda_e l}{\lambda_e\ln(R_2/R_1)} = \frac{2\pi\varepsilon l}{\ln(R_2/R_1)}$$

2.14　半径为 a、b（$a<b$）的同心导体球壳之间充满非均匀介质，介电常量为 $\varepsilon=\varepsilon_0/(1+kr)$，其中 k 为常数，r 为径向距离. 内球壳表面有电荷 Q，外球壳接地. 计算

（1）系统的电容；

（2）介质内的极化电荷密度；

（3）球面上极化电荷面密度.

解　取球坐标（r,θ,ϕ）. 由对称性可知电位移矢量沿径向方向，大小仅与 r 有关. 利用高斯定理得 $\boldsymbol{D}=Q\boldsymbol{e}_r/(4\pi r^2)$，从而求得非均匀介质中的电场强度为

$$\boldsymbol{E} = \frac{Q}{4\pi\varepsilon_0 r^2}(1+kr)\boldsymbol{e}_r \quad (a<r<b)$$

因此，内外球电势差为

$$V = \int_a^b \boldsymbol{E}\cdot d\boldsymbol{r} = \frac{Q}{4\pi\varepsilon_0}\left(\frac{1}{a}-\frac{1}{b}+k\ln\frac{b}{a}\right)$$

故得电容

$$C = \frac{Q}{V} = \frac{4\pi\varepsilon_0 ab}{(b-a)+abk\ln(b/a)}$$

极化强度为

$$\boldsymbol{P} = (\varepsilon-\varepsilon_0)\boldsymbol{E} = \frac{-\varepsilon_0 kr}{1+kr}\cdot\frac{Q}{4\pi\varepsilon_0 r^2}(1+kr)\boldsymbol{e}_r = -\frac{kQ}{4\pi r}\boldsymbol{e}_r$$

据此求得介质中的极化电荷体密度和介质内外表面的极化电荷面密度如下：

$$\rho' = -\nabla\cdot\boldsymbol{P} = \frac{kQ}{4\pi r^2},\quad \sigma_a' = \boldsymbol{P}(a)\cdot(-\boldsymbol{e}_r) = \frac{kQ}{4\pi a},\quad \sigma_b' = \boldsymbol{P}(b)\cdot\boldsymbol{e}_r = -\frac{kQ}{4\pi b}$$

2.15　有一半径为 R 的金属球，外面包有一层相对介电常量为 $\varepsilon_r=2$ 的均匀电介

质，壳内外半径分别为 R 和 $2R$，介质内均匀分布着电量为 q_0 的自由电荷，金属球接地. 求介质球壳外表面的电势.

解　金属球接地，如习题 2.15 图所示，其电势 $U=0$. 介质中自由电荷密度为 $3q_0/\{4\pi[(2R)^3-R^3]\}$. 设接地金属球表面的感应电荷总量为 q，由对称性可判断电荷沿金属球表面均匀分布. 运用高斯定理，可求得介质内电场强度

$$4\pi r^2\varepsilon_r\varepsilon_0E_1=q+\frac{r^3-R^3}{(2R)^3-R^3}q_0 \quad\Rightarrow\quad E_1=\frac{1}{8\pi\varepsilon_0}\left(\frac{q}{r^2}+\frac{q_0r}{7R^3}-\frac{q_0}{7r^2}\right)$$

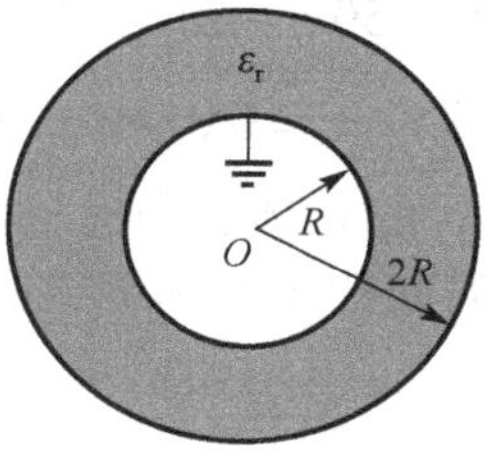

习题 2.15 图

在介质外的电场强度 $E_2=(q+q_0)/(4\pi\varepsilon_0r^2)$. 由金属球和无穷远电势均等于零的条件

$$\int_{2R}^{R}E_1\mathrm{d}r=\int_{2R}^{\infty}E_2\mathrm{d}r \qquad\Rightarrow\quad \frac{1}{8\pi\varepsilon_0}\int_{2R}^{R}\left(\frac{q}{r^2}+\frac{q_0r}{7R^3}-\frac{q_0}{7r^2}\right)\mathrm{d}r=\frac{q+q_0}{4\pi\varepsilon_0}\int_{2R}^{\infty}\frac{\mathrm{d}r}{r^2}$$

可求得 $q=-16q_0/21$. 介质球壳外表面电势为

$$U=\int_{2R}^{\infty}E_2\mathrm{d}r=\int_{2R}^{\infty}\frac{q+q_0}{4\pi\varepsilon_0r^2}\mathrm{d}r=\frac{q+q_0}{8\pi\varepsilon_0R}=\frac{5q_0}{168\pi\varepsilon_0R}$$

2.16　平行板电容器两极板相距 3.0cm，其间放有一层相对介电常量为 $\varepsilon_r=2$ 的介质，位置与厚度如习题 2.16 图所示. 已知极板上面电荷密度为 $\sigma=8.85\times10^{-10}\,\mathrm{C\cdot m^{-2}}$，略去边缘效应，求：

（1）极板间各处 P、E 和 D 的值；

（2）极板间各处的电势（设 $V_A=0$）.

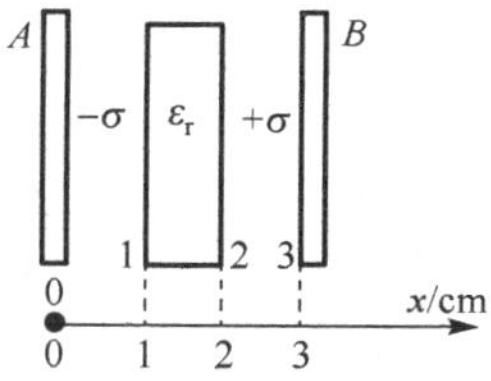

习题 2.16 图

解　（1）由高斯定理，可算得两极板内各区均有 $D=\sigma_e=8.85\times10^{-10}\,\mathrm{C\cdot m^{-2}}$. 在介质外，$\varepsilon_r=1,\ P=0$，$E=D/\varepsilon_0=100\mathrm{V\cdot m^{-1}}$. 在介质中，$\varepsilon_r=2$，

$$P=(1-\varepsilon_r^{-1})D=4.43\times10^{-10}\,\mathrm{C\cdot m^{-2}},\quad E=D/(\varepsilon_0\varepsilon_r)=50\,\mathrm{V\cdot m^{-1}}$$

（2）计算各区电势（设 $V_A=0$）

$$V(0<x<x_1)=\int_0^x E\,\mathrm{d}x=100x$$

$$V(x_1<x<x_2)=V(x_1)+\int_{x_1}^x E\,\mathrm{d}x=100x_1+50(x-x_1)=50(x+x_1)=50x+0.5$$

$$V(x_2<x<x_3)=V(x_2)+\int_{x_2}^x E\,\mathrm{d}x=50(x_1+x_2)+100(x-x_2)$$
$$=100x+50x_1-50x_2=100x-0.5$$

式中，x 和 x_i $(i=1,2,3)$ 的单位用米，$x_1=0.01\,\mathrm{m},\ x_2=0.02\,\mathrm{m},\ x_3=0.03\,\mathrm{m}$.

2.17　球形电容器由半径为 R_1 的导体和与它同心的导体球壳构成，壳的内半径为 R_2，其间有两层均匀介质，分界面的半径为 r，内、外层介质的介电常量分别为 ε_1 和 ε_2.

（1）求电容 C；

（2）当内球带电荷 $-Q$ 时，求介质表面上极化电荷的面密度 σ'.

解　(1)采用球坐标(R,θ,ϕ)．由对称性，介质中的 $\boldsymbol{D}$ 沿径向方向($\boldsymbol{e}_R\equiv\boldsymbol{R}/R$)，其大小仅与 R 有关．于是，可运用高斯定理算得 $\boldsymbol{D}$ 的大小等于 $D=q/(4\pi R^2)$，式中 q 为内球所带电量．在两层介质中的电场强度为

$$\boldsymbol{E}(R_1\leqslant R\leqslant r)=\frac{q}{4\pi\varepsilon_1R^2}\boldsymbol{e}_R,\quad \boldsymbol{E}(r\leqslant R\leqslant R_2)=\frac{q}{4\pi\varepsilon_2R^2}\boldsymbol{e}_R$$

据此求得两极板间的电势差和电容为

$$\Delta U=\int_{R_1}^{R_2}\boldsymbol{E}\cdot\mathrm{d}\boldsymbol{R}=\int_{R_1}^{r}\frac{q\,\mathrm{d}R}{4\pi\varepsilon_1R^2}+\int_{r}^{R_2}\frac{q\,\mathrm{d}R}{4\pi\varepsilon_2R^2}=\frac{q}{4\pi}\left(\frac{1}{\varepsilon_1R_1}-\frac{1}{\varepsilon_1r}+\frac{1}{\varepsilon_2r}-\frac{1}{\varepsilon_2R_2}\right)$$
$$=\frac{q}{4\pi\varepsilon_1\varepsilon_2R_1R_2r}[(\varepsilon_1-\varepsilon_2)R_1R_2+(\varepsilon_2R_2+\varepsilon_1R_1)r]$$

$$C=\frac{q}{\Delta U}=\frac{4\pi\varepsilon_1\varepsilon_2R_1R_2r}{(\varepsilon_1-\varepsilon_2)R_1R_2+(\varepsilon_2R_2+\varepsilon_1R_1)r}$$

（2）当 $q=-Q$ 时，有

$$\boldsymbol{P}_1=-\frac{Q(\varepsilon_1-\varepsilon_0)}{4\pi\varepsilon_1R^2}\boldsymbol{e}_R,\quad \boldsymbol{P}_2=-\frac{Q(\varepsilon_2-\varepsilon_0)}{4\pi\varepsilon_2R^2}\boldsymbol{e}_R$$

据此求得各介质表面的极化电荷面密度如下：

$$\sigma'|_r=-(\boldsymbol{P}_2-\boldsymbol{P}_1)_r\cdot\boldsymbol{e}_R=-\frac{Q(\varepsilon_1-\varepsilon_0)}{4\pi\varepsilon_1r^2}+\frac{Q(\varepsilon_2-\varepsilon_0)}{4\pi\varepsilon_2r^2}=-\frac{Q}{4\pi r^2}\cdot\frac{\varepsilon_0(\varepsilon_1-\varepsilon_2)}{\varepsilon_1\varepsilon_2}$$

$$\sigma_1'=\boldsymbol{P}_1(R_1)\cdot(-\boldsymbol{e}_R)=\frac{Q(\varepsilon_1-\varepsilon_0)}{4\pi\varepsilon_1R_1^2},\quad \sigma_2'=\boldsymbol{P}_2(R_2)\cdot\boldsymbol{e}_R=-\frac{Q(\varepsilon_2-\varepsilon_0)}{4\pi\varepsilon_2R_2^2}$$

2.18　两介电常量分别为 ε_1 和 ε_2 的介质的接触面上有一层自由电荷，面密度为 σ．接触面两侧的电场强度分别为 $\boldsymbol{E}_1$ 和 $\boldsymbol{E}_2$，与接触面法线的夹角分别是 θ_1 和 θ_2，如习题 2.18 图所示．证明

$$\varepsilon_2 \cot\theta_2 = \varepsilon_1\left(1-\frac{\sigma}{\varepsilon_1 E_1 \cos\theta_1}\right)\cot\theta_1$$

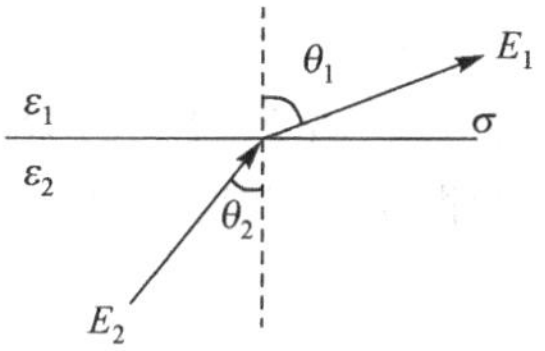

习题 2.18 图

证　由切向电场和法向电位移满足的边值关系

$$E_{1t}=E_{2t},\quad D_{1n}-D_{2n}=\sigma$$

可写下

$$E_1\sin\theta_1=E_2\sin\theta_2,\quad \varepsilon_1 E_1\cos\theta_1-\varepsilon_2 E_2\cos\theta_2=\sigma \quad 或 \quad \varepsilon_1 E_1\cos\theta_1-\sigma=\varepsilon_2 E_2\cos\theta_2$$

将两式相除得

$$\varepsilon_2\cot\theta_2=\frac{\varepsilon_1 E_1\cos\theta_1-\sigma}{E_1\sin\theta_1}=\varepsilon_1\cot\theta_1-\frac{\sigma}{E_1\sin\theta_1}=\varepsilon_1\left(1-\frac{\sigma}{\varepsilon_1 E_1\cos\theta_1}\right)\cot\theta_1$$

证毕.

2.19　如习题 2.19 图所示，一导体球外充满两半无限电介质，介电常量分别为 ε_1 和 ε_2，介质界面为通过球心的无限平面．设导体球半径为 a，总电荷为 q，求空间电场分布和导体球表面的自由面电荷分布.

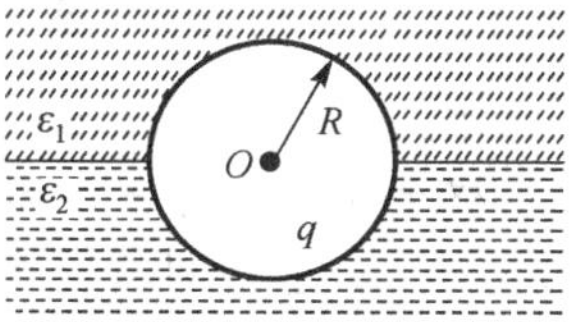

习题 2.19 图

解　本题属于介质界面与电场线重合的情况，具有对称性的是电场．取球坐标（r,θ,ϕ），原点位于球心，电场沿径向方向，且只与 r 有关．由高斯定理得

$$2\pi r^2\varepsilon_1 E+2\pi r^2\varepsilon_2 E=q \quad\Rightarrow\quad \boldsymbol{E}=\frac{q}{2\pi(\varepsilon_1+\varepsilon_2)r^2}\boldsymbol{e}_r$$

据此求得两介质区的电位移矢量如下：

$$\boldsymbol{D}_1 = \varepsilon_1 \boldsymbol{E} = \frac{\varepsilon_1 q}{2\pi(\varepsilon_1+\varepsilon_2)r^2}\boldsymbol{e}_r, \quad \boldsymbol{D}_2 = \varepsilon_2 \boldsymbol{E} = \frac{\varepsilon_2 q}{2\pi(\varepsilon_1+\varepsilon_2)r^2}\boldsymbol{e}_r$$

导体球表面的自由面电荷密度为

$$\sigma_1 = D_1(a) = \frac{\varepsilon_1 q}{2\pi(\varepsilon_1+\varepsilon_2)a^2}, \quad \sigma_2 = D_2(a) = \frac{\varepsilon_2 q}{2\pi(\varepsilon_1+\varepsilon_2)a^2}$$

2.20　把平行板电容器的两极板接到电源上（接通 K），然后在电容器内左半区中放入介电常量为ε的电介质（习题 2.20 图）.

（1）问 A、B 两点的场强哪个大？各为没有介质时的多少倍？

（2）如果在充电后，先把电源断开（即断开 K），再在左半区中放入介质，电场强度如何变化？

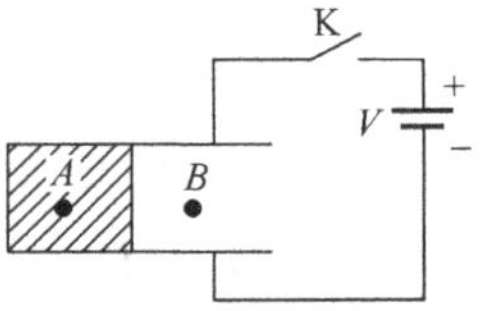

习题 2.20 图

解　本题属于介质界面与电场线平行的情况，介质内外电场相等，因而 A、B 两点电场相等，与充电之后开关 K 是否断开无关.

在没有介质时，电容器被充电至电压 V，极板带电量为$Q=C_0V$，式中C_0为没有介质时平行板电容器的电容. 设极板面积为 S，两极板的间距为 d，则电容等于$C_0=\varepsilon_0 S/d$. 插入介质之后，电容器的电容增加. 视新电容为两部分电容之并联：一部分含介质，另一部分为真空，算得新电容等于$C=\varepsilon S/(2d)+\varepsilon_0 S/(2d)=S(\varepsilon+\varepsilon_0)/(2d)$.

（1）开关 K 处于接通状态：此时电容器的电压维持 V 不变，故电场与没有介质时的电场相同，大小同为$E=V/d$.

（2）介质插入前断开 K：此时电容器带电量 Q 维持不变，故电容器的电压与电容成反比降至$C_0/C=2\varepsilon_0/(\varepsilon+\varepsilon_0)$倍，也就是 A 或 B 点的电场等于没有介质时的$2\varepsilon_0/(\varepsilon+\varepsilon_0)$倍.

***2.21**　如习题 2.21 图所示，整个空间以 $z=0$ 为界面，上下分别充满介电常量为ε_1和ε_2的介质. 在 $z=a$ 处和 $z=-a$ 处分别放置电量为$-q$和$+q$的点电荷，求$-q$电荷受的作用力.

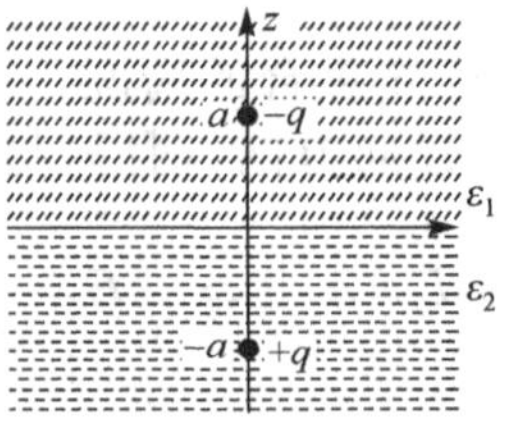

习题 2.21 图

解　本题要求计算位于（0, 0, a）处的点电荷 $-q$ 所受的力，这归结为计算施力电荷在（0, 0, a）处产生的电场，该电场可用电像法求解. 我们关心的电场区域为 $z>0$. 在该区域中，位于（0, 0, $-a$）的点电荷 $+q$ 在界面上诱发的极化电荷的贡献，可由位于同一地点的像电荷 q'' 代表，按电像法求得

$$q''=\frac{\varepsilon_0(\varepsilon_2-\varepsilon_1)q}{\varepsilon_2(\varepsilon_1+\varepsilon_2)}$$

此外，位于 $(0,0,a)$ 的点电荷 $-q$ 在界面上诱发的极化电荷的贡献，可由位于 $(0,0,-a)$ 的像电荷 q' 代表，同样按电像法求得

$$q'=\frac{\varepsilon_0(\varepsilon_1-\varepsilon_2)}{\varepsilon_1(\varepsilon_1+\varepsilon_2)}(-q)=\frac{\varepsilon_0(\varepsilon_2-\varepsilon_1)q}{\varepsilon_1(\varepsilon_1+\varepsilon_2)}$$

于是，受力电荷所在位置的施力电场等于

$$\begin{aligned}E&=\frac{q}{4\pi\varepsilon_2(2a)^2}+\frac{q''}{4\pi\varepsilon_0(2a)^2}+\frac{q'}{4\pi\varepsilon_0(2a)^2}\\&=\frac{1}{16\pi a^2}\left[\frac{q}{\varepsilon_2}+\frac{(\varepsilon_2-\varepsilon_1)q}{(\varepsilon_1+\varepsilon_2)\varepsilon_2}+\frac{(\varepsilon_2-\varepsilon_1)q}{(\varepsilon_1+\varepsilon_2)\varepsilon_1}\right]=\frac{q}{16\pi\varepsilon_1 a^2}\end{aligned}$$

式中，右边第一项分母中加入 ε_2，旨在计入电荷 $+q$ 处极化电荷 $q'=(\varepsilon_0-\varepsilon)q/\varepsilon$ 的贡献. 于是，电荷 $-q$ 所受的作用力为

$$F=-qE=-\frac{q^2}{16\pi\varepsilon_1 a^2}$$

顺便指出，在受力电荷 $-q$ 的周围也会出现极化电荷，但基于对称性分析，可证明该极化电荷作用在 $-q$ 上的合力为零.

2.22　一电量为 $+q$ 的点电荷位于 $(x,y)=(a,b)$，两半无限接地导体平面相交于 z 轴，如习题 2.22 图所示.

（1）求 $+q$ 所在区域（$x,y\geqslant 0$，$-\infty<z<\infty$）中任一点的电场；

（2）利用 E_y 的表达式，确定哪一个导体平板表面 $E_y=0$，并计算 $E_y\neq 0$ 的导体平板的面电荷密度 σ_e.

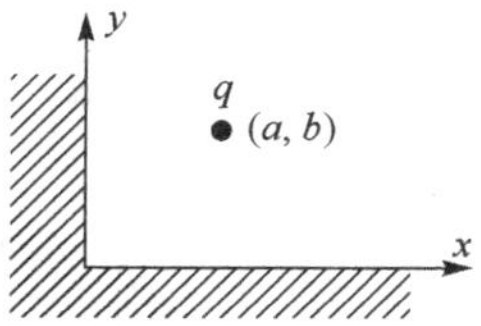

习题 2.22 图

解　用电像法求解. $+q(a,b)$ 的像有三个，各自的电量和位置如下：

$$-q(-a,b),\quad +q(-a,-b),\quad -q(a,-b)$$

在 $x\geqslant 0, y\geqslant 0, -\infty\leqslant z\leqslant\infty$ 区域内，电势由原电荷和 3 个像电荷所产生，其表达式为

$$U(x,y,z)=\frac{q}{4\pi\varepsilon_0}\left(\frac{1}{\sqrt{(x-a)^2+(y-b)^2+z^2}}+\frac{1}{\sqrt{(x+a)^2+(y+b)^2+z^2}}\right.$$
$$\left.-\frac{1}{\sqrt{(x-a)^2+(y+b)^2+z^2}}-\frac{1}{\sqrt{(x+a)^2+(y-b)^2+z^2}}\right)$$

$$E_x=-\frac{\partial U}{\partial x}=\frac{q}{4\pi\varepsilon_0}\left(\frac{x-a}{r_1^3}+\frac{x+a}{r_2^3}-\frac{x-a}{r_3^3}-\frac{x+a}{r_4^3}\right)$$

$$E_y=-\frac{\partial U}{\partial y}=\frac{q}{4\pi\varepsilon_0}\left(\frac{y-b}{r_1^3}+\frac{y+b}{r_2^3}-\frac{y+b}{r_3^3}-\frac{y-b}{r_4^3}\right)$$

$$E_z=-\frac{\partial U}{\partial z}=\frac{q}{4\pi\varepsilon_0}\left(\frac{z}{r_1^3}+\frac{z}{r_2^3}-\frac{z}{r_3^3}-\frac{z}{r_4^3}\right)$$

式中

$$r_1^2=(x-a)^2+(y-b)^2+z^2,\quad r_2^2=(x+a)^2+(y+b)^2+z^2$$
$$r_3^2=(x-a)^2+(y+b)^2+z^2,\quad r_4^2=(x+a)^2+(y-b)^2+z^2$$

当 $x=0$ 时，即在竖直导体平面上，有 $r_1=r_4, r_2=r_3$， $E_y=0$．当 $y=0$ 时，即在水平导体平面上，有 $r_1=r_3, r_2=r_4$

$$E_y=\frac{qb}{2\pi\varepsilon_0}\left(\frac{1}{[(x+a)^2+b^2+z^2]^{3/2}}-\frac{1}{[(x-a)^2+b^2+z^2]^{3/2}}\right)$$

相应水平导体平面上的面电荷密度为

$$\sigma_e(x,0,z)=\varepsilon_0E_y=-\frac{qb}{2\pi}\left(\frac{1}{[(x-a)^2+b^2+z^2]^{3/2}}-\frac{1}{[(x+a)^2+b^2+z^2]^{3/2}}\right)$$

***2.23**　如习题2.23图(a)所示，一半径为 R 的导体球壳，球内部距离球心为 $d(d<R)$ 处有一点电荷 q，求

（1）当球壳接地时球内的电场强度和电势；

（2）当球壳不接地且带电量为 Q 时球内的电场强度和电势.

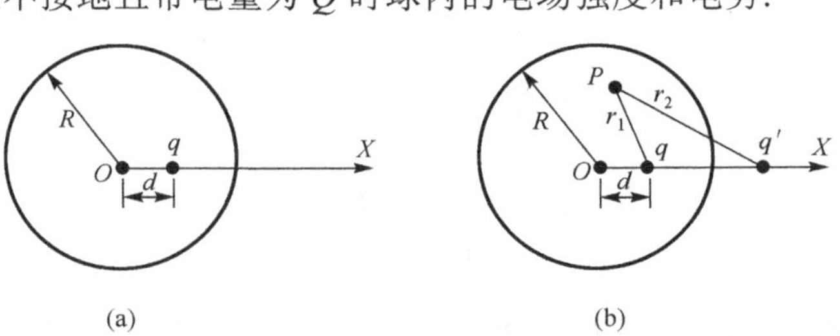

习题 2.23 图

解　（1）由电像法，球外的像电荷的电量和位置（离球心的距离）为

$$q' = -\frac{R}{d}q, \quad b = \frac{R^2}{d}$$

球内的电场强度为点电荷和它的像电荷电场的叠加

$$\boldsymbol{E} = \frac{1}{4\pi\varepsilon_0}\left(\frac{q}{r_1^2}\boldsymbol{e}_{r1} + \frac{q'}{r_2^2}\boldsymbol{e}_{r2}\right)$$

$$= \frac{q}{4\pi\varepsilon_0}\left(\frac{1}{r^2+d^2-2rd\cos\theta}\boldsymbol{e}_{r1} - \frac{R/d}{r^2+R^4/d^2-2r(R^2/d)\cos\theta}\boldsymbol{e}_{r2}\right)$$

$$U_1 = \frac{q}{4\pi\varepsilon_0}\left(\frac{1}{\sqrt{r^2+d^2-2rd\cos\theta}} - \frac{R}{\sqrt{r^2d^2+R^4-2rdR^2\cos\theta}}\right)$$

对于接地导体球壳情况，球壳（内表面）带电量为 $-q$，这一点可通过高斯定理去证明（取球壳外表面为高斯面），也可以通过实际计算（$E_r = -\partial U/\partial r$、$\sigma_e = -\varepsilon_0 E_r(R)$、将 σ_e 过球壳内表面积分）去证明.

（2）对于带电球壳的情况，由题设知其带电量为 Q，则可在球壳外表面均匀布满一层虚拟面电荷，其电量设为 $Q' = Q + q$. 这样做的后果是：（ i ）球壳总带电量为原带电量 $-q$ 与附加电量 Q' 之和，即 $-q + Q' = Q$，满足题设要求；（ ii ）对球内电场无贡献；（iii）对球内电势贡献一个常数 $Q'/(4\pi\varepsilon_0 R) = (Q+q)/(4\pi\varepsilon_0 R)$. 于是，球内电势为前述结果加上这个常数，结果为

$$U_2 = U_1 + \frac{Q+q}{4\pi\varepsilon_0 R}$$

对该答案的一个检验是：对于导体球接地情况，球壳带电量为 $Q = -q$，以致有 $U_2 = U_1$，一个明显合理的结果.

***2.24**　一半径为 a 的无限长的直导线的线电荷密度为 λ_e，与一电势为零的无限大金属板相距为 b，$b \gg a$，试对单位长度导线，计算此系统的电容.（提示：用电像法和条件 $b \gg a$.）

解　取直角坐标，金属板位于（$x=0$）平面，导线与 z 轴平行，位于 $(x,y)=(b,0)$. 长直导线的像位于 $(x,y)=(-b,0)$，线电荷密度为 $-\lambda_e$. 原直线电荷及其像电荷在 x 轴线上产生的电势为

$$U = -\frac{\lambda_e}{2\pi\varepsilon_0}\ln|b-x| - \frac{-\lambda_e}{2\pi\varepsilon_0}\ln|b+x| = \frac{\lambda_e}{2\pi\varepsilon_0}\ln\left|\frac{b+x}{b-x}\right|$$

以上对应取金属板为电势零点. 导线与金属板间的电势差为

$$\Delta U = U(x=b-a) - U(x=0) = \frac{\lambda_e}{2\pi\varepsilon_0}\ln\left(\frac{2b-a}{a}\right) \approx \frac{\lambda_e}{2\pi\varepsilon_0}\ln\left(\frac{2b}{a}\right)$$

于是单位长度导线与金属板之间的电容等于

$$C = \frac{\lambda_e}{\Delta U} = \frac{\lambda_e}{[\lambda_e/(2\pi\varepsilon_0)]\ln(2b/a)} = \frac{2\pi\varepsilon_0}{\ln(2b/a)}$$

第 3 章　静电场的能量

3.1　在铀 238（^{238}U）的原子核中，两质子间的距离约为 6.0×10^{-15} m. 已知质子电荷为 1.6×10^{-19}C，问它们之间的电势能有多少？相互作用的库仑力有多大？

解　两质子之间的电势能或相互作用能 W，以及库仑力 F 分别等于

$$W = qU\ \frac{q^2}{4\pi\varepsilon_0 r_0} = \frac{9\times10^9\times(1.6\times10^{-19})^2}{6\times10^{-15}} = 3.8\times10^{-14}\ \text{(J)}$$

$$F = \frac{q^2}{4\pi\varepsilon_0 {r_0}^2} = \frac{9\times10^9\times(1.6\times10^{-19})^2}{(6\times10^{-15})^2} = 6.4\ \text{(N)}$$

3.2　三个点电荷，其所带电量及位置如习题 3.2 图所示，计算：

（1）各对电荷之间的相互作用能；

（2）电荷系统的相互作用能.

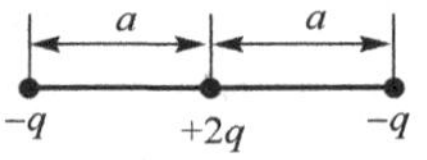

习题 3.2 图

解　（1）自左至右将点电荷排序，求得各对电荷之间的相互作用能依次为

$$W_{12} = \frac{q_1 q_2}{4\pi\varepsilon_0 a} = \frac{(-q)\cdot 2q}{4\pi\varepsilon_0 a} = -\frac{q^2}{2\pi\varepsilon_0 a} = W_{21}$$

$$W_{23} = \frac{q_2 q_3}{4\pi\varepsilon_0 a} = \frac{2q.(-q)}{4\pi\varepsilon_0 a} = -\frac{q^2}{2\pi\varepsilon_0 a} = W_{32}$$

$$W_{13} = \frac{q_1 q_3}{4\pi\varepsilon_0\cdot(2a)} = \frac{(-q)\cdot(-q)}{8\pi\varepsilon_0 a} = \frac{q^2}{8\pi\varepsilon_0 a} = W_{31}$$

（2）电荷系统的相互作用能等于上述三对电荷相互作用能之和，即

$$W = W_{12} + W_{23} + W_{13} = -\frac{7q^2}{8\pi\varepsilon_0 a}$$

3.3　在边长为 a 的正六边形各顶点有固定的点电荷，它们的电量交替为 Q 和 $-Q$，参见习题 3.3 图.

（1）求系统的相互作用能；

（2）若外力将其中相邻的两个点电荷缓慢地移到无限远处，在移动过程中维持这两个点电荷的距离以及其余电荷的位置不变，问外力需做多少功？

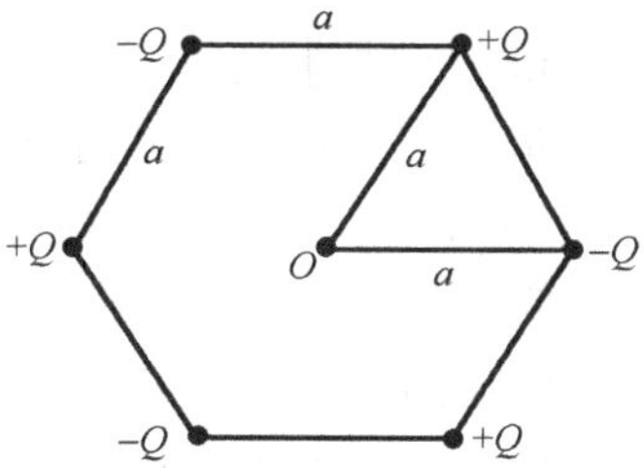

习题 3.3 图

解　(1) 系统的相互作用能等于

$$W=\frac{1}{2}\sum_{i=1}^{N}q_iU_i$$

式中，U_i 为除 q_i 外其余所有点电荷在 q_i 处产生的电势. 由对称性，可知所有正电荷所在位置的 U_i 彼此相等，设为 U_+，其值等于

$$U_+=\frac{1}{4\pi\varepsilon_0}\left(-\frac{Q}{a}+\frac{Q}{\sqrt{3}a}-\frac{Q}{2a}+\frac{Q}{\sqrt{3}a}-\frac{Q}{a}\right)=\frac{Q}{4\pi\varepsilon_0 a}\left(\frac{2}{\sqrt{3}}-\frac{5}{2}\right)$$

此外，所有负电荷所在位置的 U_i 也彼此相等，设为 U_-，成立 $U_-=-U_+$. 系统共包含 3 个正电荷和 3 个负电荷，以至该系统的相互作用能等于

$$W=\frac{3}{2}QU_+-\frac{3}{2}QU_-=3QU_+=\frac{3Q^2}{4\pi\varepsilon_0 a}\left(\frac{2}{\sqrt{3}}-\frac{5}{2}\right)$$

(2) 在移走两个相邻点电荷之后，余下四个点电荷构成的系统的相互作用能为

$$\begin{aligned}W_1&=\frac{Q}{8\pi\varepsilon_0}\left(-\frac{Q}{a}+\frac{Q}{\sqrt{3}a}-\frac{Q}{2a}\right)-\frac{Q}{8\pi\varepsilon_0}\left(\frac{Q}{a}+\frac{Q}{a}-\frac{Q}{\sqrt{3}a}\right)\\&\quad+\frac{Q}{8\pi\varepsilon_0}\left(-\frac{Q}{a}-\frac{Q}{a}+\frac{Q}{\sqrt{3}a}\right)-\frac{Q}{8\pi\varepsilon_0}\left(\frac{Q}{a}-\frac{Q}{\sqrt{3}a}+\frac{Q}{2a}\right)\\&=\frac{Q^2}{8\pi\varepsilon_0 a}\left[2\left(\frac{1}{\sqrt{3}}-\frac{3}{2}\right)+2\left(-2+\frac{1}{\sqrt{3}}\right)\right]=\frac{Q^2}{4\pi\varepsilon_0 a}\left(\frac{2}{\sqrt{3}}-\frac{7}{2}\right)\end{aligned}$$

被移至无限远处的点电荷对的相互作用能等于

$$W_2=-\frac{Q^2}{4\pi\varepsilon_0 a}$$

外力做功等于系统相互作用能的增加，亦即

$$A=W_1+W_2-W=\frac{Q^2}{4\pi\varepsilon_0 a}\left(\frac{2}{\sqrt{3}}-\frac{7}{2}-1-\frac{6}{\sqrt{3}}+\frac{15}{2}\right)=\frac{Q^2}{4\pi\varepsilon_0 a}\left(3-\frac{4\sqrt{3}}{3}\right)$$

3.4　假定电子是球形的，并且它的静止能量 mc^2（m 是它的静质量，c 是真空光速）就是来自它的静电能量. 这样就可以由它的电荷分布算出它的半径.

（1）假定电子电荷 e 均匀分布在球面上，求电子的半径；

（2）假定电子电荷 e 均匀分布在球体内，求电子的半径；

（3）由于假定电荷分布情况不同，算出的电子半径便稍有不同．目前把 $r_0 = e^2/(4\pi\varepsilon_0 mc^2)$ 叫做电子的经典半径．已知电子电荷 $e = -1.6\times10^{-19}$ C，电子的静质量 $m = 9.11\times10^{-31}$ kg，光速 $c = 3.0\times10^8\,\mathrm{m\cdot s^{-1}}$，求 r_0 的值．

解　（1）若电子电荷沿半径为 a 的球面均匀分布，则球面上的电势为 $U = e/(4\pi\varepsilon_0 a)$，电子的静电电势能 $W = eU/2 = e^2/(8\pi\varepsilon_0 a) = mc^2$，据此求得电子半径如下：

$$a = \frac{e^2}{8\pi\varepsilon_0 mc^2}$$

（2）均匀分布于半径为 a 的球内，其电荷密度为 $\rho = 3e/(4\pi a^3)$，可求得球内外的电场为

$$E(r<a) = \frac{\rho r}{3\varepsilon_0} = \frac{er}{4\pi\varepsilon_0 a^3},\quad E(r>a) = \frac{e}{4\pi\varepsilon_0 r^2}$$

据此可求得球内电势分布如下：

$$U(r) = \int_r^\infty E\mathrm{d}r = \int_r^a E\mathrm{d}r + \int_a^\infty E\mathrm{d}r = \frac{e(a^2-r^2)}{8\pi\varepsilon_0 a^3} + \frac{e}{4\pi\varepsilon_0 a} = \frac{e(3a^2-r^2)}{8\pi\varepsilon_0 a^3}$$

因此，电子的静电能等于

$$W = \frac{1}{2}\iiint_V \rho U\mathrm{d}V = \frac{3e^2}{16\pi\varepsilon_0 a^6}\int_0^a r^2(3a^2-r^2)\mathrm{d}r = \frac{3e^2}{20\pi\varepsilon_0 a}$$

让这一静电能等于 mc^2，从中求得电子半径为

$$a = \frac{3e^2}{20\pi\varepsilon_0 mc^2}$$

（3）$r_0 = \dfrac{e^2}{4\pi\varepsilon_0 mc^2} = \dfrac{\mu_0 e^2}{4\pi m} = \dfrac{10^{-7}\times(-1.6\times10^{-19})^2}{9.11\times10^{-31}} = 2.8\times10^{-15}\ (\mathrm{m})$

3.5　如习题 3.5 图所示，半径为 $R_1 = 2.0$cm 的导体球外套一个与它同心的导体球壳，壳的内外半径分别为 $R_2 = 4.0$cm 和 $R_3 = 5.0$cm，球与壳间充满空气，壳外也是空气．球和壳原来都不带电．现在使球带电 3.0×10^{-8}C，问这个系统储藏了多少电能？如果用导线把球与壳连在一起，结果如何？

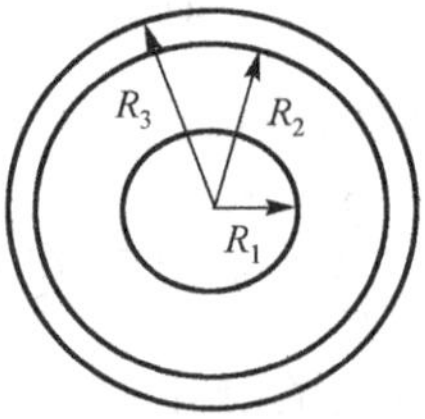

习题 3.5 图

解　球带电后，壳内壁感应电荷 $-Q$ 均匀分布，壳外表面带电 $+Q$ 均匀分布. 在 $R_1 \leqslant r \leqslant R_2$ 之间的储能相当于球形电容器的储能，在 $r \geqslant R_3$ 区的储能相当于半径为 R_3 的孤立导体球电容器的储能，可求得二者的电容分别等于

$$C_1 = \frac{4\pi\varepsilon_0 R_1 R_2}{R_2 - R_1}, \quad C_2 = 4\pi\varepsilon_0 R_3$$

系统总储能为两电容器储能之和，即

$$\begin{aligned} W &= \frac{1}{2C_1}Q^2 + \frac{1}{2C_2}Q^2 = \frac{(R_2 - R_1)Q^2}{8\pi\varepsilon_0 R_1 R_2} + \frac{Q^2}{8\pi\varepsilon_0 R_3} = \frac{Q^2}{8\pi\varepsilon_0}\left(\frac{1}{R_1} - \frac{1}{R_2} + \frac{1}{R_3}\right) \\ &= \frac{(3\times10^{-8})^2}{8\times\pi\times8.85\times10^{-12}} \times \left(\frac{1}{0.02} - \frac{1}{0.04} + \frac{1}{0.05}\right) = 1.82\times10^{-4}\ \text{(J)} \end{aligned}$$

当导线把壳与球连接起来，系统储能相当于半径为 R_3 的孤立导体球电容器的储能

$$W = \frac{1}{2C_2}Q^2 = \frac{Q^2}{8\pi\varepsilon_0 R_3} = \frac{(3\times10^{-8})^2}{8\times\pi\times8.85\times10^{-12}\times0.05} = 8.09\times10^{-5}\ \text{(J)}$$

3.6　铀 235 原子核可当作半径为 $r = 9.2\times10^{-15}$ m 的球，它有 92 个质子，每个质子的电荷为 $e = 1.6\times10^{-19}$ C. 假设这些电荷均匀分布在上述球体内.

（1）求铀 235 原子核的静电势能；

（2）当一个铀 235 原子核分裂成两个相同的碎片，每个都可当作均匀带电球时，求放出的能量；

（3）1kg 铀 235 裂变时，能放出多少能量？

解　由习题 3.4 的结果，半径为 r、电量为 Q 的均匀带电球的静电能为

$$W = \frac{3Q^2}{20\pi\varepsilon_0 r}$$

（1）铀 235 原子核的静电势能等于

$$W_1 = \frac{3\times(92\times1.6\times10^{-19})^2}{20\times\pi\times8.85\times10^{-12}\times9.2\times10^{-15}} = 1.27\times10^{-10}\text{(J)} = 795\text{(MeV)}$$

（2）一个铀 235 原子核分裂成两个相同的碎片，可由下式求得碎片半径

$$2\times\frac{4\pi}{3}r_1^3 = \frac{4\pi}{3}r^3 \quad \Rightarrow \quad r_1 = r/2^{1/3}$$

所放出的能量等于始末态静电能之差，即

$$\Delta W = \frac{3Q^2}{20\pi\varepsilon_0 r} - 2\times\frac{3(Q/2)^2}{20\pi\varepsilon_0 r_1} = \frac{3Q^2}{20\pi\varepsilon_0 r}(1 - 2^{-2/3}) = 4.70\times10^{-11}\text{(J)} = 294\text{(MeV)}$$

（3）铀 235 的相对分子质量为 235，原子质量单位为 1.66×10^{-27}kg，故 1kg 铀 235 的分子数目等于

$$1/(235\times1.66\times10^{-27})=2.56\times10^{24}$$

它们全部裂变放出的能量等于

$$\Delta W=2.56\times10^{24}\times4.70\times10^{-11}=1.2\times10^{14}(\mathrm{J})=7.5\times10^{26}(\mathrm{MeV})$$

3.7　半径为 a 的导体圆柱外套有一个半径为 b 的同轴导体圆筒，长度都是 l，其间充满介电常量为 ε 的均匀介质，圆柱带电为 Q，圆筒带电为 $-Q$，略去边缘效应.

（1）在半径为 r（$a<r<b$）处，电场能量密度是多少？

（2）整个介质内的电场总能量 W 是多少？

（3）试证明 $W=Q^2/(2C)$，C 是圆柱和圆筒间的电容.

解　（1）由对称性可知，电位移矢量只有径向分量，其数值仅与 r 有关. 由高斯定理，求得区域 $(a\leqslant r\leqslant b)$ 中的电位移矢量和电场强度的数值分别为

$$D=\frac{Q}{2\pi rl},\quad E=\frac{E}{\varepsilon}=\frac{Q}{2\pi\varepsilon rl}$$

从而求得该区域内的电场能量密度为

$$w=\frac{1}{2}\boldsymbol{D}\cdot\boldsymbol{E}=\frac{1}{2}DE=\frac{1}{2}\cdot\frac{Q}{2\pi rl}\cdot\frac{Q}{2\pi\varepsilon rl}=\frac{Q^2}{8\pi^2\varepsilon r^2l^2}$$

（2）介质内的总电场能等于

$$W=\iiint w\mathrm{d}V=2\pi l\int_a^b\frac{Q^2r\mathrm{d}r}{8\pi^2\varepsilon r^2l^2}=\frac{Q^2}{4\pi\varepsilon l}\int_a^b\frac{\mathrm{d}r}{r}=\frac{Q^2}{4\pi\varepsilon l}\ln\left(\frac{b}{a}\right)$$

（3）圆柱和圆筒之间的电位差为

$$\Delta U=\int_a^bE\mathrm{d}r=\int_a^b\frac{Q\mathrm{d}r}{2\pi\varepsilon rl}=\frac{Q}{2\pi\varepsilon l}\ln\left(\frac{b}{a}\right)$$

于是系统的电容等于

$$C=\frac{Q}{\Delta U}=\frac{2\pi\varepsilon l}{\ln(b/a)}$$

从而得 $\frac{1}{2C}Q^2=\frac{Q^2}{4\pi\varepsilon l}\ln\left(\frac{b}{a}\right)=W$，证毕.

3.8　圆柱形电容器由一根长直导线和套在它外面的共轴导体圆筒构成. 设导线的半径为 a，圆筒的内半径为 b. 证明：这电容器所存储的能量有一半是在半径为 $r=(ab)^{1/2}$ 的圆柱体内.

证　圆柱电容器的电容、电能密度和储能为（参见习题 3.7）

$$C=\frac{2\pi\varepsilon_0l}{\ln(b/a)},\quad w=\frac{Q^2}{8\pi^2\varepsilon_0r^2l^2},\quad W=\frac{1}{2C}Q^2=\frac{Q^2}{4\pi\varepsilon_0l}\ln\left(\frac{b}{a}\right)$$

设半径 r 以内的能量为电容器所存储能量的一半，即

$$\int_a^r w\cdot 2\pi r l \mathrm{d}r = \frac{Q^2}{4\pi\varepsilon_0 l}\int_a^r \frac{\mathrm{d}r}{r} = \frac{Q^2}{4\pi\varepsilon_0 l}\ln\frac{r}{a} = \frac{1}{2}W = \frac{Q^2}{8\pi\varepsilon_0 l}\ln\frac{b}{a}$$

由上式推得 $\ln\left(\frac{r}{a}\right)^2 - \ln\frac{b}{a} = \ln\left(\frac{r^2}{ab}\right) = 0 \quad \Rightarrow \quad r = \sqrt{ab}$，证毕.

3.9　由两共轴金属圆柱构成一空气电容器，设空气击穿场强为 E_b，内外导体圆柱半径为 R_1、R_2，导体单位长度带电荷为 λ_e. 在给定 R_2 和保证空气介质不致击穿的前提下，应当如何选择 R_1，使得

（1）两导体间的电势差最大？

（2）电容器的储能最大？

（3）当空气击穿的场强 $E_b = 3\times 10^6\,\mathrm{V\cdot m^{-1}}$、$R_2 = 1\mathrm{cm}$ 时，分别计算在（1）和（2）两种选择方案下电容器的极大电势差.

解　由高斯定理可给出区域（$R_1 \leqslant r \leqslant R_2$）内的电场分布如下（参见习题 3.7）

$$E = \frac{\lambda_e}{2\pi\varepsilon_0 r}$$

内外导体间的电势差等于

$$U = \int_{R_1}^{R_2} E\mathrm{d}r = \frac{\lambda_e}{2\pi\varepsilon_0}\ln\left(\frac{R_2}{R_1}\right)$$

单位长度电容器的储能等于

$$W = \frac{1}{l}\cdot\frac{Q^2}{4\pi\varepsilon_0 l}\ln\left(\frac{R_2}{R_1}\right) = \frac{\lambda_e^2}{4\pi\varepsilon_0}\ln\left(\frac{R_2}{R_1}\right)$$

由题意，要求内导体表面的电场强度不高于击穿场强 E_b，亦即下述表达式满足

$$\frac{\lambda_e}{2\pi\varepsilon_0 R_1} \leqslant E_b$$

将上式代入前面得到的电容器的电势差和储能公式，分别求得

$$U \leqslant E_b R_1 \ln\left(\frac{R_2}{R_1}\right),\quad W \leqslant \pi\varepsilon_0 E_b^2 R_1^2 \ln\left(\frac{R_2}{R_1}\right)$$

本题关心电势差和储能的极大值，故可将上述表达式改为等式

$$U = E_b R_1 \ln\left(\frac{R_2}{R_1}\right),\quad W = \pi\varepsilon_0 E_b^2 R_1^2 \ln\left(\frac{R_2}{R_1}\right)$$

（1）选择 R_1 使得两导体间的电势差最大.

求 U 的极值，令 $\partial U/\partial R_1 = 0$，得 $\ln(R_2/R_1) = 1$，解得 $R_1 = R_2/e$，相应电势差最大，等于 $U_{\max} = E_b R_2 / e$.

（2）选择 R_1 使得电容器的储能最大.

求 W 的极值，令 $\partial W/\partial R_1=0$，得 $\ln(R_2/R_1)=1/2$，解得 $R_1=R_2/\sqrt{e}$，相应储能最大，等于 $W_{\max}=\pi\varepsilon_0 E_b^2 R_2^2/(2e)$.

（3）对于第 1 种选择方案，电势差等于

$$U_{\max}=\frac{E_b R_2}{e}=\frac{3\times10^6\times0.01}{2.718}=1.1\times10^4(\mathrm{V})$$

对于第 2 种选择方案，电势差等于

$$U_{\max}=\frac{E_b R_2}{2\sqrt{e}}=\frac{3\times10^6\times0.01}{2\times\sqrt{2.718}}=9.1\times10^3(\mathrm{V})$$

3.10　一球形电容器，内球壳的外半径为 R_1，带电量为 Q；外球壳的内半径为 R_2，带电量为 $-Q$. 求：（1）二球壳各自的自能；（2）二球壳之间的互能；（3）系统的总能量.

解　（1）如习题 3.10 图所示，内球壳在其自身产生的电势 $U_1=Q/(4\pi\varepsilon_0 R_1)$，则它的自能等于

$$W_{自}(+Q)=\frac{1}{2}QU_1=\frac{Q^2}{8\pi\varepsilon_0 R_1}$$

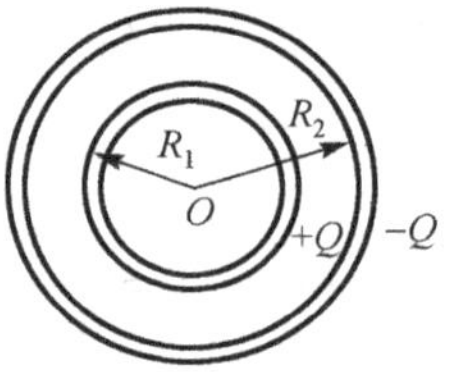

习题 3.10 图

外球壳在其自身产生的电势 $U_2=-Q/(4\pi\varepsilon_0 R_2)$，则它的自能等于

$$W_{自}(-Q)=-\frac{1}{2}QU_2=\frac{Q^2}{8\pi\varepsilon_0 R_2}$$

（2）二球壳之间的互能等于内球壳的电量（Q）与外球壳电荷在内球壳所在位置产生的电势($U_{21}=-Q/(4\pi\varepsilon_0 R_2)$)的乘积，或等于外球壳的电量（$-Q$）与内球壳电荷在外球壳所在位置产生的电势($U_{12}=Q/(4\pi\varepsilon_0 R_2)$)的乘积，二者结果相同，从而求得两球壳之间的互能为

$$W_{互}=QU_{12}=-QU_{21}=-\frac{Q^2}{4\pi\varepsilon_0 R_2}$$

（3）电容器的总能量为内、外球壳的自能与它们之间的互能之和，即

$$W=W_{自}(+Q)+W_{自}(-Q)+W_{互}=\frac{Q^2}{8\pi\varepsilon_0 R_1}+\frac{Q^2}{8\pi\varepsilon_0 R_2}-\frac{Q^2}{4\pi\varepsilon_0 R_2}=\frac{Q^2}{8\pi\varepsilon_0}\left(\frac{1}{R_1}-\frac{1}{R_2}\right)$$

顺便指出，电容器的总能量也可直接用 $W = Q^2/(2C)$ 计算. 球形电容器的电容 $C = 4\pi\varepsilon_0 R_1 R_2/(R_2 - R_1)$，从而算得电容器总能量为

$$W = \frac{Q^2}{2}\cdot\frac{R_2 - R_1}{4\pi\varepsilon_0 R_1 R_2} = \frac{Q^2}{8\pi\varepsilon_0}\left(\frac{1}{R_1} - \frac{1}{R_2}\right)$$

与前面得到的结果相同.

***3.11**　长为 L 的圆柱形电容器由半径为 a 的内芯导线与半径为 b 的外部导体薄壳所组成，其间填满了介电常量为 ε 的电介质. 把电容器与电势为 V 的电池相连接，并将电介质从电容器中拉出一部分. 当不计边缘效应时，要维持电介质在拉出位置不动，需施多大的力？此力沿何方向？

解　圆柱形电容器的电容等于 $C = 2\pi\varepsilon l/\ln(b/a)$. 设介质拉出的长度为 x，则系统可近似视为两个圆柱形电容的并联：一个长度为 x，不含介质；另一个长度为 $l–x$，填满介质；并联后的电容等于

$$C = C_1 + C_2 = \frac{2\pi\varepsilon_0 x}{\ln(b/a)} + \frac{2\pi\varepsilon(l-x)}{\ln(b/a)} = \frac{2\pi[\varepsilon l - (\varepsilon - \varepsilon_0)x]}{\ln(b/a)}$$

介质柱所受的电场力为

$$F = \left(\frac{\partial W}{\partial x}\right)_V = \frac{V^2}{2}\frac{\mathrm{d}C}{\mathrm{d}x} = -\frac{\pi(\varepsilon - \varepsilon_0)V^2}{\ln(b/a)}$$

负号表示电场力为吸引力，沿电容器轴线方向，指向电容器内部；要维持电介质在拉出位置不动，需施拉力 $\pi(\varepsilon - \varepsilon_0)V^2/\ln(b/a)$ 方向朝外.

***3.12**　如习题 3.12 图所示，一平行板电容器的两极板都是长为 a、宽为 b、面积为 $S = ab$ 的长方形金属片，两片相距为 d，分别带有电荷 Q 和 $-Q$. 一块厚为 t、相对介电常量为 ε_r 的均匀介质片（面积和宽度都与极板相同）平行地放在两极板间，并沿着长度方向部分抽出. 略去边缘效应，证明：当介质片在极板间的长度为 x 时，把它拉向原来位置的静电力为

$$F = \frac{Q^2 b(d - t')t'd}{2\varepsilon_0[S(d - t') + xbt']^2}$$

式中，$t' = (\varepsilon_r - 1)t/\varepsilon_r$.

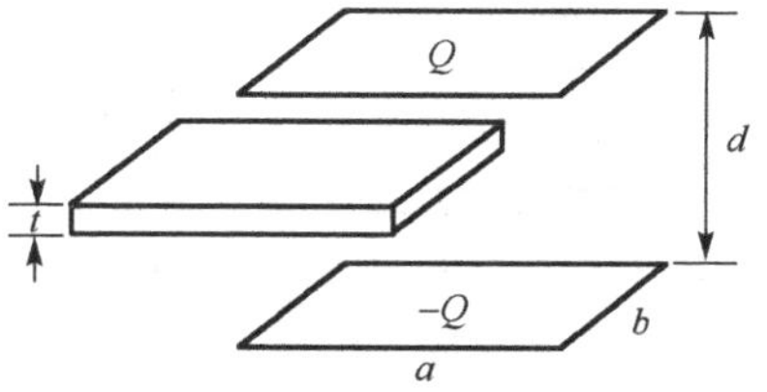

习题 3.12 图

解　平行板电容器的电容为 $\varepsilon_0\varepsilon_r S/d$. 在介质板被部分拖出之后，系统可近似视为

两个平行板电容器的并联. 一个面积为 $b(a-x)$，不含介质，电容为 $C_1=\varepsilon_0 b(a-x)/d$. 另一个面积为 bx，含厚度等于 t 的介质板，其电容等效于三个电容的串联，它们的电容依次为

$$\frac{\varepsilon_0 bx}{t_1},\quad \frac{\varepsilon_0\varepsilon_r bx}{t},\quad \frac{\varepsilon_0 bx}{d-(t+t_1)}$$

式中，t_1 为介质板与上极板之间的距离. 串联后的电容等于

$$C_2=\left(\frac{t_1}{\varepsilon_0 bx}+\frac{t}{\varepsilon_0\varepsilon_r bx}+\frac{d-(t_1+t)}{\varepsilon_0 bx}\right)^{-1}=\left(\frac{t}{\varepsilon_0\varepsilon_r bx}+\frac{d-t}{\varepsilon_0 bx}\right)^{-1}$$

$$=\varepsilon_0 bx[d-(\varepsilon_r-1)t/\varepsilon_r]^{-1}=\frac{\varepsilon_0 bx}{d-t'}\quad (t'\equiv(\varepsilon_r-1)t/\varepsilon_r)$$

系统总电容等于 C_1 和 C_2 之和

$$C=C_1+C_2=\frac{\varepsilon_0 b(a-x)}{d}+\frac{\varepsilon_0 bx}{d-t'}=\frac{\varepsilon_0 b[(d-t')a+xt']}{d(d-t')}$$

介质板所受的静电力为

$$F=-\left(\frac{\partial W}{\partial x}\right)_Q=\frac{Q^2}{2C^2}\frac{\mathrm{d}C}{\mathrm{d}x}=\frac{Q^2}{2}\frac{d^2(d-t')^2}{\varepsilon_0^2 b^2[(d-t')a-xt']^2}\frac{\varepsilon_0 bt'}{d(d-t')}$$

$$=\frac{Q^2 b(d-t')t'd}{2\varepsilon_0[S(d-t')+xbt']^2}$$

证毕. 该力为正，指向 x 增加的方向，亦即将介质板拉回原来位置.

***3.13**　如习题 3.13 图所示，一平行板电容器极板的面积为 S，极板间距离为 d，在它中间有一块厚为 t、相对介电常量为 ε_r 的介质平板，把两极板充电到电势差为 V. 略去边缘效应.

（1）断开电源，把这介质板抽出，问抽出时要做多少功？

（2）如果在不断开电源的情况下抽出，则要做多少功？

（3）如果将中间的介质板换上同样厚的导体板，结果又如何？

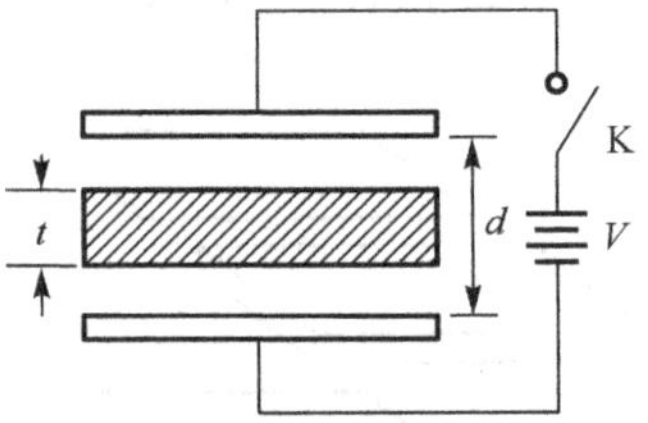

习题 3.13 图

解　系统的初始电容等效于两个平行板电容器的串联：一个厚度为 t，填满介质；一个厚度为 $d-t$，不含介质. 串联后的电容等于

$$C_0=\left(\frac{t}{\varepsilon_0\varepsilon_r S}+\frac{d-t}{\varepsilon_0 S}\right)^{-1}=\frac{\varepsilon_0\varepsilon_r S}{t+\varepsilon_r(d-t)}=\frac{\varepsilon_0 S}{d-t'},\quad \left(t'\equiv\frac{\varepsilon_r-1}{\varepsilon_r}t\right)$$

介质板抽出之后，电容变为 $C=\varepsilon_0 S/d$. 初始时，电容器充电至电压 V，极板所带电量 $Q=C_0V$. 以下取坐标 x 表示介质板抽出电容器之距离，$x=0$ 表示介质板完全位于电容器之内.

（1）当断开电源时抽出介质.

介质所受的静电力为 $F=[Q^2/(2C^2)]\mathrm{d}C/\mathrm{d}x$，外界克服该静电力所做的功等于

$$A_1=-\int F\mathrm{d}x=-\int\frac{Q^2}{2C^2}\frac{\mathrm{d}C}{\mathrm{d}x}\mathrm{d}x=-\frac{Q^2}{2}\int_{C_0}^{C}\frac{\mathrm{d}C}{C^2}=\frac{Q^2}{2C}-\frac{Q^2}{2C_0}$$

外界做功等于末态静电能与初始静电能之差. 将前面得到的结果代入，得

$$A_1=\frac{Q^2}{2}\left(\frac{d}{\varepsilon_0 S}-\frac{d-t'}{\varepsilon_0 S}\right)=\frac{t'Q^2}{2\varepsilon_0 S}=\frac{\varepsilon_0 St'V^2}{2(d-t')^2}=\frac{\varepsilon_0\varepsilon_r(\varepsilon_r-1)StV^2}{2[\varepsilon_r d-(\varepsilon_r-1)t]^2}$$

（2）当接通电源时抽出介质.

介质所受的静电力为 $F=(V^2/2)\mathrm{d}C/\mathrm{d}x$，外界克服该静电力所做的功等于

$$A_2=-\int F\mathrm{d}x=-\int\frac{V^2}{2}\frac{\mathrm{d}C}{\mathrm{d}x}\mathrm{d}x=-\frac{V^2}{2}\int_{C_0}^{C}\mathrm{d}C=\frac{C_0V^2}{2}-\frac{CV^2}{2}$$

外界做功等于初始静电能与末态静电能之差. 由于 $C_0>C$，该功为正；系统静电能减小，所减小的量等于外界做功. 由外界做功和系统静电能损失所输出的能量，将通过充电过程输运给电池. 将前面得到的结果代入，得

$$A_2=\frac{V^2}{2}\left(\frac{\varepsilon_0 S}{d-t'}-\frac{\varepsilon_0 S}{d}\right)=\frac{\varepsilon_0 St'V^2}{2(d-t')d}=\frac{\varepsilon_0(\varepsilon_r-1)StV^2}{2[\varepsilon_r d-(\varepsilon_r-1)t]d}$$

（3）将介质板换为导体板，一种简单处理方法是视导体为 $\varepsilon_r\to\infty$ 极限下的介质，于是有 $t'\to t$. 因此，只需从前述含 t' 的中间结果出发，将 t' 换成 t，就可轻易获得导体板情况的相应结果. 通过这种方式，求得断开电源和接通电源两种情况下抽出导体板外界所做的功，它们分别为

$$A_1=\left.\frac{\varepsilon_0 St'V^2}{2(d-t')^2}\right|_{t'=t}=\frac{\varepsilon_0 StV^2}{2(d-t)^2},\quad A_2=\left.\frac{\varepsilon_0 St'V^2}{2(d-t')d}\right|_{t'=t}=\frac{\varepsilon_0 StV^2}{2(d-t)d}$$

当然，也可采用常规方法进行处理. 将介质板换成导体板之后，电容器的初始电容相当于两个电容的串联：它们均为平板空气电容器，厚度分别为 d_1 和 d_2，成立 $d_1+d_2=d-t$. 串联后的电容等于

$$C_0=\left(\frac{d_1}{\varepsilon_0 S}+\frac{d_2}{\varepsilon_0 S}\right)^{-1}=\frac{\varepsilon_0 S}{d_1+d_2}=\frac{\varepsilon_0 S}{d-t}$$

对比介质板的结果，在静电情况下，导体的确属于 $\varepsilon_r \to \infty$ 极限下的介质.

***3.14**　如习题 3.14 图所示，在接地导体 $z = 0$ 平面的上方 $(x, y, z) = (a, 0, a)$ 和 $(-a, 0, a)$ 处分别有点电荷 $+q$ 和 $-q$.

（1）求作用在 $+q$ 上的作用力；

（2）为了得到这样一个电荷系统，求反抗静电力所做的功；

（3）求点（$a, 0, 0$）处的电荷面密度.

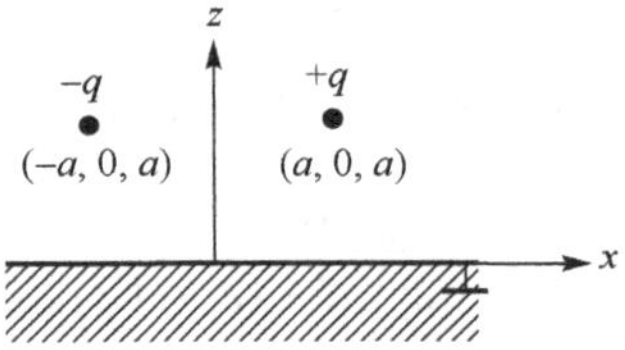

习题 3.14 图

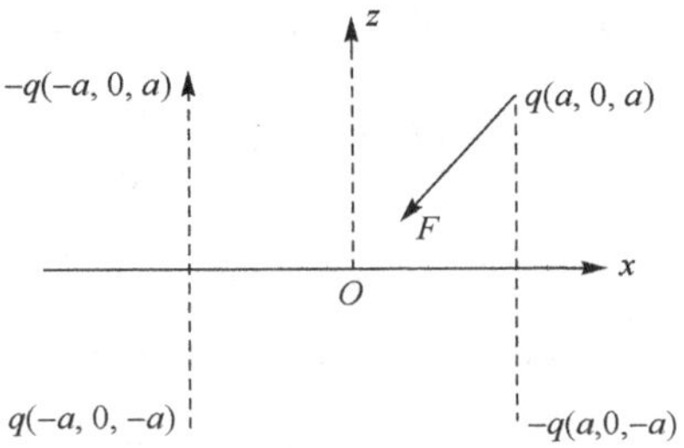

图 3.14a

解　（1）用电像法，在（$-a, 0, -a$）处置像电荷 $+q$，在（$a, 0, -a$）处置像电荷 $-q$，如图 3.14a 所示. 于是，可求得作用在（$a, 0, a$）处点电荷 $+q$ 上的总静电力为

$$\boldsymbol{F} = \frac{q^2}{4\pi\varepsilon_0}\left[-\frac{1}{(2a)^2}\boldsymbol{e}_x - \frac{1}{(2a)^2}\boldsymbol{e}_z + \frac{1}{(2\sqrt{2}a)^2}\left(\frac{1}{\sqrt{2}}\boldsymbol{e}_x + \frac{1}{\sqrt{2}}\boldsymbol{e}_z\right)\right]$$

$$= \frac{q^2}{32\pi\varepsilon_0 a^2}\left[\left(-2 + \frac{1}{\sqrt{2}}\right)\boldsymbol{e}_x + \left(-2 + \frac{1}{\sqrt{2}}\right)\boldsymbol{e}_z\right]$$

力的大小为

$$F = \frac{(2\sqrt{2} - 1)q^2}{32\pi\varepsilon_0 a^2}$$

力的方向位于 xz 平面，指向原点.

（2）可以设想多种方式移动电荷：先移 $+q$ 后移 $-q$，或先移 $-q$ 后移 $+q$，或同时移动两个电荷. 移动的路径也可以随意选择. 由于静电力的保守性，移动电荷所做的功只与各电荷的最终位置有关，与移动顺序和路径无关. 因此，可以选择一种合适的方式和路径，以简化力的分析和功的计算. 我们设想的移动方式和路径是：分别沿路径

$$L_1: z = x, y = 0;\quad L_2: z = -x, y = 0$$

移动 $+q$ 和 $-q$，在移动过程中实现同步：当点电荷 $+q$ 抵达（$x, 0, x$）处时，点电荷 $-q$ 也正好抵达（$-x, 0, x$）处，两个点电荷与原点的距离相同. 于是，两个电荷受到大

小相同且指向原点的静电力. 按（1）的结果，这个力为 $F=(2\sqrt{2}-1)q^2/(32\pi\varepsilon_0 x^2)$，方向与电荷的移动方向相同. 于是，外界克服静电力 F 所做的功为

$$A=-2\int_{\infty}^{\sqrt{2}a}F\mathrm{d}l=\int_{\infty}^{a}\frac{(2\sqrt{2}-1)q^2\mathrm{d}l}{16\pi\varepsilon_0 x^2}=\frac{(2\sqrt{2}-1)q^2}{16\pi\varepsilon_0}\int_{\infty}^{a}\frac{\sqrt{2}\mathrm{d}x}{x^2}=-\frac{(4-\sqrt{2})q^2}{16\pi\varepsilon_0 a}$$

外界做负功，意味着系统的静电能为负.

（3）位于（$a, 0, a$）处的原电荷$+q$ 与位于（$a, 0, -a$）处的像电荷$-q$ 在考察点（$a, 0, 0$）处产生的合成电场只有 z 向分量，结果为 $\boldsymbol{E}_1=-q\boldsymbol{e}_z/(2\pi\varepsilon_0 a^2)$. 位于（$-a, 0, a$）处的原电荷$-q$ 与位于（$-a, 0, -a$）处的像电荷$+q$ 在考察点（$a, 0, 0$）处产生的合成电场也只有 z 向分量，结果为 $\boldsymbol{E}_2=q\boldsymbol{e}_z/(2\pi\varepsilon_0 a^2\cdot 5\sqrt{5})$. 二者之和等于

$$\boldsymbol{E}=\boldsymbol{E}_1+\boldsymbol{E}_2=\frac{q}{2\pi\varepsilon_0 a^2}\left(\frac{1}{5\sqrt{5}}-1\right)\boldsymbol{e}_z$$

相应求得考察点（$a, 0, 0$）处的面电荷密度为

$$\sigma=\varepsilon_0 E=\frac{q}{2\pi a^2}\left(\frac{1}{5\sqrt{5}}-1\right)$$

***3.15**　一个半径为 a、带电量为 q 的导体球放入均匀电场 E_0 中，求：

（1）感应后球的偶极矩；

（2）球内外的电势；

（3）感应电偶极矩所对应的球面电荷分布的静电自能.

解　（1）先设球本身电量为零，只考虑外电场 $\boldsymbol{E}_0$ 与球面感应电荷的电场 $\boldsymbol{E}'$，空间总电场为

$$\boldsymbol{E}=\boldsymbol{E}_0+\boldsymbol{E}'$$

该电场在球面上的电势应等于常数，以保证球表面外侧电场与球面垂直. 取球坐标（r,θ,ϕ），z 轴与外电场同向. 容易算得与 $\boldsymbol{E}_0$ 相关的电势等于 $U_0-E_0 r\cos\theta$，式中 U_0 为某个待定常数，依电势零点的选择而定. 我们猜测 $\boldsymbol{E}'$ 为位于球心的某个电偶极子所产生，电偶极矩 $\boldsymbol{p}$ 沿 z 轴正向，其大小待定. 于是，可以写下球外电势的表达式如下

$$U=U_0-E_0 r\cos\theta+\frac{p\cos\theta}{4\pi\varepsilon_0 r^2}$$

由球面（$r=a$）上电势为常数的条件，可推得 $p=4\pi\varepsilon_0 a^3 E_0$. 题设导体球带电，电量为 q；可让该电荷沿球面均匀分布，它在球面上产生的电势等于常数，不会影响球面为等电势面的结论.

（2）球外电场由外电场、感应电偶极子场和均匀分布于球面的电荷产生的场叠加而成，其电势表达式如下：

$$U(r \geqslant a) = U_0 - E_0 r\cos\theta + \frac{q}{4\pi\varepsilon_0 r} + \frac{a^3 E_0 \cos\theta}{r^2}$$

球内电势为常数，等于$U(r=a)=U_0+q/(4\pi\varepsilon_0 a)$. 上述求解方法属于猜解法. 静电场解的唯一性定理允许使用猜解法，只要猜到的解满足静电场方程和必要的边界条件即可.

（3）感应电偶极矩所对应的电荷分布的静电自能.

该电荷分布对应的球面电荷分布在球外产生的电势为$a^3E_0\cos\theta/r^2$，相应电场为

$$\boldsymbol{E} = -\nabla\left(\frac{a^3E_0}{r^2}\cos\theta\right) = \frac{2a^3E_0\cos\theta}{r^3}\boldsymbol{e}_r + \frac{a^3E_0\sin\theta}{r^3}\boldsymbol{e}_\theta$$

它在球内激发均匀电场$-\boldsymbol{E}_0$（旨在抵消外电场，实现球内零电场条件）. 注意，在球面上，外侧电场和内侧电场满足切向分量连续的条件. 球外静电能密度为

$$w = \frac{1}{2}\varepsilon_0 E^2 = \frac{\varepsilon_0 a^6 E_0^2}{2r^6}(1+3\cos^2\theta)$$

球外的总静电能为

$$\iiint_{r\geqslant a} w\mathrm{d}V = \frac{\varepsilon_0 a^6 E_0^2}{2}\int_0^{2\pi}\mathrm{d}\phi\int_a^{\infty}\frac{1}{r^4}\mathrm{d}r\int_0^{\pi}(1+3\cos^2\theta)\sin\theta\mathrm{d}\theta = \frac{4\pi\varepsilon_0 a^3E_0^2}{3}$$

球内总静电能为$(\varepsilon_0E_0^2/2)\cdot 4\pi a^3/3 = 2\pi\varepsilon_0 a^3E_0^2/3$. 感应电偶极矩所对应的感应电荷分布的静电自能为上述两部分能量之和，亦即

$$\frac{4\pi\varepsilon_0 a^3E_0^2}{3} + \frac{2\pi\varepsilon_0 a^3E_0^2}{3} = 2\pi\varepsilon_0 a^3 E_0^2$$

本题也可从感应面电荷密度及其电势分布计算静电自能. 感应面电荷在球面上产生的电势为$U = E_0 a\cos\theta$，面电荷密度由球面外侧与内侧电场径向分量之差确定，结果为

$$\sigma = \varepsilon_0(E_{r2}-E_{r1}) = \varepsilon_0(2E_0\cos\theta - E_0\cos\theta) = 3\varepsilon_0E_0\cos\theta$$

于是可算得静电自能为

$$W = \frac{1}{2}\iint\sigma U\,\mathrm{d}S = \frac{3}{2}\varepsilon_0E_0^2a^3\iint\cos^2\theta\sin\theta\,\mathrm{d}\theta\,\mathrm{d}\phi = 2\pi\varepsilon_0a^3E_0^2$$

与前述结果一致.

第4章 稳恒电流

4.1 电荷 Q 均匀地分布在半径为 R 的球体内，该球以匀角速度 ω 绕它的某个直径旋转，求球内离转轴为 r 处的电流密度的大小.

解 电流来自电荷之运动. 球的电荷密度为 $\rho = 3Q/(4\pi R^3)$，速率为 $v = \omega r$，则电流密度等于 $j = \rho v = 3Q\omega r/(4\pi R^3)$.

4.2 一条铝钱的横截面积为 0.10 mm^2，在室温 300 K 时载有 5.0×10^{-4} A 的电流. 设每个铝原子有三个电子参与导电. 已知铝的相对原子质量为 27，室温下的密度为 $2.7\text{g}\cdot\text{cm}^{-3}$，电阻率为 $2.8\times10^{-8}\Omega\cdot\text{m}$，电子的质量为 $m = 9.1\times10^{-31}$ kg，阿伏伽德罗常数为 $6.0\times10^{23}\text{mol}^{-1}$，玻尔兹曼常量为 $k = 1.38\times10^{-23}\text{ J}\cdot\text{K}^{-1}$. 求这条铝线内

（1）电子定向运动的平均速率；

（2）电子热运动的方均根速率；

（3）一个电子两次相继碰撞之间的时间；

（4）电子的平均自由程；

（5）电场强度的大小.

解 （1）由题给参数可算得流过铝线横截面的电流密度为

$$j = \frac{I}{S} = \frac{5\times10^{-4}}{0.1\times10^{-6}} = 5\times10^{3}(\text{A}\cdot\text{m}^{-2})$$

铝线中的电子密度为

$$n = \frac{2.7\times10^{3}\times3}{27\times1.66\times10^{-27}} = 1.8\times10^{29}(\text{m}^{-3})$$

于是求得电子定向运动的平均速率为

$$\overline{u} = \frac{j}{ne} = \frac{5\times10^{3}}{1.6\times10^{-19}\times1.8\times10^{29}} = 1.7\times10^{-7}(\text{m}\cdot\text{s}^{-1})$$

（2）电子热运动的方均根速率为

$$\sqrt{\overline{v^2}} = \sqrt{3kT/m_\text{e}} = \sqrt{\frac{3\times1.38\times10^{-23}\times300}{9.11\times10^{31}}} = 1.11\times10^{5}(\text{m}\cdot\text{s}^{-1})$$

（3）一个电子两次碰撞之间的时间

$$\tau = \frac{\overline{\lambda}}{\sqrt{\overline{v^2}}} = \frac{2m_\text{e}\sigma}{ne^2} = \frac{2\times9.1\times10^{-31}}{1.8\times10^{29}\times(1.6\times10^{-19})^2\times2.8\times10^{-8}} = 1.4\times10^{-14}(\text{s})$$

（4）电子的平均自由程

$$\overline{\lambda} = \sqrt{\overline{v^2}}\,\tau = 1.4\times10^{-14}\times1.11\times10^{5} = 1.55\times10^{-9}(\text{m})$$

（5）电场强度的大小

$$E=\frac{j}{\sigma}=2.8\times10^{-8}\times5\times10^{3}=1.4\times10^{-4}(\mathrm{V\cdot m^{-1}})$$

4.3　一条长为 l 的圆台状导线，它的横截面积 A 是 x 的函数，x 是到导线左端的距离，沿导线轴线的半截面形状示于习题 4.3 图. 导线左端的横截面是半径为 a 的圆，右端的横截面是半径为 b 的圆，电导率σ是常数. 计算整段导线的电阻.

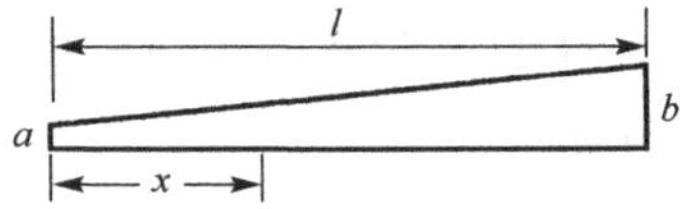

习题 4.3 图

解　设 x 处的截面面积为 S，则长为 $\mathrm{d}x$ 段的电阻为 $\mathrm{d}R=\rho\mathrm{d}x/S=\mathrm{d}x/(\sigma S)$，整段导线的电阻为

$$R=\int_0^l\frac{\mathrm{d}x}{\sigma S}$$

设 x 处横截面的半径为 r，则由圆台的关系得

$$r=a+\frac{b-a}{l}x=\frac{b-a}{l}\left(x+\frac{la}{b-a}\right)$$

相应截面面积等于 $S=\pi r^2$，求得整段导线的电阻等于

$$R=\frac{1}{\pi\sigma}\int_0^l\frac{\mathrm{d}x}{r^2}=\frac{l^2}{\pi\sigma(b-a)^2}\int_0^l\frac{\mathrm{d}x}{[x+la/(b-a)]^2}$$

$$=\frac{l^2}{\pi\sigma(b-a)^2}\left[-\frac{1}{x+la/(b-a)}\right]_{x=0}^{x=l}=\frac{l}{\pi\sigma ab}$$

4.4　五个电阻按习题 4.4 图所示连接，求 a、b 间的电阻.

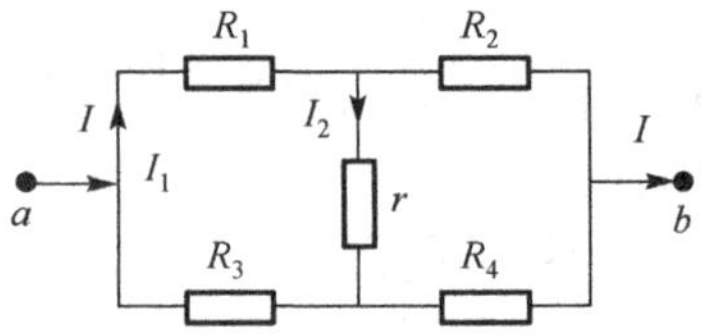

习题 4.4 图

解　采用支路电流法. 如图所示，标定总电流 I 和支路电流 I_1 和 I_2 的正向方向，由节点电流方程可算得未标定支路的电流：流经 R_3 的电流为 $I-I_1$，流经 R_2 的电流为 I_1-I_2，流经 R_4 的电流为 $I-I_1+I_2$，然后，就左、右两个回路列出回路电压方程如下：

$$I_1R_1 - R_3(I - I_1) + I_2r = 0$$
$$(I_1 - I_2)R_2 - (I - I_1 + I_2)R_4 - I_2r_2 = 0$$

经整理之后求得关于 I_1 和 I_2 的两个方程：

$$I_1(R_1 + R_3) + I_2r = IR_3$$
$$I_1(R_2 + R_4) - I_2(R_2 + R_4 + r) = R_4I$$

从中解得

$$I_1 = \frac{R_3(r + R_2 + R_4) + R_4r}{(R_2 + R_4)r + (R_1 + R_3)(R_2 + R_4 + r)}I$$
$$I_2 = \frac{R_3(R_2 + R_4) - R_4(R_1 + R_3)}{r(R_2 + R_4) + (R_1 + R_3)(R_2 + R_4 + r)}I$$

利用上述结果，可算得 a、b 端之间的电势差和等效电阻：

$$U_{ab} = I_1R_1 + (I_1 - I_2)R_2 = I_1(R_1 + R_2) - I_2R_2$$
$$= \frac{(R_1 + R_2)R_3R_4 + (R_3 + R_4)R_1R_2 + (R_1 + R_2)(R_3 + R_4)r}{(R_1 + R_3)(R_2 + R_4) + (R_1 + R_2 + R_3 + R_4)r}I$$

$$R_{ab} = \frac{U_{ab}}{I} = \frac{(R_1 + R_2)R_3R_4 + (R_3 + R_4)R_1R_2 + (R_1 + R_2)(R_3 + R_4)r}{(R_1 + R_3)(R_2 + R_4) + (R_1 + R_2 + R_3 + R_4)r}$$

4.5 在半径为 a，b 的同心球壳导体之间填满电导率为 σ 的导电介质，求两球壳之间的电阻.

解 如习题 4.5 图所示，设在内外球之间加一电压（内球电势高），则有电流通过内球流到外球. 设此时内球带电量为 Q，由对称性可知，电场强度和电流密度均沿径向方向，其数值仅与径向距离 r 有关. 由高斯定理得电场强度 $E = Q/(4\pi\varepsilon r^2)$，由欧姆定律得电流密度 $j = \sigma Q/(4\pi\varepsilon r^2)$，从中求得总电流强度 $I = 4\pi r^2 j = \sigma Q/\varepsilon$. 于是，可相继求得电场、内外球壳之间的电势差和等效电阻：

$$E = \frac{I}{4\pi\sigma r^2},\quad U = \frac{I}{4\pi\sigma}\left(\frac{1}{a} - \frac{1}{b}\right),\quad R = \frac{U}{I} = \frac{1}{4\pi\sigma}\left(\frac{1}{a} - \frac{1}{b}\right)$$

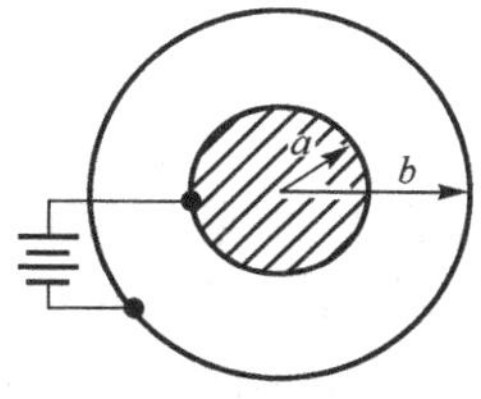

习题 4.5 图

4.6 如习题 4.6 图所示的无限网格电路，全部电阻的阻值相同，设为 r，求 A 和 B 之间的等效电阻 R_{AB}.

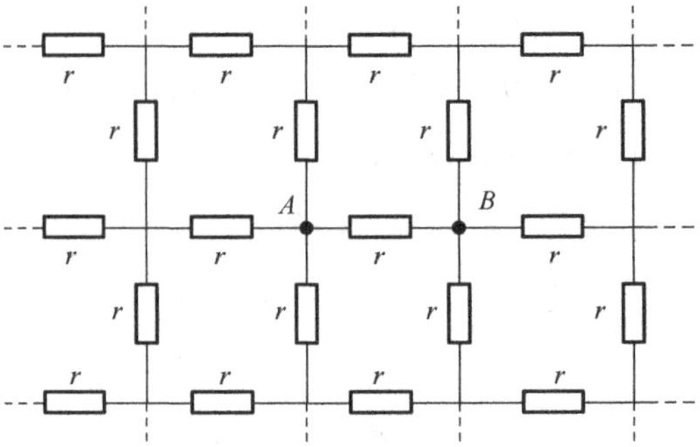

习题 4.6 图

解　设有电流 I 自外部流入 A 点。由无限网格电路的对称性，进入 A 点的电流应当在与 A 点连接的 4 条支路间均分，其中流经 A、B 之间的电阻 r 的电流为 $I/4$，流向自 A 至 B. 又设有电流 I 自 B 点流出，同样基于对称性分析，可判断流出 B 点的电流应当在与 B 点连接的 4 条支路间均分，其中来自 A、B 之间电阻 r 的电流为 $I/4$，该电流的流向也是自 A 至 B. 如果上述两件事同时发生，则依据叠加原理，流经 A、B 之间的电阻 r 上的电流将为 $I/2$. 于是，A、B 之间的电压 $V = Ir/2$，自 A 进入并自 B 流出的实际电流为 I，以至 A、B 之间的等效电阻为

$$R_{AB}=\frac{V}{I}=\frac{Ir/2}{I}=\frac{r}{2}$$

4.7　甲乙两站相距 50km，其间有两条相同的电话线，有一条因某处触地而发生故障，甲站的检修人员用习题 4.7 图中的办法找出触地处到甲站的距离 x：让乙站把两条电话线短路（即接在一起），接通电桥电路，调节 r 使通过检流计 G 的电流为零. 已知电话线每千米长的电阻为 6Ω，测得 $r = 360\Omega$，求 x.

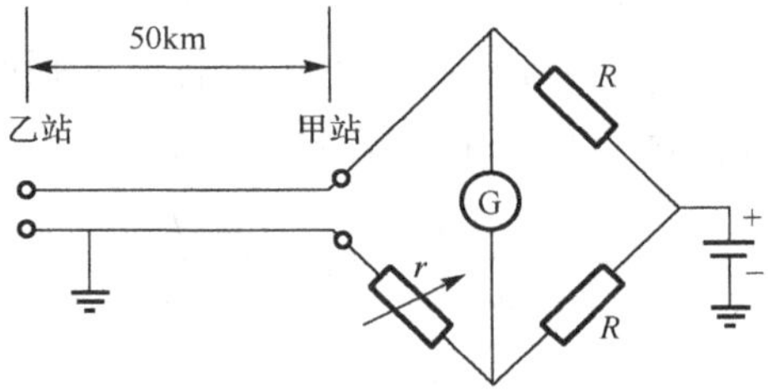

习题 4.7 图

解　如习题 4.7 图所示，下方的电话线某处触地，该处离甲站距离为 x km，相应电话线的电阻为 $R_1 = 6x\Omega$；离乙站距离为 $(50-x)$km，相应电话线的电阻为 $R_2 = 6(50-x)\Omega$. 此外，上方的电话线正常，两站之间电话线的电阻等于 $R_3 = 300\Omega$. 在乙站将两电话线短路之后，电桥被接通：电阻 R_1 与可调电阻 r 串联，构成电桥电路的左下臂，电阻 R_2 则与 R_3 串联构成电桥电路的左上臂. 电桥的另外两臂之电阻同为 R，以至电桥平衡（即检流计 G 指零）的条件为左下臂电阻等于左上臂电阻，即

$$R_1 + r = R_2 + R_3,\quad 6x + 360 = 6(50 - x) + 300 \quad \Rightarrow \quad x = 20\,\text{km}$$

故障位置离甲站的距离为 20km.

4.8 丹聂尔电池由两个同轴圆筒构成，长为 l，外筒是内半径为 b 的铜，内筒是外半径为 a 的锌，两筒间充满介电常量为ε、电阻率为ρ 的硫酸铜溶液，如习题 4.8 图所示. 略去边缘效应，求

（1）该电池的内阻；

（2）该电池的电容；

（3）内阻与电容之间的关系.

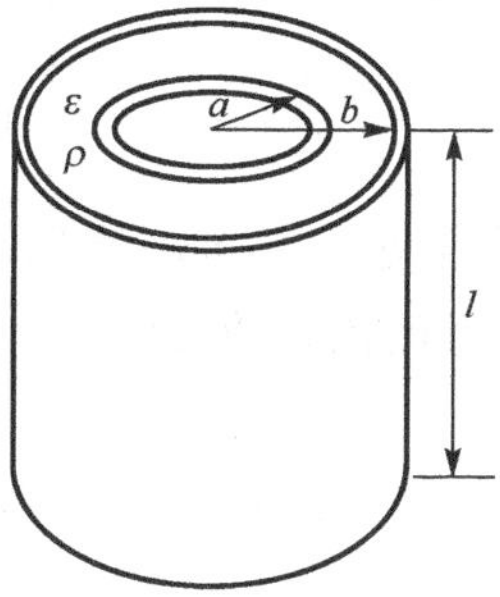

习题 4.8 图

解 （1）以轴线为轴、r 为半径，在硫酸铜溶液中取一个厚为 dr、长为 l 的圆筒，这圆筒的电阻为

$$\mathrm{d}R = \rho\frac{\mathrm{d}r}{2\pi rl} = \frac{\rho}{2\pi l}\frac{\mathrm{d}r}{r}$$

积分便得电池内阻

$$R = \frac{\rho}{2\pi l}\int_a^b \frac{\mathrm{d}r}{r} = \frac{\rho}{2\pi l}\ln\frac{b}{a}$$

（2）设两筒的电势差为 U，内筒上的电量为 Q. 取圆柱坐标（r,ϕ,z），则由对称性可知电场强度沿 $\boldsymbol{r}$ 方向，大小仅与 r 有关. 于是，由高斯定理得硫酸铜溶液中的电场强度 $E = Q/(2\pi\varepsilon lr)$，据此求得两筒之间的电势差和电池的电容为

$$U = \int_a^b E\cdot\mathrm{d}r = \frac{Q}{2\pi\varepsilon l}\int_a^b \frac{\mathrm{d}r}{r} = \frac{Q}{2\pi\varepsilon l}\ln\left(\frac{b}{a}\right) \quad \Rightarrow \quad C = \frac{Q}{U} = \frac{2\pi\varepsilon l}{\ln(b/a)}$$

（3）由前述内阻 R 和电容 C 的公式，推得它们之间的关系为 $RC = \varepsilon\rho$.

4.9 如习题 4.9 图所示，3 个电源的电动势分别为 $\mathcal{E}_1 = 12.0\text{V}$，$\mathcal{E}_2 = \mathcal{E}_3 = 6.0\text{V}$，电阻 $R_1 = R_2 = R_3 = 3\Omega$，$R_4 = 6\Omega$，求 R_4 上的电压和通过 R_2 的电流.

解 按图 4.9a 标定各支路电流 I_1、I_2 和 I_3，并用弧形箭头标出两个回路的方向。由节点电流方程得 3 个支路电流满足的关系如下

$$I_3 - I_2 - I_1 = 0$$

针对标出的两个回路，列出回路电压方程如下：

$$I_1(R_3+R_4)-I_2R_2+\mathcal{E}_3=0$$

$$I_2R_2+I_3R_1-\mathcal{E}_1+\mathcal{E}_2=0$$

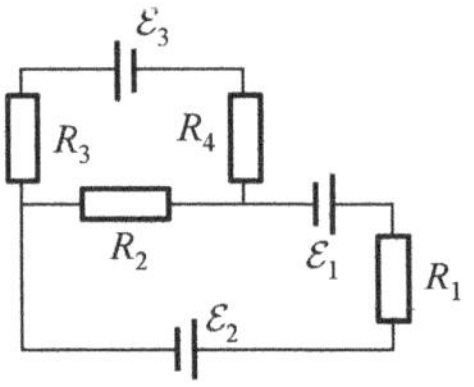

习题 4.9 图

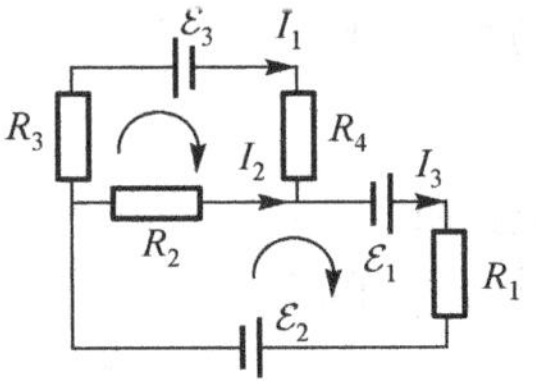

图 4.9a

在列回路电压方程时，先规定回路绕行方向，然后标定电源的正负极. 凡绕行方向与支路电流同向，则在相应的支路电流前面加上“+”号，否则加上“–”号；凡绕行方向自电源正极进入负极，则在相应的电源电压前面加上“+”号，否则加上“–”号. 从上述 3 个方程中消去 I_3，并将题给出的电源电动势和电阻数值代入，得 I_1 和 I_2 满足的方程如下：

$$9I_1-3I_2=-6,\quad 3I_1+6I_2=6$$

解得 $I_1=-2/7\text{A},\quad I_2=8/7\text{A}$. 于是，求得流经 R_2 的电流为 $I_2=8/7\text{A}$，R_4 上的电压为 $U_4=|I_1R_4|=|(-2/7)\times 6|=12/7(\text{V})$.

4.10　一直流电路如习题 4.10 图所示，其中，$\mathcal{E}_1=3\text{V}$，$\mathcal{E}_2=1.5\text{V}$，$\mathcal{E}_3=2.2\text{V}$；$R_1=1.5\Omega, R_2=2.0\Omega, R_3=1.4\Omega$；电源的内阻不计，试求 a，b 两点之间的电势差.

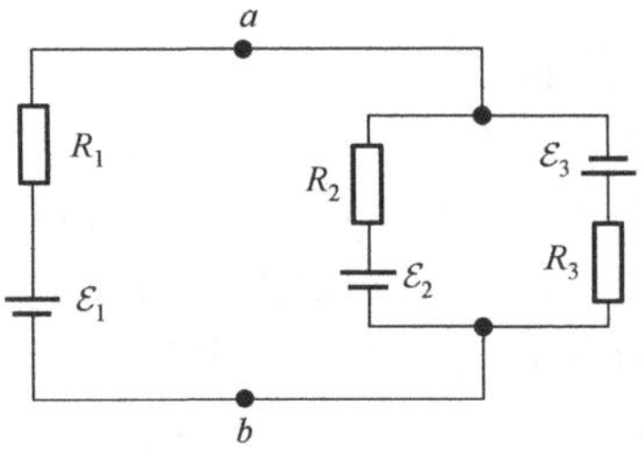

习题 4.10 图

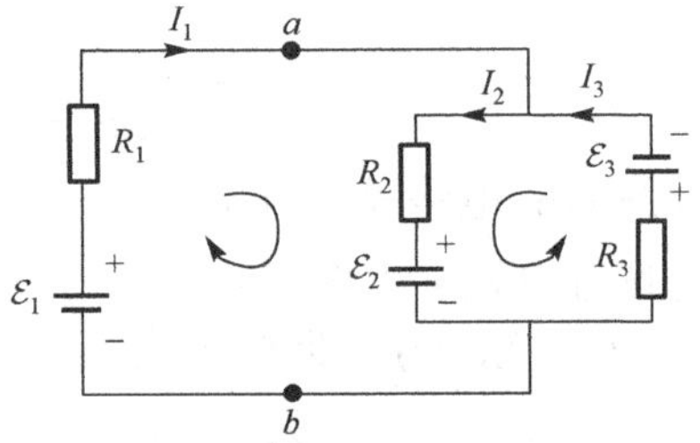

图 4.10a

解　按图 4.10a 标定支路电流 I_1、I_2 和 I_3，并用弧形箭头标出两个回路的绕行方向. 由节点电流方程得三者之间的关系如下：

$$I_1+I_3=I_2$$

对于左、右侧回路，可列出回路电压方程如下：

$$I_1R_1+I_2R_2+\mathcal{E}_2-\mathcal{E}_1=0$$

$$I_2R_2 + I_3R_3 + \mathcal{E}_2 + \mathcal{E}_3 = 0$$

将题给出的电动势和电阻数值代入得

$$1.5I_1 + 2.0I_2 = 1.5，\quad 2I_2 + 1.4I_3 = -3.7$$

联立求解节点电流方程和回路电压方程，可得 $I_1 = 1.58\text{A}$，继而求得

$$U_{ab} = \mathcal{E}_1 - I_1R_1 = 3.0 - 1.58 \times 1.5 = 0.63(\text{V})$$

4.11　一电路如习题 4.11 图所示. 已知 $\mathcal{E}_1 = 12\text{V}$，$\mathcal{E}_2 = 10\text{V}$，$\mathcal{E}_3 = 8\text{V}$，$r_1=r_2=r_3=1\Omega$，$R_1=R_3=R_4=R_5=2\Omega$，$R_2=3\Omega$，求

（1）图(a)中 a、b 两点间电压；

（2）图(b)中通过 R_1 的电流.

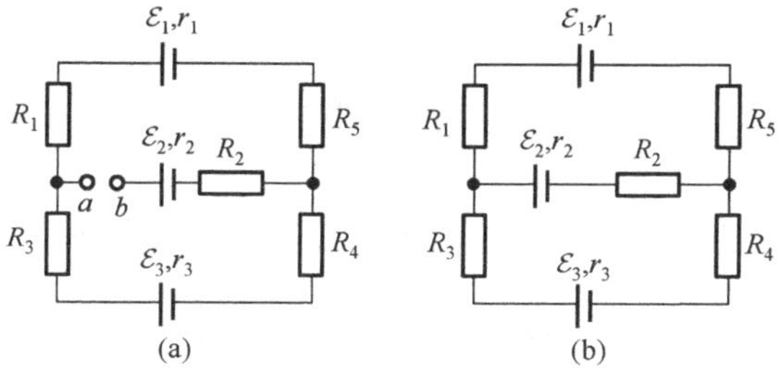

习题 4.11 图

解　（1）a、b 断开时，回路电流为

$$I = \frac{\mathcal{E}_1 - \mathcal{E}_3}{R_1 + R_3 + R_4 + R_5 + r_1 + r_3} = \frac{12 - 8}{2+2+2+2+1+1} = 0.4(\text{A})$$

a、b 间的电势差为

$$U_{ab} = U_a - U_b = I(R_3 + R_4 + r_3) + \mathcal{E}_3 - \mathcal{E}_2 = 0.4(2+2+1) + 8 - 10 = 0\ (\text{V})$$

即 a、b 两点等电势.

（2）a、b 接通后，由于两点等电势，故与断开是一样的，即没有电流. 因此，流经 R_1 中的电流仍为 0.4A.

4.12　在习题 4.12 图所示电路中，已知：$\mathcal{E}_1 = 6\text{V}$，$\mathcal{E}_2 = 4.5\text{V}$，$\mathcal{E}_3 = 2.5\text{V}$，$R_1=R_2=0.5\Omega$，$R_3=2.5\Omega$，忽略电源内阻，求通过电阻 R_1、R_2 和 R_3 的电流.

解　如图 4.12a 所示，标定支路电流 I_1、I_2 和 I_3，并用弧形箭头标出三个回路的绕行方向. 由回路①的回路电压方程，可求得支路电流 $I_1 = (\mathcal{E}_1 - \mathcal{E}_2)/R_1 = (6-4.5)/0.5 = 3(\text{A})$. 由回路②的回路电压方程，可求得支路电流 $I_2 = (\mathcal{E}_1 - \mathcal{E}_3)/R_2 = (6-2.5)/0.5 = 7(\text{A})$. 由回路③的回路电压方程，可求得支路电流 $I_3 = (\mathcal{E}_2 - \mathcal{E}_3)/R_3 = (4.5-2.5)/2.5 = 0.8(\text{A})$.

***4.13**　两同心导体球壳半径 $a< b$，球壳间充满电导率为 σ、介电常量为 ε 的均匀介质. 设 $t = 0$ 时刻内球壳带电 q，试求

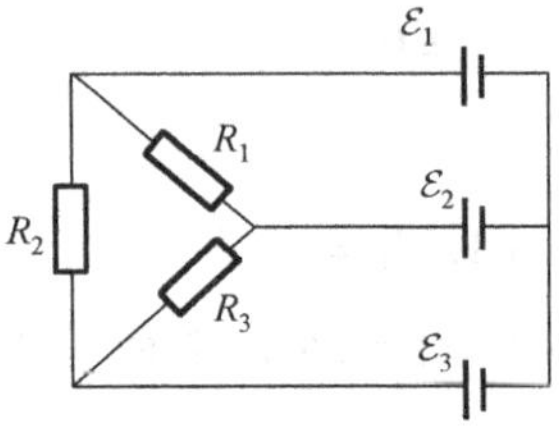

习题 4.12 图

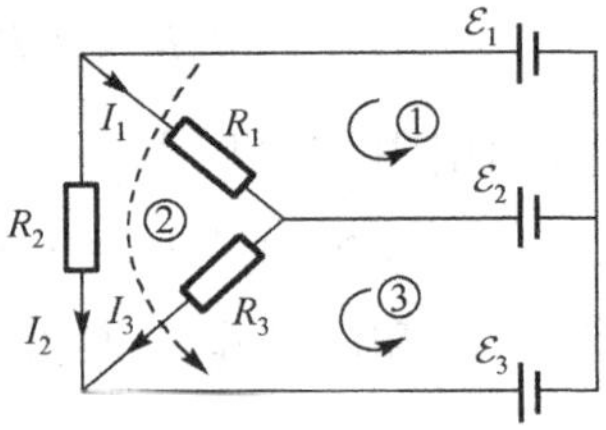

图 4.12a

（1）介质中的传导电流强度的时间变化规律；

（2）传导电流总共产生多少焦耳热.

解　（1）由对称性，导电介质内的电场强度和电流密度均沿着径向方向，且只与径向距离 r 有关. 设 t 时刻内球壳的电量为 $Q(t)$，则由高斯定理求得球壳内的电场强度如下：

$$E(t)=\frac{Q(t)}{4\pi\varepsilon r^2}$$

由欧姆定律求得电流密度 $j(t)=\sigma E(t)=\sigma Q(t)/(4\pi\varepsilon r^2)$，从而求得介质中的电流强度

$$I(t)=4\pi r^2 j(t)=\frac{\sigma}{\varepsilon}Q(t)$$

由电荷守恒定律，得

$$-\frac{\mathrm{d}Q(t)}{\mathrm{d}t}=I(t)=\frac{\sigma}{\varepsilon}Q(t)$$

解之得

$$Q(t)=q\mathrm{e}^{-\sigma t/\varepsilon}\quad\Rightarrow\quad I(t)=-\frac{\mathrm{d}Q}{\mathrm{d}t}=\frac{\sigma q}{\varepsilon}\mathrm{e}^{-\sigma t/\varepsilon}$$

（2）介质单位体积中的焦耳热为

$$p(t)=\sigma E^2=\sigma\left(\frac{q}{4\pi\varepsilon r^2}\mathrm{e}^{-\sigma t/\varepsilon}\right)^2=\frac{\sigma q^2}{16\pi^2\varepsilon^2 r^4}\mathrm{e}^{-2\sigma t/\varepsilon}$$

积分得总焦耳热

$$W=4\pi\int_0^\infty \mathrm{d}t\int_a^b r^2 p(t)\,\mathrm{d}r=\frac{\sigma q^2}{4\pi\varepsilon^2}\int_0^\infty \mathrm{e}^{-2\sigma t/\varepsilon}\mathrm{d}t\int_a^b\frac{\mathrm{d}r}{r^2}=\frac{q^2(b-a)}{8\pi\varepsilon ab}$$

***4.14**　如习题 4.14 图所示，有半径分别为 R_1 和 R_2 的同轴导体圆筒，长为 L（$L\gg R_1,R_2$）. 设两筒间充满两层均匀介质，其分界面是与导体圆筒同轴的圆柱面，半径为 R_0，介质 a，b 的介电常量分别为 ε_a 和 ε_b，电导率分别为 σ_a 和 σ_b. 在两筒间加上恒定电压 U，求：

（1）两导体圆筒间的电阻和电流；

（2）各界面的自由电荷分布.

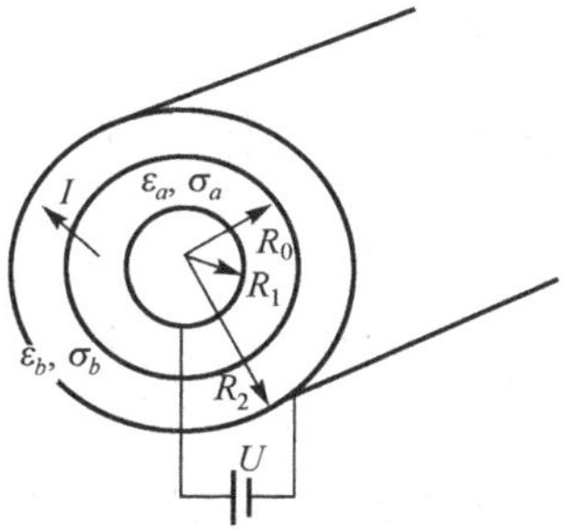

习题 4.14 图

解 （1）采用圆柱坐标（r,ϕ,z）. 由对称性，可判断介质中的电流密度 $\boldsymbol{j}$ 沿 $\boldsymbol{r}$ 方向，且只与 r 有关. 设圆筒间的电流为 I，则电流密度的大小为 $j=I/(2\pi rL)$，于是内、外层介质中的电场强度分别为

$$E_a=\frac{I}{2\pi\sigma_a Lr},\quad E_b=\frac{I}{2\pi\sigma_b Lr}$$

据此可相继求得两圆筒之间的电势差、电阻和电流强度

$$U=\int_{R_1}^{R_0}E\mathrm{d}r+\int_{R_0}^{R_2}E\,\mathrm{d}r=\frac{I}{2\pi L}\left[\frac{1}{\sigma_a}\ln\left(\frac{R_0}{R_1}\right)+\frac{1}{\sigma_b}\ln\left(\frac{R_2}{R_0}\right)\right]$$

$$R=\frac{U}{I}=\frac{1}{2\pi L}\left[\frac{1}{\sigma_a}\ln\left(\frac{R_0}{R_1}\right)+\frac{1}{\sigma_b}\ln\left(\frac{R_2}{R_0}\right)\right]$$

$$I=\frac{2\pi LU}{\sigma_a^{-1}\ln(R_0/R_1)+\sigma_b^{-1}\ln(R_2/R_0)}$$

（2）界面自由电荷面密度.

由各层介质的电场强度可求得相应的电位移矢量，其大小分别为

$$D_a=\varepsilon_a E_a=\frac{\varepsilon_a I}{2\pi\sigma_a rL},\quad D_b=\varepsilon_b E_b=\frac{\varepsilon_b I}{2\pi\sigma_b rL}$$

于是，可相继求得内层介质的内表面、外层介质的外表面和两层介质的分界面上的面电荷密度如下：

$$\sigma_1=D_a\big|_{r=R_1}=\frac{\varepsilon_a I}{2\pi\sigma_a LR_1},\quad \sigma_2=-D_b\big|_{r=R_2}=-\frac{\varepsilon_b I}{2\pi\sigma_b LR_2}$$

$$\sigma=(D_b-D_a)\big|_{r=R_0}=\frac{I(\sigma_a\varepsilon_b-\sigma_b\varepsilon_a)}{2\pi LR_0\sigma_a\sigma_b}$$

4.15 将两个导体嵌入到电导率为 10^{-4} S·m^{-1}、介电常量为$\varepsilon=80\varepsilon_0$ 的介质中，测得这两个导体之间的电阻为 $10^5\Omega$，计算这两个导体之间的电容.

解　不妨设两导体分别带有自由电荷 Q、$-Q$，取一包围带电量为 Q 的导体（但不包围另一导体）的封闭曲面，则

$$I = \oiint \boldsymbol{j} \cdot \mathrm{d}\boldsymbol{S} = \sigma \oiint \boldsymbol{E} \cdot \mathrm{d}\boldsymbol{S} = \frac{\sigma Q}{\varepsilon}$$

据此求得两导体间的电势差和电容如下

$$V = IR = \frac{\sigma Q R}{\varepsilon}, \quad C = \frac{Q}{V} = \frac{\varepsilon}{\sigma R}$$

将题给带电量和电阻数据代入，求得两导体之间的电容为

$$C = \frac{80 \times 8.85 \times 10^{-12}}{10^{-4} \times 10^{5}} = 7.08 \times 10^{-11}(\mathrm{F})$$

第 5 章　真空中的静磁场

5.1　有一能量为 5.0MeV 的质子垂直通过一均匀磁场. 设 B=1.5T，求质子受的力.

解　由 $m_\mathrm{p}v_\mathrm{p}^2/2 = 5.0\times10^6\times1.6\times10^{-19}$ 求得质子速度值 $v_\mathrm{p} = 3.1\times10^7\ \mathrm{m\cdot s^{-1}}$，进而按洛伦兹公式算得质子受力为 $F = qvB = 1.6\times10^{-19}\times3.1\times10^7\times1.5\approx7.4\times10^{-12}(\mathrm{N})$. 在以上演算过程中，采用了非相对论近似，使用了经典力学中的质点动能公式. 对于能量远低于质子静能（≈940MeV）的情况，这一近似基本成立.

***5.2**　一边长为 a 的正方形回路载有电流 I（习题 5.2 图）.

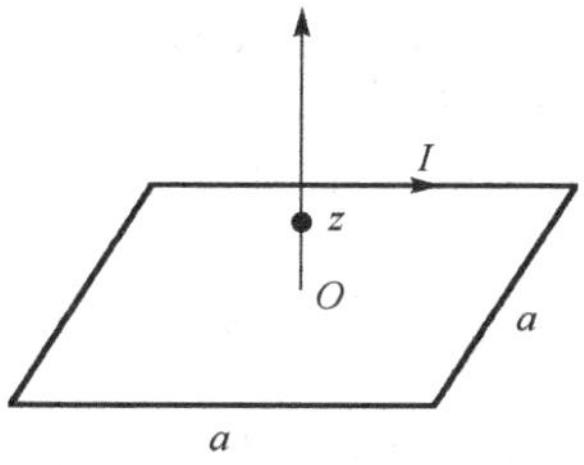

习题 5.2 图

（1）求正方形中心处 $\boldsymbol{B}$ 的大小；

（2）求正方形轴线上与中心相距为 z 的任一点处 $\boldsymbol{B}$ 的大小.

解　先来证明一个有用公式. 有限长直线电流 I 在与其距离为 r 的任一场点的场强大小为

$$B = \frac{\mu_0 I}{4\pi r}(\cos\beta_2 - \cos\beta_1)$$

式中，β_1 为场点指向导线电流入端的矢量与电流方向之间的夹角，β_2 为场点指向导线电流出端的矢量与电流方向之间的夹角，磁场方向垂直于由场点和导线构成的平面，与电流方向满足右手定则. 对于无限长导线的情况，有 $\beta_1 = \pi, \beta_2 = 0, B = \mu_0 I/(2\pi r)$. 上述公式可直接由毕奥–萨伐尔定律作出证明. 为此，取直角坐标，x 轴沿载流导线，指向电流方向；坐标原点为自场点引向导线的垂线的垂足，它与场点的距离为 r；导线电流入端坐标为 x_1，出端坐标为 x_2. 由毕奥–萨伐尔定律求得场点磁场大小为

$$B = \frac{\mu_0 I}{4\pi}\int_{x_1}^{x_2}\frac{r\mathrm{d}x}{(x^2+r^2)^{3/2}} = \frac{\mu_0 I}{4\pi r}\frac{x}{(x^2+r^2)^{1/2}}\Bigg|_{x=x_1}^{x=x_2} = \frac{\mu_0 I}{4\pi r}(\cos\beta_2 - \cos\beta_1)$$

$$\cos\beta_1 = \frac{x_1}{\sqrt{x_1^2+r^2}},\quad \cos\beta_2 = \frac{x_2}{\sqrt{x_2^2+r^2}}$$

证毕.

（1）正方形中心的场强.

考虑正方形的一条边，它与中心的垂直距离为 $r=a/2$，有 $\beta_1=3\pi/4, \beta_2=\pi/4$，在中心处产生的场强大小为

$$B=\frac{\mu_0 I}{4\pi(a/2)}[\cos(\pi/4)-\cos(3\pi/4)]=\frac{\sqrt{2}\mu_0 I}{2\pi a}=\frac{\mu_0 I}{\sqrt{2}\pi a}$$

其方向沿 z 轴负向. 正方形四条边对场强的贡献的大小和方向均同，可以简单叠加，结果为单条边贡献的 4 倍，即 $B=2\sqrt{2}\mu_0 I/(\pi a)$.

（2）正方形轴线上距中心 z 处的场强.

对于这种情况，场点离正方形一条边的距离增至 $\sqrt{z^2+(a/2)^2}$，场点离正方形某个顶点的距离增至 $r=\sqrt{z^2+a^2/2}$，且

$$\cos\beta_1=-\frac{a/2}{\sqrt{z^2+a^2/2}},\quad \cos\beta_2=\frac{a/2}{\sqrt{z^2+a^2/2}}$$

于是正方形一条边对 x 处场强大小的贡献为

$$B=\frac{\mu_0 I}{4\pi\sqrt{z^2+(a/2)^2}}\frac{a}{\sqrt{z^2+a^2/2}}=\frac{\mu_0 Ia}{\pi\sqrt{4z^2+a^2}\sqrt{4z^2+2a^2}}$$

其方向与 z 轴负向的夹角为 θ，成立 $\cos\theta=(a/2)/\sqrt{z^2+(a/2)^2}$. 上述磁场至 z 轴负向的投影，对正方形四条边来说，完全相同，可以简单叠加，而余下的垂直于 z 轴的分量则相互抵消. 于是，z 处的合磁场等于

$$B=\frac{4\mu_0 Ia}{\pi\sqrt{4z^2+a^2}\sqrt{4z^2+2a^2}}\frac{a/2}{\sqrt{z^2+a^2/4}}=\frac{4\mu_0 Ia^2}{\pi(4z^2+a^2)\sqrt{4z^2+2a^2}}$$

5.3　一根导线折成如习题 5.3 图所示的形状，通有电流 I，求点 P 处 $\boldsymbol{B}$ 的大小和方向.

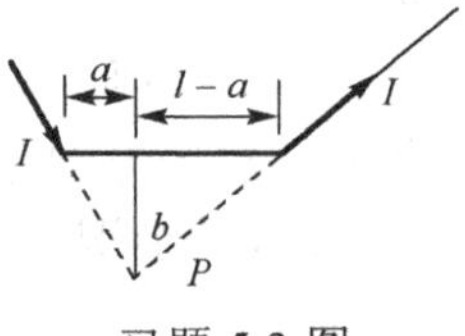

习题 5.3 图

解　由习题 5.3 图可见，载流导线分为三段：首段和末段的延长线均通过场点 P，按毕奥-萨伐尔定律，对 P 点的磁场没有贡献，作出贡献的只有中段，所产生的磁场 $\boldsymbol{B}$ 的方向垂直纸面向内. 利用习题 5.2 给出的一段直线电流产生的磁场公式，求得中段电流在 P 点的磁场大小为

$$B=\frac{\mu_0 I}{4\pi b}(\cos\beta_2-\cos\beta_1)=\frac{\mu_0 I}{4\pi b}\left(\frac{l-a}{\sqrt{b^2+(l-a)^2}}+\frac{a}{\sqrt{b^2+a^2}}\right)$$

5.4　一导线回路由两个径向线段连接的两个同心半圆构成（习题 5.4 图），该回路载有电流 I，求圆心处的磁场.

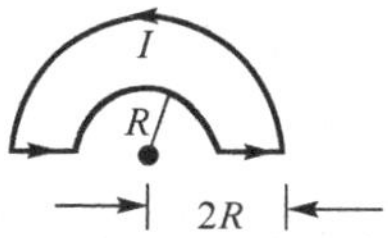

习题 5.4 图

解　一个半径为 r 的圆环电流在其中心处的磁场 $B=\mu_0 I/(2r)$，电流方向与磁场方向满足右手定则. 一段半圆环电流所产生的磁场为上述磁场的一半；两个同心半圆环电流共同产生的磁场等于

$$B=\frac{1}{2}\frac{\mu_0 I}{2R}-\frac{1}{2}\frac{\mu_0 I}{2(2R)}=\frac{\mu_0 I}{8R}$$

方向垂直纸面向内.

***5.5**　如习题 5.5 图所示，两圆线圈半径为 R，平行地共轴放置，圆心 O_1、O_2 相距为 a，所载电流均为 I，且电流方向相同.

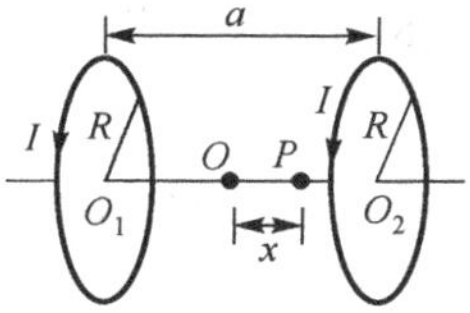

习题 5.5 图

（1）以 O_1O_2 连线的中点为原点 O，求轴线上坐标为 x 的任一点处的磁感应强度.

（2）试证明：当 $a=R$ 时，O 点处的磁场最为均匀（这样放置的一对线圈叫做亥姆霍兹线圈，常用它获得近似均匀的磁场）.（提示：求磁场 $\boldsymbol{B}$ 在 $x=0$ 处一阶和二阶导数，证其为零.）

解　（1）圆环电流在轴线上的磁场表达式为

$$B=\frac{\mu_0 IR^2}{2(R^2+d^2)^{\frac{3}{2}}}$$

式中，d 为场点距圆心的距离，电流方向和磁场方向满足右手定则. 从该公式出发，利用叠加原理，求得 P 点磁场如下：

$$B(x)=\frac{\mu_0 IR^2}{2[R^2+(x+a/2)^2]^{3/2}}+\frac{\mu_0 IR^2}{2[R^2+(x-a/2)^2]^{3/2}}$$

磁场的方向沿轴线向右.

（2）证明当 $a=R$ 时，O 点附近的磁场最为均匀，即证 O 点磁场对 x 的一阶和二阶导数等于零. 一阶导数为

$$\frac{\mathrm{d}B}{\mathrm{d}x}=\frac{3\mu_0 IR^2}{2}\left(-\frac{a/2+x}{[R^2+(a/2+x)^2]^{5/2}}+\frac{a/2-x}{[R^2+(a/2-x)^2]^{5/2}}\right)$$

$$\left.\frac{\mathrm{d}B}{\mathrm{d}x}\right|_{x=0}=\frac{3\mu_0 IR^2}{2}\left(-\frac{a/2}{[R^2+(a/2)^2]^{5/2}}+\frac{a/2}{[R^2+(a/2)^2]^{5/2}}\right)=0$$

在 O 点（$x=0$）处，恒成立 $\mathrm{d}B/\mathrm{d}x=0$，与 a 的取值无关. 设 O 点的二阶导数等于零，即

$$\left[\frac{\mathrm{d}}{\mathrm{d}x}\left(-\frac{a/2+x}{[R^2+(a/2+x)^2]^{5/2}}+\frac{a/2-x}{[R^2+(a/2-x)^2]^{5/2}}\right)\right]_{x=0}=0$$

$$-\frac{1}{[R^2+(a/2)^2]^{5/2}}-\frac{1}{[R^2+(a/2)^2]^{5/2}}+\frac{5(a/2)^2}{[R^2+(a/2)^2]^{5/2}}+\frac{5(a/2)^2}{[R^2+(a/2)^2]^{5/2}}$$

$$=\frac{2(-R^2-a^2/4)+10a^2/4}{[R^2+a^2/4]^{7/2}}=0 \quad\Rightarrow\quad a=R$$

证毕.

5.6　假定地球的磁场是由地球中心的小电流环产生的，已知地面磁极（电流环轴线与地面的交点）附近磁场为 0.8G，地球半径 $R=6\times10^6\,\mathrm{m}$，求小电流环的磁矩.

解　磁矩的磁场表达式为

$$\boldsymbol{B}=-\frac{\mu_0\boldsymbol{m}}{4\pi r^3}+\frac{3\mu_0\boldsymbol{r}(\boldsymbol{m}\cdot\boldsymbol{r})}{4\pi r^5}$$

在地面（$r=R$）磁极所在位置，满足 $\boldsymbol{m}/\!/\boldsymbol{B}$，场强大小为

$$B=-\frac{\mu_0 m}{4\pi R^3}+\frac{3\mu_0 R^2 m}{4\pi R^5}=\frac{\mu_0 m}{2\pi R^3}$$

该场强大小等于 0.8G，即 8×10^{-5}T，据此求得磁矩大小为

$$m=\frac{2\pi R^3 B}{\mu_0}=\frac{2\pi\times(6\times10^6)^3\times8\times10^{-5}}{4\pi\times10^{-7}}=8.64\times10^{22}(\mathrm{A\cdot m^2})$$

5.7　螺线管线圈的直径是它的轴长的 4 倍，每厘米长度内的匝数 n=200，所通电流 I=0.10A，求：

（1）螺线管中心处磁感应强度的大小；

（2）在管的一端中心处的磁感应强度的大小.

解　（1）有限长螺线管在轴线上某点 P 处的磁场为

$$B=\frac{\mu_0 nI}{2}(\cos\beta_2-\cos\beta_1)$$

式中，β_1 和 β_2 为 P 点（位于螺线管轴线上）至螺线管两端面边沿的连线与螺线管轴线之间的夹角，磁场方向沿轴线方向，方向可按右手定则确定.

由题设，$n=200$ 匝/厘米 $=2\times10^4$ 匝/米，$I=0.01$A，螺线管线圈的直径是它的

轴长的 4 倍. 设螺线管轴长为 l，则螺线管的直径 $d=4l$. 当场点位于螺线管的中心时，有

$$\cos\beta_2=\frac{l/2}{[(l/2)^2+(d/2)^2]^{1/2}}=\frac{l/2}{[(l/2)^2+(4l/2)^2]^{1/2}}=\frac{1}{\sqrt{17}}=-\cos\beta_1$$

$$B=\mu_0 nI\cos\beta_2=4\pi\times10^{-7}\times2\times10^4\times0.1\times\frac{1}{\sqrt{17}}=6.1\times10^{-4}(\mathrm{T})=6.1\ (\mathrm{G})$$

（2）在一端时，不妨设为左端，这时有

$$\cos\beta_1=0,\quad \cos\beta_2=\frac{l}{\sqrt{(d/2)^2+l^2}}=\frac{l}{\sqrt{(2l)^2+l^2}}=\frac{1}{\sqrt{5}}$$

$$B=\frac{\mu_0 nI}{2}\cdot\frac{1}{\sqrt{5}}=\frac{4\pi\times10^{-7}\times2\times10^4\times0.1}{2\times\sqrt{5}}=5.6\times10^{-4}(\mathrm{T})=5.6(\mathrm{G})$$

5.8　电流均匀地流过宽为 $2a$ 的平面导体薄板，电流强度为 I，通过板的中线并与板面垂直的平面上有一点 P，P 到板的垂直距离为 x（习题 5.8 图）. 设板厚略去不计，求点 P 处的磁感应强度.

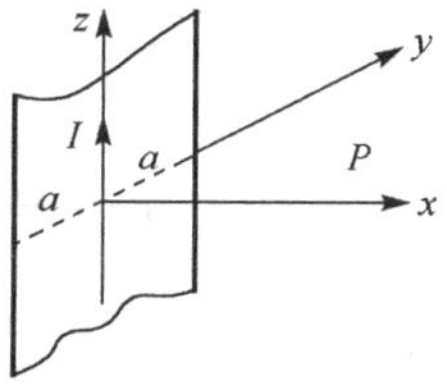

习题 5.8 图

解　由毕奥-萨伐尔定律及问题的对称性，可判断 P 点磁场位于正 y 轴方向. 由题设条件，可得流经导体薄板的面电流密度为 $i=I/(2a)$，面电流元 $i\mathrm{d}y$ 的磁场沿 y 方向的分量为

$$\mathrm{d}B_y=\frac{\mu_0 i\mathrm{d}y}{2\pi\sqrt{x^2+y^2}}\cdot\frac{x}{\sqrt{x^2+y^2}}=\frac{\mu_0 ix\mathrm{d}y}{2\pi(x^2+y^2)}$$

积分得 P 点磁场

$$B=\frac{\mu_0 ix}{2\pi}\int_{-a}^{a}\frac{\mathrm{d}y}{y^2+x^2}=\frac{\mu_0 i}{\pi}\arctan\left(\frac{a}{x}\right)=\frac{\mu_0 I}{2\pi a}\arctan\left(\frac{a}{x}\right)$$

方向沿 y 轴正向.

***5.9**　半径为 R 的球面上均匀分布着电荷 q，当球面以角速度 ω 绕它的直径旋转，求转轴上球内和球外任一点（该点到球心的距离为 z）的磁感应强度，并求这个系统的磁矩.

解　取球坐标（r,θ,ϕ），z 轴与转轴重合. 考察球面上过余纬 θ、宽度为 $R\mathrm{d}\theta$ 的

环带，其半径为 $R\sin\theta$，面电荷密度为 $\sigma_{\rm e}=q/(4\pi R^2)$，因此绕 z 轴旋转产生的电流强度为

$$\mathrm{d}I=\sigma_{\rm e}\cdot(R\,\mathrm{d}\theta)\cdot(\omega R\sin\theta)=\frac{q\omega}{4\pi}\sin\theta\mathrm{d}\theta$$

该电流环所在平面离场点 $P(0,0,z)$ 的距离为 $(z-R\cos\theta)$，对该处磁场的贡献为

$$\mathrm{d}\boldsymbol{B}=\frac{\mu_0(R\sin\theta)^2\mathrm{d}I}{2[(R\sin\theta)^2+(z-R\cos\theta)^2]^{3/2}}\boldsymbol{e}_z=\frac{\mu_0 q\omega R^2\sin^3\theta\mathrm{d}\theta}{8\pi[R^2-2Rz\cos\theta+z^2]^{3/2}}\boldsymbol{e}_z$$

积分可求得 $\boldsymbol{B}$，其数值为

$$B=\frac{\mu_0 q\omega R^2}{8\pi}\int_0^{\pi}\frac{\sin^3\theta\,\mathrm{d}\theta}{(a-b\cos\theta)^{3/2}},\quad a\equiv R^2+z^2,\quad b=2Rz$$

式中关于 θ 的定积分可化为

$$\int_0^{\pi}\frac{\sin^3\theta\,\mathrm{d}\theta}{(a-b\cos\theta)^{3/2}}=\int_{-1}^{1}\frac{(1-u^2)\mathrm{d}u}{(a-bu)^{3/2}}=\frac{2}{b}\left(\frac{1}{\sqrt{a-bu}}\right)_{u=-1}^{u=1}-\int_{-1}^{1}\frac{u^2\mathrm{d}u}{(a-bu)^{3/2}}$$

$$\int_{-1}^{1}\frac{u^2\mathrm{d}u}{(a+bu)^{3/2}}=\left\{\frac{16(a-bu)^{3/2}}{3b^3}+\frac{8u}{b^2}\sqrt{a-bu}+\frac{2u^2}{b\sqrt{a-bu}}\right\}_{u=-1}^{u=1}$$

$$\int_0^{\pi}\frac{\sin^3\theta\,\mathrm{d}\theta}{(a-b\cos\theta)^{3/2}}=-\frac{16}{3b^3}[|z-R|^3-(z+R)^3]-\frac{8}{b^2}(|z-R|+z+R)$$

最终求得球内外旋转轴上的场强如下

$$B(z<R)=\frac{\mu_0 q\omega}{6\pi R},\quad B(z>R)=\frac{\mu_0 q\omega R^2}{6\pi z^3}$$

方向沿 z 轴正向. 系统的磁矩也沿 z 轴正向，大小为

$$m=\int S\,\mathrm{d}I=\int_0^{\pi}\pi R^2\sin^2\theta\cdot\frac{q\omega}{4\pi}\sin\theta\,\mathrm{d}\theta=\frac{q\omega R^2}{4}\int_0^{\pi}\sin^3\theta\,\mathrm{d}\theta=\frac{q\omega R^2}{3}$$

5.10 如习题 5.10 图所示，一根很长的同轴电缆，由一导体圆柱（半径为 a）和与之共轴的导体圆管（内、外半径分别为 b、c）构成，沿导体柱和导体管通以反向电流，电流强度均为 I，且均匀地分布在导体的横截面上，求下述各区内的磁感应强度：

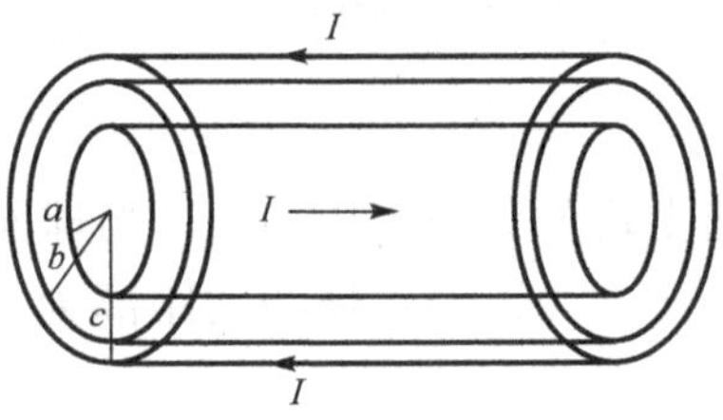

习题 5.10 图

（1）导体圆柱内 $(r<a)$；

（2）两导体之间 $(a<r<b)$；

（3）导体圆管内 $(b<r<c)$；

（4）电缆外 $(r>c)$.

解　取圆柱坐标（r,ϕ,z），z 轴与导体柱轴重合，方向沿 I 的方向. 由对称性分析知 $\boldsymbol{B}$ 沿 $\boldsymbol{e}_\phi$ 方向，其大小仅与 r 有关. 选择与圆柱轴线垂直、半径为 r、圆心位于圆柱轴线的圆环回路，运用安培环路定理计算各区磁场.

（1）导体圆柱内（$r<a$）：穿越回路的电流等于 Ir^2/a^2，由安培环路定理得

$$2\pi rB=\frac{\mu_0 r^2 I}{a^2}\quad\Rightarrow\quad B=\frac{\mu_0 Ir}{2\pi a^2}$$

（2）两导体之间 $(a<r<b)$：穿越回路的电流等于 I，由安培环路定理得

$$2\pi rB=\frac{\mu_0 I}{a^2}\quad\Rightarrow\quad B=\frac{\mu_0 I}{2\pi r}$$

（3）导体圆管内 $(b<r<c)$：穿越回路的电流等于 $I-(r^2-b^2)I/(c^2-b^2)$，由安培环路定理得

$$2\pi rB=\mu_0 I\left(1-\frac{r^2-b^2}{c^2-b^2}\right)\quad\Rightarrow\quad B=\frac{\mu_0 I(c^2-r^2)}{2\pi r(c^2-b^2)}$$

（4）电缆外 $(r>c)$：穿越回路的电流等于零，由安培环路定理得 $B=0$.

5.11　如习题 5.11 图所示，一根外半径为 R_1 的无限长圆柱形导体管，管内空心部分的半径为 R_2，空心部分的轴与圆柱的轴相平行，两轴间距离为 a，且 $a>R_2$. 现有电流 I 沿导体管流动，电流均匀分布在管的横截面上，求

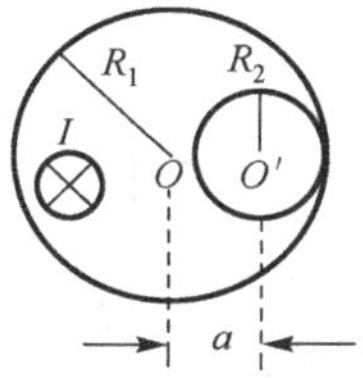

习题 5.11 图

（1）圆柱轴线上的磁感应强度值；

（2）空心部分轴线上的磁感应强度值；

（3）设 $R_1=10\text{mm}$，$R_2=0.5\text{mm}$，$a=5.0\text{mm}$，$I=20\text{A}$，分别计算上述两处磁感应强度值.

解　按题意：电流 I 均匀分布于导体管截面，导体管截面的面积等于 $\pi(R_1^2-R_2^2)$，电流密度等于 $j=I/[\pi(R_1^2-R_2^2)]$. 为便于数学处理，在导体管内的空心区引入两个虚拟电流：电流密度同为 j，但一个与电流 I 同向，另一个方向相反. 这两部分虚拟

电流的磁效应互抵，不会影响磁场的计算结果．接着，将流经导体管的实际电流与新引入的同向虚拟电流合并，构成一个分布于半径为 R_1 的实心圆柱中的均匀电流；余下的反向虚拟电流，则对应分布于半径为 R_2 的实心圆柱中的均匀电流．为叙述方便起见，分别将这两个电流称为大圆柱电流和小圆柱电流（注意它们的流向相反）．最后，分别计算两个圆柱状均匀电流的磁场，然后叠加求得实际磁场分布．

（1）圆柱轴线上的磁感应强度．

由对称性，大圆柱电流在圆柱轴线上产生的磁场等于零．圆柱轴线位于小圆柱电流外部，后者产生的磁场为

$$B(O)=\frac{\mu_0 j\pi R_2^2}{2\pi a}=\frac{\mu_0 I R_2^2}{2\pi a(R_1^2-R_2^2)}$$

方向垂直于 OO'，朝向下方．

（2）空心部分轴线上的磁感应强度．

这时，O' 为场点，小圆柱电流对磁场的贡献为零，只需计算大圆柱电流的贡献．场点位于大圆柱内部，离大圆柱轴线的距离为 a，可由安培环路定理计算磁场：

$$2\pi a B(O')=\mu_0 j\pi a^2 \quad \Rightarrow \quad B(O')=\frac{\mu_0 ja}{2}=\frac{\mu_0 Ia}{2\pi(R_1^2-R_2^2)}$$

方向垂直于 OO'，朝向下方．

（3）由题给出的数据，可算得 O 和 O' 点的磁感应强度的值为

$$B(O)=2.0\times10^{-6}(\mathrm{T})=2\times10^{-2}(\mathrm{G})$$

$$B(O')=2.0\times10^{-4}(\mathrm{T})=2(\mathrm{G})$$

5.12　有两块非常大的导体板，一个在 xy 平面上，另一个在 xz 平面上，将空间划分为四个"象限"．设每块板载有均匀分布的电流，面电流密度是 i（习题 5.12 图），求各象限内的磁场．

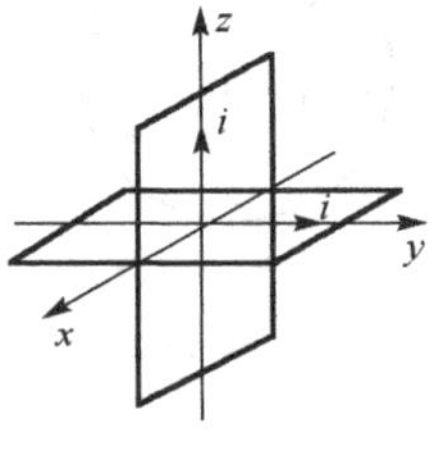

习题 5.12 图

解　视导体板为无限大（即边缘效应不计）．由安培环路定理，可计算 xz 面内的面电流对左右两侧磁场的贡献为 $B=\mu_0 i/2$，左侧空间的磁场沿 $\boldsymbol{e}_x$ 方向，右侧空间的磁场沿负 $\boldsymbol{e}_x$ 方向．同样，xy 面内的面电流对上下侧磁场的贡献也为 $B=\mu_0 i/2$，上侧空间的磁场沿 $\boldsymbol{e}_x$ 方向，下侧空间的磁场沿负 $\boldsymbol{e}_x$ 方向．将两部分贡献叠加，求得各象限的磁场 $B_i\,(i=1,2,3,4)$ 为

$$\boldsymbol{B}_1 = \frac{\mu_0}{2} i(-\boldsymbol{e}_x + \boldsymbol{e}_x) = 0, \quad \boldsymbol{B}_2 = \frac{\mu_0}{2} i(\boldsymbol{e}_x + \boldsymbol{e}_x) = \mu_0 i \boldsymbol{e}_x$$

$$\boldsymbol{B}_3 = \frac{\mu_0}{2} i(\boldsymbol{e}_x - \boldsymbol{e}_x) = 0, \quad \boldsymbol{B}_4 = \frac{\mu_0}{2} i(-\boldsymbol{e}_x - \boldsymbol{e}_x) = -\mu_0 i \boldsymbol{e}_x$$

5.13　矩形截面的螺绕环，尺寸见习题 5.13 图，电流强度为 I，线圈总匝数为 N.

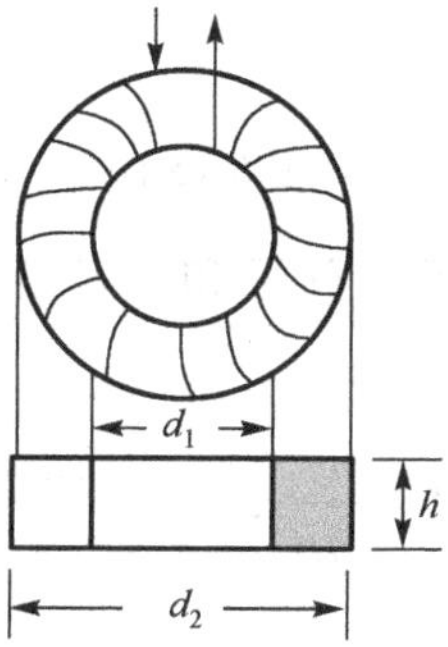

习题 5.13 图

（1）求环内磁感应强度的分布；

（2）证明通过螺绕环截面（图中阴影区）的磁通量为

$$\Phi_B = (\mu_0 NIh / 2\pi)\ln(d_2 / d_1)$$

解　（1）取圆柱坐标（r,ϕ,z），螺绕环的中心轴为 z 轴. 由对称性，螺绕环内的磁场沿 $\boldsymbol{e}_\phi$ 方向（逆时针方向），大小仅与 r 有关. 由安培环路定理可求得螺绕环内的磁场为

$$2\pi r B = \mu_0 NI, \quad B = \frac{\mu_0 NI}{2\pi r}$$

（2）通过螺绕环截面的磁通为

$$\Phi_B = \iint B\mathrm{d}S = \int_{d_1/2}^{d_2/2} \frac{\mu_0 NI}{2\pi r} h\mathrm{d}r = \frac{\mu_0 NIh}{2\pi} \ln(d_2 / d_1)$$

证毕.

5.14　脉冲星或中子星表面的磁场有 10^8T 那样强. 考虑这样一个中子星表面上一个氢原子中的电子，电子距质子 $0.53\times10^{-10}\,\mathrm{m}$，其速率是 $2.2\times10^6\,\mathrm{m\cdot s^{-1}}$. 试将质子作用到电子上的电力与中子星磁场作用到电子上的磁力加以比较.

解　由库仑定律计算电力，由洛伦兹公式计算磁力，结果如下：

$$F_\mathrm{e} = \frac{e^2}{4\pi\varepsilon_0 r^2} = \frac{(1.6\times10^{-19})^2}{4\pi\times8.85\times10^{-12}\times(0.53\times10^{-10})^2} = 8.2\times10^{-8}(\mathrm{N})$$

$$F_\mathrm{m} = qvB = 1.6\times10^{-19}\times2.2\times10^6\times10^8 = 3.5\times10^{-5}\ \mathrm{N} \approx 430F_\mathrm{e}$$

5.15　一电子在 $B = 2.0\times10^{-3}\,\mathrm{T}$ 的磁场中沿半径为 $R = 2.0\mathrm{cm}$ 的螺旋线运动，螺距为 $h = 5.0\mathrm{cm}$，如习题 5.15 图所示.

（1）求电子的速率；

（2）确定磁场 **B** 的方向.

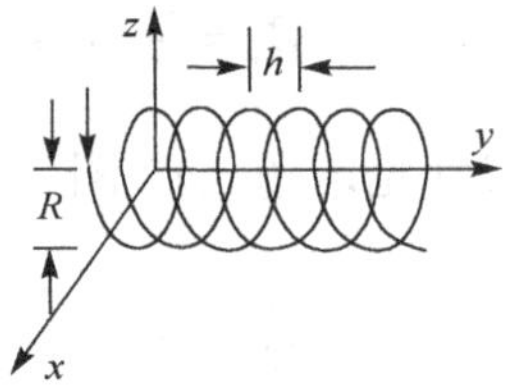

习题 5.15 图

解　设电子速度相对磁场的垂直分量和平行分量分别为 $v_\perp$ 和 $v_{//}$，则电子在磁场中做回旋运动的半径和周期分别为

$$R=\frac{mv_\perp}{qB},\quad T=\frac{2\pi m}{qB}$$

据此求得

$$v_\perp=\frac{qBR}{m},\quad v_{//}=\frac{h}{T}=\frac{hqB}{2\pi m}$$

$$v=\sqrt{v_{//}^2+v_\perp^2}=\frac{qB[(2\pi R)^2+h^2]^{1/2}}{2\pi m}$$

$$=\frac{1.6\times10^{-19}\times2\times10^{-3}[(2\pi\times0.02)^2+0.05^2]^{1/2}}{2\pi\times9.1\times10^{-31}}=7.6\times10^6(\mathrm{m\cdot s^{-1}})$$

根据电子的旋转方向，可判断 **B** 沿 y 轴正向.

5.16　如习题 5.16 图所示，一块半导体样品的体积为 $a\times b\times c$，沿 x 方向有电流 I，在 z 轴方向加有均匀磁场 **B**．已知 $a=0.10\mathrm{cm}$，$b=0.35\mathrm{cm}$，$c=1.0\mathrm{cm}$，$I=1.0\mathrm{mA}$，$B=3000\mathrm{G}$，其两侧的电势差的实验结果为 $U_{AA'}=6.5\mathrm{mV}$.

（1）问这半导体是正电荷导电（p 型）还是负电荷导电（n 型）？

（2）求载流子浓度（即单位体积内参加导电的带电粒子数）.

解　（1）n 型.

（2）$n=\dfrac{IB}{qdU_{AA'}}=\dfrac{IB}{qaU_{AA'}}=\dfrac{10^{-3}\times0.3}{1.6\times10^{-19}\times10^{-3}\times6.5\times10^{-3}}=2.9\times10^{20}(\mathrm{m^{-3}})$

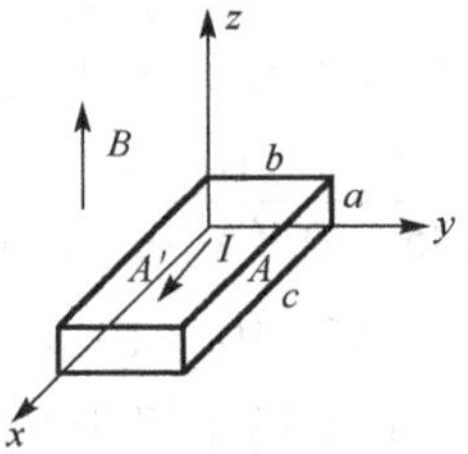

习题 5.16 图

5.17　设在一均匀磁场 $\boldsymbol{B}_0$ 中有一带电粒子在与 $\boldsymbol{B}_0$ 垂直的平面内做圆周运动，速率为 v_0，电荷为 e，质量为 m. 当磁场由 B_0 缓慢变化到 B 时，求粒子的运动速率和回旋半径 r.

解　在随时间缓慢变化的磁场中，粒子磁矩 $\mu = mv_\perp^2/(2B)$ 近似维持不变，据此推得（注意粒子运动速度始终与磁场垂直，成立 $v = v_\perp$）

$$v = \sqrt{\frac{B}{B_0}}v_0, \quad r = \frac{mv}{eB} = \frac{mv_0}{e\sqrt{BB_0}}$$

5.18　有一磁镜装置，磁镜比为 $R_\mathrm{m} = 4$，在磁镜装置中心部位有一各向同性带电粒子源，问从磁镜中逃逸的粒子占多少比例？

解　在磁镜装置中，凡投掷角小于临界值 $\theta_\mathrm{c} = \arcsin(\sqrt{1/R_\mathrm{m}})$ 的粒子将会逃逸. 由题设，粒子源各向同性，即粒子关于投掷角 $\theta\ [\in(0,\pi/2)]$ 等概率分布，以至逃逸粒子所占的比例为

$$\frac{2\pi\int_0^{\theta_\mathrm{c}}\sin\theta\,\mathrm{d}\theta}{2\pi\int_0^{\pi/2}\sin\theta\,\mathrm{d}\theta} = \int_0^{\theta_\mathrm{c}}\sin\theta\mathrm{d}\theta = 1-\cos\theta_\mathrm{c} = 1-\frac{\sqrt{3}}{2}$$

推导中用到

$$\cos\theta_\mathrm{c} = (1-\sin^2\theta_\mathrm{c})^{1/2} = (1-R_\mathrm{m}^{-1})^{1/2} = (1-1/4)^{1/2} = \sqrt{3}/2$$

第 6 章　介质中的静磁场

6.1　长度 10cm 的导线置于均匀磁场中，$\boldsymbol{B}=(2\boldsymbol{e}_x-3\boldsymbol{e}_y+5\boldsymbol{e}_z)\text{T}$．此线载有电流 3A，流动方向与 $(-\boldsymbol{e}_x+4\boldsymbol{e}_y+3\boldsymbol{e}_z)$ 平行，求磁场作用于导线上的总力 $\boldsymbol{F}$.

解　设沿电流方向的单位矢量为 $\boldsymbol{e}_I$，则载流导线所受的磁力为

$$\boldsymbol{F}=Il\boldsymbol{e}_I\times\boldsymbol{B}=3\times0.1\times\frac{-\boldsymbol{e}_x+4\boldsymbol{e}_y+3\boldsymbol{e}_z}{|-\boldsymbol{e}_x+4\boldsymbol{e}_y+3\boldsymbol{e}_z|}\times(2\boldsymbol{e}_x-3\boldsymbol{e}_y+5\boldsymbol{e}_z)$$
$$=(1.706\boldsymbol{e}_x+0.647\boldsymbol{e}_y-0.294\boldsymbol{e}_z)\ (\text{N})$$

6.2　惠斯通电桥由边长为 a 的正方形构成（习题 6.2 图），它被放在磁场 $\boldsymbol{B}$ 中，$\boldsymbol{B}$ 平行于电桥所在平面并与包含检流计的支路平行，流入电桥的总电流是 I.

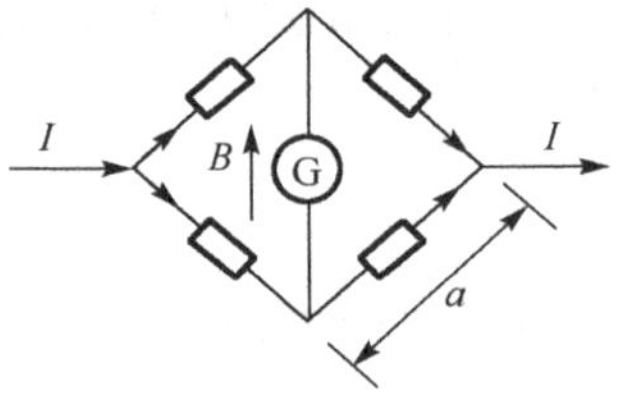

习题 6.2 图

（1）作用在电桥上的净力 $\boldsymbol{F}$ 是多少？

（2）此解答是否依赖于电桥平衡？

解　（1）输入电桥的电流 I 分为两支，电流分别设为 I_1 和 I_2，满足 $I=I_1+I_2$；流出电桥的电流 I 来自电桥的两个支路，电流分别设为 I_3 和 I_4，满足 $I=I_3+I_4$．这四个电流所受的力大小分别为

$$F_1=I_1aB\sin45^\circ=(\sqrt{2}/2)I_1aB,\quad F_2=(\sqrt{2}/2)I_2aB$$
$$F_3=(\sqrt{2}/2)I_3aB,\quad F_4=(\sqrt{2}/2)I_4aB$$

方向均垂直纸面向外；含检流计的支路与 $\boldsymbol{B}$ 平行，其电流受力为 0.于是作用在电桥上的净力为

$$F=\sqrt{2}(I_1+I_2+I_3+I_4)aB/2=\sqrt{2}IaB$$

方向垂直纸面向外.

（2）与电桥是否平衡无关.

6.3　一个半径为 R、载有电流 I 的圆形回路处于一恒定磁场 $\boldsymbol{B}$ 中，$\boldsymbol{B}$ 垂直于回路平面，与电流满足右手螺旋关系.

（1）求圆导线内部的张力；

（2）若 $I=7.0\text{A}$， $R=5.0\times10^{-2}\text{m}$， $B=1.0\text{Wb}\cdot\text{m}^{-2}$，计算张力的大小.

解　（1）在圆形回路上取弧元 $\mathrm{d}l=R\mathrm{d}\theta$，其所受磁力为 $\mathrm{d}F=I\mathrm{d}lB=IBR\mathrm{d}\theta$，方向垂直于弧元并背离圆心. 设导线内部张力为 T，则作用于弧元两端张力之合力指向圆心，与上述磁力平衡：

$$\mathrm{d}F=2T\sin\left(\frac{\mathrm{d}\theta}{2}\right)\quad\Rightarrow\quad IBR\mathrm{d}\theta=T\mathrm{d}\theta\quad\Rightarrow\quad T=IRB$$

（2）$T=IRB=7.0\times5.0\times10^{-2}\times1.0=0.35\ (\text{N})$

6.4　一段导线弯成习题 6.4 图所示的形状，它的质量为 m. 上面水平一段长为 l，处在均匀磁场中，磁感应强度 $\boldsymbol{B}$ 与导线垂直. 导线下面两端分别插在两个浅水银槽里，并通过水银槽与一带开关 K 的外电源连接. 当 K 一接通，导线便从水银槽里跳起来.

（1）设跳起来的高度为 h，求通过导线的电量 q；

（2）当 $m=10\text{g}$，$l=20\text{cm}$，$h=2.0\text{m}$，$B=0.10\text{T}$ 时，求 q 的值.

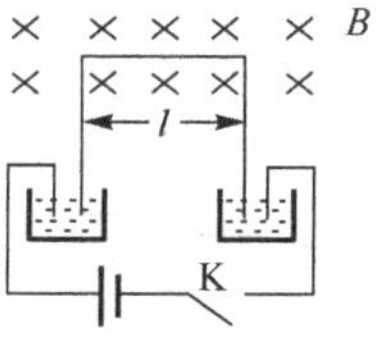

习题 6.4 图

解　（1）导线所受安培力为 $F=IlB$. 在导线离开水银槽前 $F\mathrm{d}t=m\mathrm{d}v$

$$\int IlB\,\mathrm{d}t=\int m\mathrm{d}v\quad\Rightarrow\quad qlB=mv\quad\Rightarrow\quad q=mv/(lB)$$

导线离开水银槽后跳跃高度为 h，成立 $mgh=mv^2/2$，得 $v=\sqrt{2gh}$，于是有

$$q=mv/(lB)=m\sqrt{2gh}/(lB)$$

（2）由题给出的数据，算得 $q=\dfrac{0.01}{0.2\times0.1}\sqrt{2\times9.8\times2}=3.1\ (\text{C})$.

6.5　如习题 6.5 图所示，斜面上放有一木制圆柱，圆柱质量 m 为 0.25kg，半径为 R，长 l 为 10cm. 圆柱上绕有 10 匝导线，导线回路平面与斜面平行且通过圆柱轴. 设斜面倾角为 θ，一均匀磁场竖直向上，磁感应强度 B 为 0.50T. 问通过回路的电流 I 至少有多大，圆柱体才不至沿斜面向下滚动？

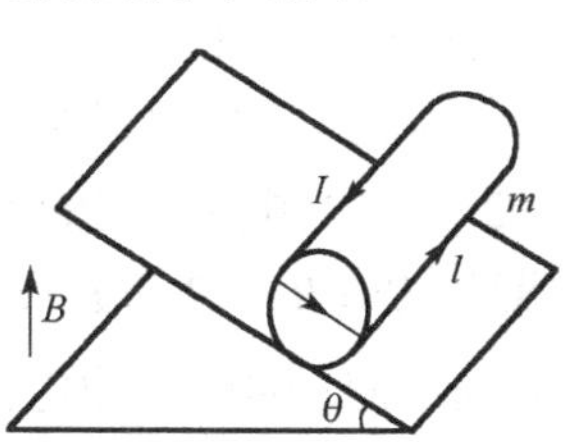

习题 6.5 图

解　木制圆柱受到重力、斜面施加的摩擦力和压力，绕在圆柱上的载流线圈受到磁力. 为分析防止圆柱向下滚动的条件，需要分析木制圆柱所受的力矩. 取圆柱与斜面的切触线为参考线，计算圆柱所受的力矩. 显然，由斜面提供的摩擦力和压力对力矩没有贡献，重力则贡献力矩 $mgR\sin\theta$. 在该力矩作用下，圆柱将向下滚动. 此外，载流线圈的磁矩的大小为 $NIS = 2NIRl$，方向与斜面垂直，因而受到一个磁力矩 $2NIRlB\sin\theta$，该力矩的作用是阻止圆柱向下滚动. 因此，为防止圆柱向下滚动，要求磁力矩不低于重力矩，即

$$2NIRlB\sin\theta \geqslant mgR\sin\theta \quad \Rightarrow \quad I \geqslant mg/(2NlB)$$

从中求得维持圆柱平衡所需的最小电流强度：

$$I_{\min} = \frac{mg}{2NlB} = \frac{0.25\times 9.8}{2\times 10\times 0.1\times 0.5} = 2.5\ (\text{A})$$

6.6　如习题 6.6 图所示，一平面塑料圆盘，半径为 R，表面带有面密度为 σ 的电荷. 假定圆盘绕其轴线 AA' 以角速度 ω 转动，磁场 $\boldsymbol{B}$ 的方向垂直于转轴 AA'. 试证磁场作用于圆盘的力矩大小为 $L = \pi\sigma\omega R^4 B/4$.

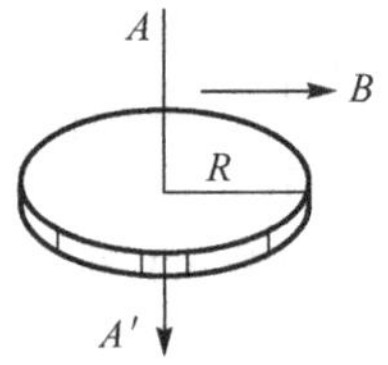

习题 6.6 图

证　先求圆盘的磁矩

$$m = \int_0^R \pi r^2\,\mathrm{d}I = \int_0^R \pi r^2\sigma\omega r\,\mathrm{d}r = \pi\sigma\omega\int_0^R r^3\,\mathrm{d}r = \pi\sigma\omega R^4/4$$

方向沿圆盘轴线；又 $\boldsymbol{B}$ 与轴线垂直，故作用于圆盘的力矩大小为 $L = mB = \pi\sigma\omega R^4 B/4$，证毕.

***6.7**　电流 I 沿半径为 a 的导体圆柱壳均匀分布，通过圆柱轴将导体壳劈成两半，求两部分单位长度的吸力.

解　取圆柱坐标（r,ϕ,z），z 轴沿圆柱轴线，$\phi=0$ 对应 x 轴，$\phi=\pi/2$ 对应 y 轴. 在圆柱壳内（$r<a$），磁场 $B_t=0$；在圆柱壳外（$r>a$），可利用对称性和安培环路定理求磁场，结果为 $B_t=\mu_0 I/(2\pi r)$. 在圆柱壳表面，该磁场为 $B_t=\mu_0 I/(2\pi a)=\mu_0 i$，$i$ 为圆柱壳的面电流密度. 为计算某面电流元 $i\mathrm{d}S$ 所受的磁力，必须从总磁场 B_t 中减去面电流元贡献，后者的大小为 $B_1=\mu_0 i/2$，壳内侧和外侧的 B_1 符号相反. 将 B_1 从总磁场 B_t 中减去之后，求得面电流元所在位置的 $B=B_t-B_1=\mu_0 i/2$. 此外，将全部面电流元所受之力叠加之后，合力为吸力，沿 y 轴方向. 因此，面电流元所受之力应事先投影至 y 轴方向，即乘以 $\sin\phi$，然后叠加：

$$F = \iint iB\sin\phi \mathrm{d}S = \int_0^1 \mathrm{d}z \int_0^{\pi} iBa\sin\phi \mathrm{d}\phi = \mu_0 i^2 a = \frac{\mu_0 I^2}{4\pi^2 a}$$

6.8　顺磁质分子的磁矩和玻尔磁矩 $m_B = eh/(4\pi m_e)$ 同量级. 设顺磁质温度为 T=300K，磁感应强度 B=1T，问 kT 是 $m_B B$ 的多少倍？（h = 6.626×10^{-34} J·s^{-1}，e = 1.602×10^{-19} C，$m_e = 9.11\times10^{-31}$ kg，$k = 1.38\times10^{-23}$ J·K^{-1}）

解　将有关数据代入，求得这一比值等于

$$\frac{kT}{m_B B} = \frac{4\pi\times9.11\times10^{-31}\times1.38\times10^{-23}\times300}{1.602\times10^{-19}\times6.626\times10^{-34}\times1} = 446$$

6.9　一无限长的直圆柱形铜导线外包一层磁导率为 μ 的圆筒形磁介质，导线半径为 R_1，磁介质的外半径为 R_2，导线内有均匀分布的电流 I 通过.

（1）求导线内、介质内和介质外的磁场强度和磁感应强度的分布；

（2）求介质内、外表面的磁化面电流密度.

解　（1）取圆柱坐标（r,ϕ,z）. 由对称性，可判断磁场沿 ϕ 方向，大小只与 r 有关. 取半径为 r 的圆回路，圆心位于 z 轴上，圆面与 z 轴垂直，运用安培环路定理可求得各区磁场.

$$2\pi rH(r<R_1) = j\cdot\pi r^2 \quad\Rightarrow\quad H(r<R_1) = \frac{Ir}{2\pi R_1^2},\ B(r<R_1) = \frac{\mu_0 Ir}{2\pi R_1^2}$$

$$2\pi rH(R_1<r<R_2) = I \quad\Rightarrow\quad H(R_1<r<R_2) = \frac{I}{2\pi r},\quad B(R_1<r<R_2) = \frac{\mu I}{2\pi r}$$

$$2\pi rH(r>R_2) = I \quad\Rightarrow\quad H(r>R_2) = \frac{I}{2\pi r},\quad B(r>R_2) = \frac{\mu_0 I}{2\pi r}$$

（2）求介质内、外表面磁化电流分布（z 轴指向电流正向）

$$i_{内} = M(R_1) = \frac{(\mu-\mu_0)}{\mu_0}H(R_1) = \frac{(\mu-\mu_0)I}{2\pi\mu_0 R_1}$$

$$i_{外} = -M(R_2) = -\frac{(\mu-\mu_0)}{\mu_0}H(R_2) = -\frac{(\mu-\mu_0)I}{2\pi\mu_0 R_2}$$

6.10　一抗磁质小球的质量为 0.10g，密度 ρ=9.8g·cm^{-3}，磁化率为 $\chi_m = -1.82\times10^{-4}$，放在一个半径 R = 10cm 的圆线圈的轴线上且距圆心为 l = 10cm 处（习题 6.10 图）. 线圈中载有电流 I=100A. 求电流作用在这小球上力的大小和方向.

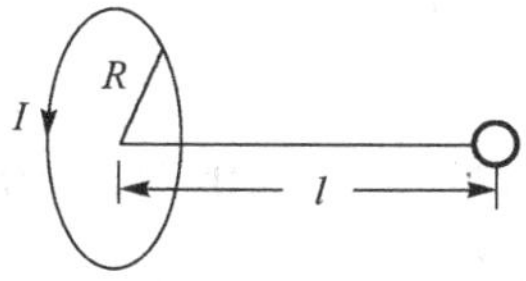

习题 6.10 图

解　以圆心为原点，z 轴与线圈平面垂直，与电流方向呈右手螺旋关系. 线圈电流在 z 轴上产生的磁场为

$$B(z)=\frac{\mu_0 I R^2}{2(R^2+z^2)^{3/2}}$$

其方向沿 z 轴正向. 在小球的磁化率远小于 1 的情况下，可略去小球磁化电流对球内磁场的影响，即小球内的磁场近似等于外场 $B(l)$，据此求得小球内的磁化强度为

$$M=\chi_m H(l)\approx\chi_m\frac{B(l)}{\mu}=\chi_m\frac{B(l)}{\mu_0(1+\chi_m)}\approx\frac{\chi_m B(l)}{\mu_0}$$

设 m_0 为小球质量，ρ 为小球密度，则小球体积为 $V=m_0/\rho$，小球磁矩为

$$m=MV=\frac{\chi_m B(l)m_0}{\mu_0\rho}$$

$m>0$ 表示磁矩沿 z 轴正向. 小球受力 $\boldsymbol{F}=(\boldsymbol{m}\cdot\nabla)\boldsymbol{B}=m\,\mathrm{d}B/\mathrm{d}z\boldsymbol{e}_z$，即

$$F=\frac{\chi_m B(l)m_0}{\mu_0\rho}\frac{\mathrm{d}}{\mathrm{d}z}\left(\frac{\mu_0 I R^2}{2(R^2+z^2)^{3/2}}\right)\Bigg|_{z=l}=-\frac{3\chi_m m_0\mu_0 I^2 R^4 l}{4\rho(R^2+l^2)^4}$$

将题给出的数据代入，求得

$$F=-\frac{3\times(-1.82\times10^{-4})\times10^{-4}\times4\pi\times10^{-7}\times100^2\times0.1^4\times0.1}{4\times9.8\times10^3\times(0.1^2+0.1^2)^4}=1.1\times10^{-12}\ (\mathrm{N})$$

沿 z 轴正向，为排斥力.

6.11　螺绕环的导线内通有电流 20A. 利用冲击电流计测得环内磁感应强度的大小是 $1.0\mathrm{Wb\cdot m^{-2}}$. 已知环的周长是 40cm，绕有导线 400 匝. 计算

（1）磁场强度；

（2）磁化强度；

（3）磁化率；

（4）磁化面电流和相对磁导率.

解　（1）螺绕环中磁场强度为

$$H=nI=\frac{N}{l}I=\frac{400}{0.4}\times20=2\times10^4\ (\mathrm{A\cdot m^{-1}})$$

（2）螺绕环中的磁化强度为

$$M=\frac{B}{\mu_0}-H=\frac{1}{4\pi\times10^{-7}}-2\times10^4=7.76\times10^5\ (\mathrm{A\cdot m^{-1}})$$

（3）磁化率为

$$\chi_m=M/H=7.76\times10^5/(2\times10^4)=38.8$$

（4）磁化面电流和相对磁导率

$$i=M=7.76\times10^5\,\mathrm{A\cdot m^{-1}},\quad \mu_r=1+\chi_m=1+38.8=39.8$$

6.12　一半径为 a 的无限长磁介质圆柱，磁导率为 μ，柱外为真空，沿圆柱轴有一线电流 I，求磁介质中的磁场强度和磁感应强度以及磁介质圆柱表面的束缚电流分布.

解　取圆柱坐标（r,ϕ,z），z 轴沿介质圆柱轴. 由对称性，可判断磁场沿 ϕ 方向，大小仅与 r 有关. 利用安培环路定理，可求得磁介质内的磁场表达式如下

$$2\pi rH = I \quad \Rightarrow \quad H = \frac{I}{2\pi r}, \quad B = \frac{\mu I}{2\pi r}$$

磁介质圆柱表面的束缚电流面密度为

$$i' = -M(r=a) = -\frac{(\mu-\mu_0)I}{2\pi\mu_0 a}$$

6.13　在空气（相对磁导率 $\mu_r = 1$）和软铁（$\mu_r = 7000$）的交界面上，软铁上的磁感应强度 $\boldsymbol{B}$ 与交界面法线的夹角为 85°，求空气中磁感应强度与交界面法线的夹角.

解　用下标 1 表示空气一侧，θ_1 表示 1 侧磁感应线与界面法线的夹角；用下标 2 表示软铁一侧，θ_2 表示 2 侧磁感应线与界面法线的夹角，$\theta_2 = 85°$. 在交界面上，列出切向磁场强度连续和法向磁感应强度连续的条件如下

$$\mu_{r1}^{-1}B_1\sin\theta_1 = \mu_{r2}^{-1}B_2\sin\theta_2$$
$$B_1\cos\theta_1 = B_2\cos\theta_2$$

两式相除得

$$\tan\theta_1 = \frac{\mu_{r1}}{\mu_{r2}}\tan\theta_2 = \frac{1\times\tan 85°}{7000} = 1.633\times10^{-3} \quad \Rightarrow \quad \theta_1 = 0.09356° = 5.6'$$

***6.14**　如习题 6.14 图所示，一半无限大磁导率为 μ_1 的磁介质表面放一磁导率为 μ_2 的无限长磁介质半圆柱，半径为 a. 设在 A、B 两处置入反向直线电流 I，电流方向与圆柱轴平行. 求空间磁感应强度的分布.

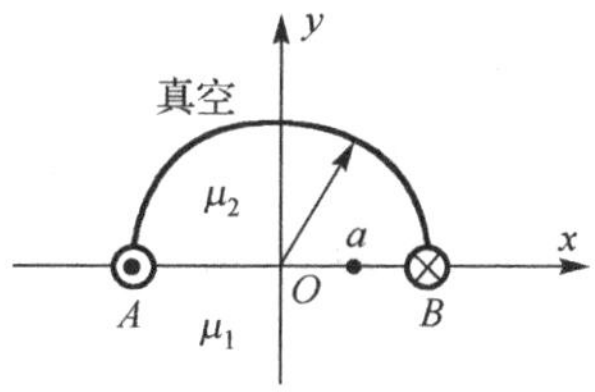

习题 6.14 图

解　不难看出，本题属于介质界面与磁感应线垂直的情况. 对于这种情况，先去掉介质，计算位于 A、B 两处的反向直线电流在真空中的磁场，其结果为

$$B_{0x} = \frac{\mu_0 I}{2\pi}\left(\frac{-y}{(x+a)^2+y^2} + \frac{y}{(x-a)^2+y^2}\right)$$

$$B_{0y} = \frac{\mu_0 I}{2\pi}\left(-\frac{x-a}{(x-a)^2+y^2} + \frac{x+a}{(x+a)^2+y^2}\right)$$

实际磁感应强度为 $\boldsymbol{B}=\alpha\boldsymbol{B}_0$，乘子 α 由下式决定

$$\alpha=I\left(\oint_L\frac{1}{\mu}\boldsymbol{B}_0\cdot\mathrm{d}\boldsymbol{l}\right)^{-1}$$

式中，L 为围绕直线电流 I 的某个闭合回路. 回路相继穿越介质 1、介质 2 和真空，相应回路分为 3 段：L_1、L_2 和 L_3，分别位于介质 1、介质 2 和真空中. 于是，上式中的积分化为

$$\oint_L\frac{1}{\mu}\boldsymbol{B}_0\cdot\mathrm{d}\boldsymbol{l}=\frac{1}{\mu_1}\int_{L_1}\boldsymbol{B}_0\cdot\mathrm{d}\boldsymbol{l}+\frac{1}{\mu_2}\int_{L_2}\boldsymbol{B}_0\cdot\mathrm{d}\boldsymbol{l}+\frac{1}{\mu_0}\int_{L_3}\boldsymbol{B}_0\cdot\mathrm{d}\boldsymbol{l}$$

可以证明（证明提示：首先利用介质界面与磁感应线垂直的性质，证明沿 $L_i(i=1,2,3)$ 的积分与 L_i 的选择无关；然后选择一个十分靠近直线电流 I 的回路，并利用 I 邻域内磁场的对称性，去完成下述结论的证明）

$$\oint_L\boldsymbol{B}_0\cdot\mathrm{d}\boldsymbol{l}=2\int_{L_1}\boldsymbol{B}_0\cdot\mathrm{d}\boldsymbol{l}=4\int_{L_2}\boldsymbol{B}_0\cdot\mathrm{d}\boldsymbol{l}=4\int_{L_3}\boldsymbol{B}_0\cdot\mathrm{d}\boldsymbol{l}=\mu_0 I$$

于是有

$$\oint_L\frac{1}{\mu}\boldsymbol{B}_0\cdot\mathrm{d}\boldsymbol{l}=\frac{\mu_0 I}{2\mu_1}+\frac{I}{4}+\frac{\mu_0 I}{4\mu_2}=\frac{(2\mu_2\mu_0+\mu_1\mu_0+\mu_1\mu_2)I}{4\mu_1\mu_2}$$

从而最终求得乘子 α 和磁感应强度分布如下

$$\alpha=\frac{4\mu_1\mu_2}{2\mu_2\mu_0+\mu_1\mu_0+\mu_1\mu_2}$$

$$B_x=\frac{2\mu_1\mu_2\mu_0 Iy}{\pi(2\mu_2\mu_0+\mu_1\mu_0+\mu_1\mu_2)}\left(\frac{1}{(x-a)^2+y^2}-\frac{1}{(x+a)^2+y^2}\right)$$

$$B_y=\frac{2\mu_1\mu_2\mu_0 I}{\pi(2\mu_2\mu_0+\mu_1\mu_0+\mu_1\mu_2)}\left(\frac{x+a}{(x+a)^2+y^2}-\frac{x-a}{(x-a)^2+y^2}\right)$$

***6.15**　在一理想导体平面上方的真空中有一圆载流线圈，线圈平面与导体平面平行，相距为 d. 设线圈电流为 I，半径为 a，求圆线圈轴线上磁感应强度的分布. 当 $a\ll d$ 时，求圆线圈所受的浮力.

解　采用直角坐标，原点位于导体表面，z 轴与导体平面垂直，并通过线圈中心. 利用磁像法，视理想导体为理想抗磁质，像电流为位于 $z=-d$、半径为 a 的线圈电流，其电流强度大小为 I，但方向与原线圈电流相反. 导体上方的磁场由这两个线圈电流产生. 其中，沿 z 轴的磁感应强度只有 z 分量，其表达式如下

$$B_z=\frac{\mu_0 a^2 I}{2}\left(\frac{1}{[a^2+(z-d)^2]^{3/2}}-\frac{1}{[a^2+(z+d)^2]^{3/2}}\right)$$

当 $a\ll d$ 时，原线圈可视为磁偶极子，其磁矩 $m=\pi a^2 I$，方向指向 z 轴正向；施力磁场由像电流产生，其表达式为

$$B_e = -\frac{\mu_0 a^2 I}{2[a^2 + (z+d)^2]^{3/2}}$$

线圈所受的浮力为

$$F = m\frac{\mathrm{d}B_e}{\mathrm{d}z} = -\pi a^2 I\left[\frac{\mathrm{d}}{\mathrm{d}z}\left(\frac{\mu_0 a^2 I}{2[a^2 + (z+d)^2]^{3/2}}\right)\right]_{z=d} = \frac{3\mu_0 \pi I^2 a^4 d}{[a^2 + 4d^2]^{5/2}} \approx \frac{3\mu_0 \pi I^2 a^4}{32 d^4}$$

***6.16**　一无穷长直载流导线和一无穷长磁介质圆柱平行，导线和圆柱轴的距离为 d，电流为 I，介质圆柱半径为 a，磁导率为 μ，求单位长度导线上所受的力.

解　将坐标原点取在圆柱轴上，x 轴指向载流导线，利用磁像法，像电流为 I' 和 I'_0，I' 位于 $x = b = a^2/d$，I'_0 位于原点，两个像电流强度分别等于

$$I' = \frac{\mu - \mu_0}{\mu + \mu_0} I, \quad I'_0 = -I'$$

在电流 I 所在位置，两像电流产生的磁场为

$$B = \frac{\mu_0 I'}{2\pi(d-b)} + \frac{\mu_0 I'_0}{2\pi d} = \frac{\mu_0(\mu - \mu_0) I a^2}{2\pi(\mu + \mu_0)(d^2 - a^2) d}$$

该磁场与电流 I 垂直，导线单位长度受的斥力为

$$F = IB = \frac{\mu_0(\mu - \mu_0) I^2 a^2}{2\pi(\mu + \mu_0)(d^2 - a^2) d}$$

6.17　已知一个电磁铁由绕有 N 匝载流线圈的 C 形铁片（$\mu \gg \mu_0$）所构成（习题 6.17 图）. 如果电磁铁的横截面积为 A，电流为 I，空隙宽度为 d，C 形铁片各边的长度同为 l，求空隙中的磁感应强度.

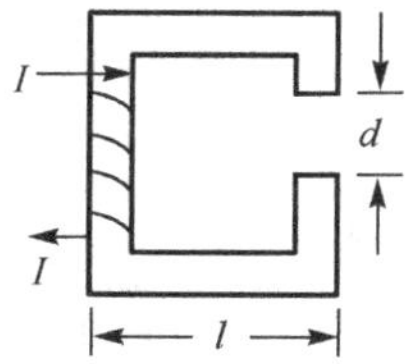

习题 6.17 图

解　磁路方程如下：

$$NI = \Phi_B(R_{m1} + R_{m2}), \quad R_{m1} = \frac{4l - d}{\mu A}, \quad R_{m2} = \frac{d}{\mu_0 A}, \quad \Phi_B = B \cdot A$$

解得空隙中的磁感应强度

$$B = \frac{\mu \mu_0 NI}{(\mu - \mu_0)d + 4\mu_0 l}$$

6.18 请你设计一块磁铁（使用最少量的铜），使得在横截面积为 1m×2m，长为 0.1m 的气隙中产生 10^4G 的磁场. 假定铁芯的磁导率很高，计算所消耗的功率与所需铜的质量，以及磁铁两磁极之间的引力（已知铜的电阻率是 $2\times10^{-6}\Omega\cdot$cm，密度是 $8\text{g}\cdot\text{cm}^{-3}$，容许通过的最大电流密度是 $1000\text{A}\cdot\text{cm}^{-2}$）.

解 由题设，铁芯的磁导率很高，其磁阻可以忽略，只需考虑气隙磁阻，磁路方程简化为

$$NI = \Phi_B R_\text{m} \approx \frac{Bd}{\mu_0}$$

式中，d 为气隙长度.

绕铁心横截面一周的长度为 $l = 2\cdot(1+2) = 6\,\text{m}$，则 N 匝线圈需要用去的铜线的总长度为 $L = Nl$. 又设铜线的截面积为 S，则允许通过的最大电流强度为 $I = j_\text{m}S$，其中 j_m 为铜线允许通过的最大电流密度. 将 $N = L/l$ 和 $I = j_\text{m}S$ 代入磁路方程得

$$\frac{L}{l}\cdot j_\text{m}S = \frac{Bd}{\mu_0} \quad \Rightarrow \quad V = \frac{lBd}{\mu_0 j_\text{m}}$$

式中，V 为线圈用铜的体积，由题给数据，可算出所需铜的总质量为（ρ_0 为铜的密度）

$$M = \rho_0 V = \frac{\rho_0 lBd}{\mu_0 j_\text{m}} = \frac{8\times10^3\times6\times1\times0.1}{4\pi\times10^{-7}\times10^7} = 3.8\times10^2(\text{kg})$$

铜线所消耗的功率为

$$P = I^2R = (j_\text{m}\cdot S)^2\rho\frac{L}{S} = j_\text{m}^2\rho V = \frac{j_\text{m}^2\rho M}{\rho_0}$$

$$= \frac{(10^7)^2\times2\times10^{-8}\times3.8\times10^2}{8\times10^3} = 9.5\times10^4\ (\text{W})$$

磁芯的磁导率很高，有 $B\approx\mu_0 M$，于是磁极之间的吸引力为（$A = 1\text{m}\times2\text{m}$ 为气隙截面面积）

$$F = \frac{\mu_0 M^2 A}{2} = \frac{B^2A}{2\mu_0} = \frac{1^2\times1\times2}{2\times4\pi\times10^{-7}} = 8.0\times10^5\ (\text{N})$$

6.19 如习题 6.19 图所示，设 $L = 20\text{cm}$，$L_\text{g} = 0.5\text{cm}$，$\mu_\text{r} = 1200$，磁动势 $\mathscr{E}_\text{m} = 597\text{A}$，求通过气隙的磁感应强度.

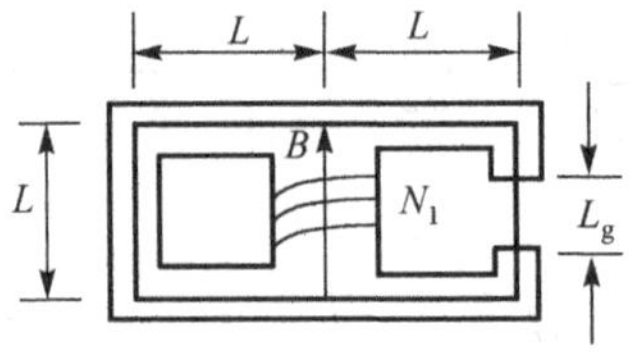

习题 6.19 图

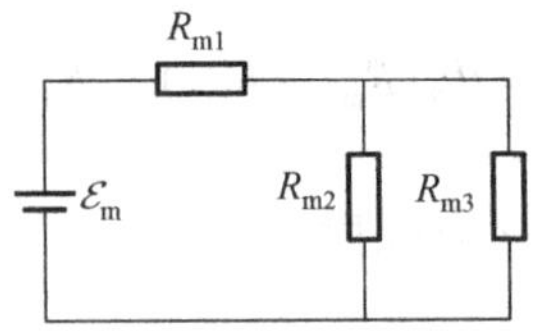

图 6.19a

解　其等效磁路如图 6.19a 所示，

$$R_{m1}=\frac{L}{\mu_r\mu_0 S},\quad R_{m2}=\frac{3L}{\mu_r\mu_0 S},\quad R_{m3}=\frac{3L-L_g}{\mu_r\mu_0 S}+\frac{L_g}{\mu_0 S}=\frac{3L-L_g+\mu_r L_g}{\mu_r\mu_0 S}$$

由 R_{m2} 和 R_{m3} 并联得到的磁阻等于

$$R_m=\frac{R_{m2}\cdot R_{m3}}{R_{m2}+R_{m3}}=\frac{3L[3L+(\mu_r-1)L_g]}{\mu_r\mu_0 S[6L+(\mu_r-1)L_g]}$$

由此可求得加在气隙支路的磁势降为

$$U_m=\frac{\mathcal{E}_m R_m}{R_m+R_{m1}}=\frac{3\mathcal{E}_m[3L+(\mu_r-1)L_g]}{15L+4(\mu_r-1)L_g}$$

故通过气隙支路的磁通为

$$\Phi_B=\frac{U_m}{R_{m3}}=\frac{3\mu_r\mu_0 S\mathcal{E}_m}{15L+4(\mu_r-1)L_g}$$

相应通过气隙的磁感应强度等于

$$B=\frac{\Phi_B}{S}=\frac{3\mu_r\mu_0\mathcal{E}_m}{15L+4(\mu_r-1)L_g}=\frac{3\times1200\times4\pi\times10^{-7}\times597}{15\times0.2+4\times(1200-1)\times0.005}=0.1\ (\mathrm{T})$$

***6.20**　一长铁芯沿轴向插入一长螺线管内，铁芯由两节拼凑而成，求两节之间的吸力. 设螺线管单位长度匝数为 n，电流为 I，铁芯截面积为 S，磁导率为 μ.

解　两节铁芯界面上磁荷面密度的大小为

$$\sigma_m=\mu_0 M=(\mu-\mu_0)H=(\mu-\mu_0)nI$$

据此求得两节铁芯之间的吸力为

$$F=\frac{\sigma_m^2 S}{2\mu_0}=\frac{n^2I^2(\mu-\mu_0)^2 S}{2\mu_0}$$

***6.21**　一圆柱形永磁铁，直径 10mm，长 100mm，均匀磁化后磁极化强度 $J=1.20\,\mathrm{Wb\cdot m^{-2}}$.

（1）求它两端的磁极强度（即总磁荷量）；

（2）求它的磁矩；

（3）求磁铁中心处的磁场强度 H 和磁感应强度 B. 此外，$\boldsymbol{H}$ 和 $\boldsymbol{B}$ 的方向有什么关系？

解　（1）磁极强度（总磁荷量）：

$$q_m=\pi r^2 J=3.142\times0.005^2\times1.2=9.4\times10^{-5}(\mathrm{Wb})$$

（2）永磁铁的磁矩为

$$m=MV=\frac{J\pi r^2 L}{\mu_0}=\frac{1.20\times0.005^2\times0.1}{4\times10^{-7}}=7.5\ (\mathrm{A\cdot m^2})$$

（3）利用教材 2.5 节例 2.3 关于均匀极化电介质圆棒在轴线上的电场的结果

$$\boldsymbol{E} = -\frac{\boldsymbol{P}}{2\varepsilon_0}(2-\cos\theta_1-\cos\theta_2)$$

以及静电场解和静磁场解之间的对应关系（参见教材 6.8 节），可推得永磁铁在磁铁中心处的磁场为

$$\boldsymbol{H} = -\frac{\boldsymbol{J}}{\mu_0}(1-\cos\theta)$$

式中，θ 为磁铁中心与端面边沿连线与轴线之间的夹角

$$\cos\theta = \frac{L/2}{\sqrt{(L/2)^2+r^2}} = \frac{L}{\sqrt{L^2+4r^2}}$$

将题给数据代入，最终算得磁铁中心的磁场强度和磁感应强度分别为

$$H = -\frac{J}{\mu_0}\left(1-\frac{L}{\sqrt{L^2+4r^2}}\right)$$

$$= -\frac{1.2}{4\pi\times10^{-7}}\times\left(1-\frac{0.1}{\sqrt{0.1^2+4\times0.005^2}}\right) = -4.739\times10^3(\mathrm{A\cdot m^{-1}})$$

$$B = \mu_0 H + J = 4\pi\times10^{-7}\times(-4.739\times10^3)+1.2 = 1.194(\mathrm{T})$$

B 与 H 的符号相反，亦即 $\boldsymbol{B}$ 与 $\boldsymbol{H}$ 的方向相反.

***6.22**　（1）一圆磁盘半径为 R，厚度为 l，片的两面均匀分布着磁荷，面密度分别为 σ_m 和 $-\sigma_m$（习题 6.22 图）. 求轴线上离圆心为 x 处的磁场强度 $\boldsymbol{H}$.

（2）此磁盘的磁偶极矩 $\boldsymbol{p}_m$ 和磁矩 $\boldsymbol{m}$ 为多少？

（3）试证明，当 $l \ll R$ 时，磁盘外轴线上的磁场分布与一个磁矩和半径相同的电流环所产生的磁场一样.

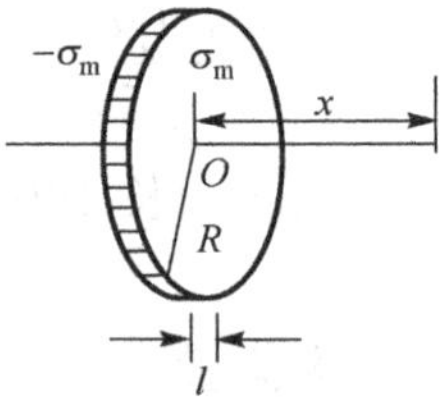

习题 6.22 图

解　（1）取直角坐标，原点位于磁盘中心，x 轴与磁盘面垂直，正磁荷面位于 $x=l/2$，它对考察点处磁场强度的 x 分量的贡献为

$$H_+ = \frac{1}{4\pi\mu_0}\int_0^{2\pi}\mathrm{d}\theta\int_0^R\frac{(x-l/2)\sigma_m r\mathrm{d}r}{[r^2+(x-l/2)^2]^{3/2}} = \frac{(x-l/2)\sigma_m}{2\mu_0}\int_0^R\frac{r\mathrm{d}r}{[r^2+(x-l/2)^2]^{3/2}}$$

$$= \frac{\sigma_m}{2\mu_0}\left(1-\frac{x-l/2}{\sqrt{R^2+(x-l/2)^2}}\right)$$

负磁荷面位于 $x=-l/2$，它对考察点处磁场强度的 x 分量的贡献为

$$H_{-}=-\frac{\sigma_{\mathrm{m}}}{2\mu_0}\left(1-\frac{x+l/2}{\sqrt{R^2+(x+l/2)^2}}\right)$$

将两部分相加，求得总磁场强度

$$H=H_{+}+H_{-}=\frac{\sigma_{\mathrm{m}}}{2\mu_0}\left(\frac{x+l/2}{\sqrt{R^2+(x+l/2)^2}}-\frac{x-l/2}{\sqrt{R^2+(x-l/2)^2}}\right)$$

方向向右，即沿 x 轴正向.

（2）磁盘的磁偶极矩和磁矩分别为

$$p_{\mathrm{m}}=\pi R^2\cdot\sigma_{\mathrm{m}}l=\sigma_{\mathrm{m}}\pi R^2 l,\quad m=\frac{p_{\mathrm{m}}}{\mu_0}=\frac{\sigma_{\mathrm{m}}\pi R^2 l}{\mu_0}$$

方向向右.

（3）当 $l\ll R$ 时，将上述磁场强度表达式作泰勒展开，保留至 l/R 的一级小量，得

$$\begin{aligned}H&=\frac{\sigma_{\mathrm{m}}}{2\mu_0}\left(\frac{x+l/2}{\sqrt{R^2+x^2+xl}}-\frac{x-l/2}{\sqrt{R^2+x^2-xl}}\right)\\&\approx\frac{\sigma_{\mathrm{m}}}{2\mu_0}\frac{1}{\sqrt{R^2+x^2}}\left[\left(x+\frac{l}{2}\right)\left(1-\frac{xl}{2(R^2+x^2)}\right)-\left(x-\frac{l}{2}\right)\left(1+\frac{xl}{2(R^2+x^2)}\right)\right]\\&=\frac{R^2 l\sigma_{\mathrm{m}}}{2\mu_0(R^2+x^2)^{3/2}}=\frac{m}{2\pi(R^2+x^2)^{3/2}}\end{aligned}$$

而半径为 R 的小电流环的磁场为

$$H=\frac{IR^2}{2(R^2+x^2)^{3/2}}=\frac{m}{2\pi(R^2+x^2)^{3/2}}$$

与磁盘产生的磁场一样，证毕.

第7章　电磁感应

7.1　（1）电阻为 R 的矩形线圈以常速度 v 进入匀强磁场 B 中（习题 7.1(a)图），求线圈中感应电动势和线圈所受的力.

（2）如果矩形线圈以常速度 v 离开载有稳恒电流 I 的长直导线（习题 7.1(b)图），求矩形线圈中的感应电动势.

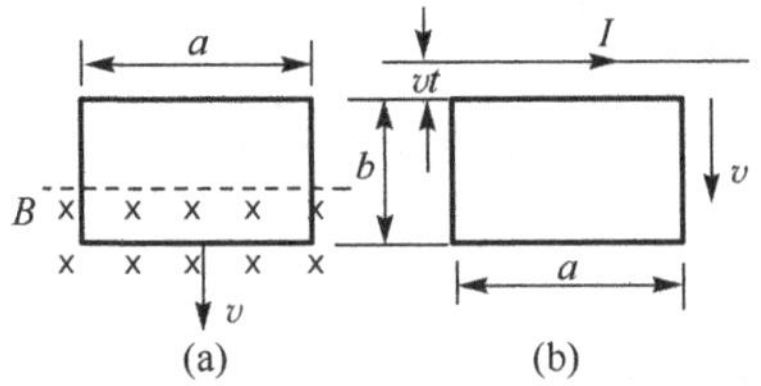

习题 7.1 图

解　（1）线圈中的感应电动势为 $\mathcal{E}=vBa$，方向为逆时针. 该电动势在线圈中产生逆时针感应电流，电流强度为 $I=\mathcal{E}/R=vBa/R$. 该线圈所受的磁力等于其进入磁场区的长度为 a 的横边所受的安培力 $F=-IaB=-vB^2a^2/R$，右边的负号表示受力的方向与线圈运动方向相反.

（2）电流强度为 I 的长直载流导线产生的磁场为 $B=\mu_0 I/(2\pi r)$，r 为离载流导线的距离. 设矩形线圈紧靠载流导线一边离导线的距离为 x，则穿过线圈的磁通等于

$$\Phi_B=\iint_S \boldsymbol{B}\cdot \mathrm{d}\boldsymbol{S}=\int_x^{x+b}\frac{\mu_0 I}{2\pi r}\cdot a\,\mathrm{d}r=\frac{\mu_0 Ia}{2\pi}\ln\left(\frac{x+b}{x}\right)$$

磁通方向指向纸面. 规定电动势的方向为顺时针，与磁通方向满足右手定则，得

$$\mathcal{E}=-\frac{\mathrm{d}\Phi_B}{\mathrm{d}t}=-\frac{\mu_0 Ia}{2\pi}\left(\frac{1}{x+b}-\frac{1}{x}\right)\frac{\mathrm{d}x}{\mathrm{d}t}=\frac{\mu_0 Iabv}{2\pi x(x+b)}=\frac{\mu_0 Iab}{2\pi t(vt+b)}$$

7.2　如习题 7.2 图所示，一个半径为 R 的圆线圈绕其直径 PQ 以角速度 ω 匀速转动. 在线圈中心沿 PQ 方向放置一个小磁体，它的磁矩为 $\boldsymbol{\mu}$. 试求在点 P 与 PQ 弧中点 C 之间的那段导线上产生的感应电动势.

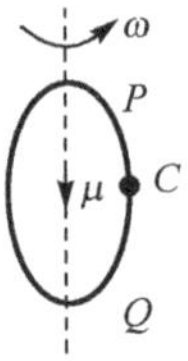

习题 7.2 图

解　取球坐标（r,θ,ϕ），原点位于线圈中心，z 轴与转轴一致. 磁矩为 $\boldsymbol{\mu}=-\mu\boldsymbol{e}_z$ 的小磁体产生的磁场为

$$\boldsymbol{B}=-\frac{\mu_0\mu\cos\theta}{2\pi r^3}\boldsymbol{e}_r-\frac{\mu_0\mu\sin\theta}{4\pi r^3}\boldsymbol{e}_\theta$$

PC 段切割磁力线运动，该段导线上产生的感应电动势等于

$$\begin{aligned}\mathcal{E}_{PC}&=\int_0^{\pi/2}\left[\omega R\sin\theta\boldsymbol{e}_\varphi\times\left(-\frac{\mu_0\mu\cos\theta}{2\pi R^3}\boldsymbol{e}_r-\frac{\mu_0\mu\sin\theta}{4\pi R^3}\boldsymbol{e}_\theta\right)\right]\cdot\boldsymbol{e}_\theta R\mathrm{d}\theta\\&=-\int_0^{\pi/2}\frac{\omega\mu\mu_0\sin\theta\cos\theta}{2\pi R}\mathrm{d}\theta=-\frac{\mu_0\mu\omega}{4\pi R}\end{aligned}$$

负号表示感应电动势（即感应电流）的方向从 C 到 P.

7.3　如习题 7.3 图所示，一正三角形线圈的电阻为 R，边长为 a，以常角速度 ω 绕 AB 轴旋转，均匀磁场 $\boldsymbol{B}$ 与转轴 AB 垂直. 求线圈每两个顶点之间的电势差.

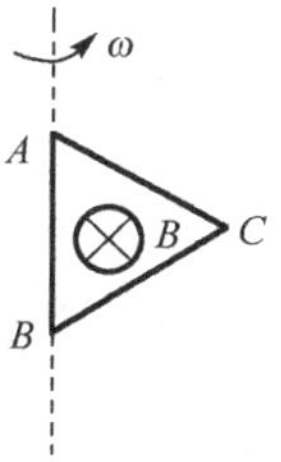

习题 7.3 图

解　取直角坐标（x,y,z），原点位于 AB 轴的中点，z 轴正向自 B 至 A，磁场 $\boldsymbol{B}$ 沿 y 轴正向，θ 为线圈平面法向与 y 轴之间的夹角. 由于线圈刚性旋转，各部分的速度与线圈平面法向一致，亦即速度 v 和磁场 $\boldsymbol{B}$ 之间的夹角也等于 θ. 考察线圈 AC 段的某点 P，该点离 A 点的距离为 l，离 z 轴的距离为 $r=\sqrt{3}l/2$，速度为 $v=\omega r=\sqrt{3}\omega l/2$，则作用在单位正电荷上的非静电力为

$$\boldsymbol{K}=v\times\boldsymbol{B}=-vB\sin\theta\boldsymbol{e}_z$$

将其投影至 AC 方向，应当乘以因子 $\cos 60°=1/2$；然后沿 AC 积分，求得

$$\mathcal{E}_{AC}=\int_A^C(v\times\boldsymbol{B})\cdot\mathrm{d}\boldsymbol{l}=\int_0^a\frac{\sqrt{3}\omega lB\sin\theta}{2}\cdot\frac{1}{2}\mathrm{d}l=\frac{\sqrt{3}\omega B\sin\theta}{4}\int_0^a l\cdot\mathrm{d}l=\frac{\sqrt{3}}{8}B\omega a^2\sin\theta$$

采取类似方式可算得 $\mathcal{E}_{BC}$，区别仅仅在于：在将非静电力场沿 BC 方向投影时，应乘以因子 $\cos 120°=-1/2$，以至算得的 $\mathcal{E}_{BC}$ 与 $\mathcal{E}_{AC}$ 反号，即

$$\mathcal{E}_{BC}=-\mathcal{E}_{AC}=-\frac{\sqrt{3}}{8}B\omega a^2\sin\theta$$

AB 段静止，不会有动生电动势. 回路的总动生电动势为

$$\mathcal{E}=\mathcal{E}_{AC}+\mathcal{E}_{CB}+\mathcal{E}_{BA}=\frac{\sqrt{3}}{4}B\omega a^2\sin\theta$$

由它产生的感应电流为

$$I=\mathcal{E}/R=\frac{\sqrt{3}}{4R}B\omega a^2\sin\theta$$

将欧姆定律 $\rho\boldsymbol{j}=\boldsymbol{E}+\boldsymbol{K}$ 沿某段线圈导线积分，不妨设为 AB 段，可得

$$IR=V_{AB}+\mathcal{E}_{AB}$$

从上式出发，分别求得顶点之间的电势差为（注意正三角形每边的电阻为 $R/3$）

$$V_{AC}=IR/3-\mathcal{E}_{AC}=\frac{\sqrt{3}}{12}B\omega a^2\sin\theta-\frac{\sqrt{3}}{8}B\omega a^2\sin\theta=-\frac{\sqrt{3}}{24}B\omega a^2\sin\theta$$

$$V_{CB}=IR/3-\mathcal{E}_{CB}=\frac{\sqrt{3}}{12}B\omega a^2\sin\theta-\frac{\sqrt{3}}{8}B\omega a^2\sin\theta=-\frac{\sqrt{3}}{24}B\omega a^2\sin\theta$$

$$V_{BA}=IR/3-\mathcal{E}_{BA}=IR/3=\frac{\sqrt{3}}{12}B\omega a^2\sin\theta$$

7.4　习题 7.4 图中的轮子由一个半径为 a 的圆环和四根辐条组成，两个金属刷子分别接触在轮轴和轮边上并与外电阻 R 连接，外磁场 $\boldsymbol{B}$ 与轴线平行.

（1）这个轮子产生的感应电动势多大？

（2）设每根辐条电阻为 r，圆环电阻可以忽略，问 R 取何值时，可获得最大输出功率？

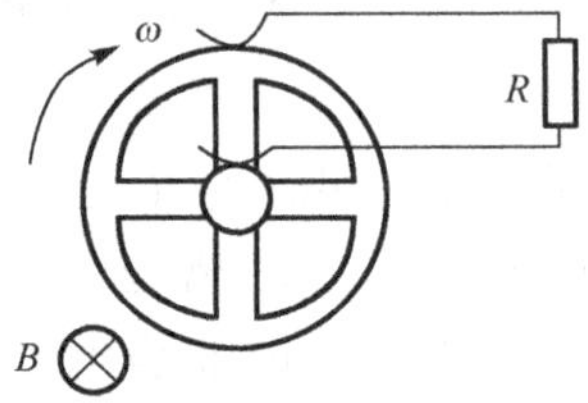

习题 7.4 图

解　（1）取圆柱坐标（ρ,ϕ,z），z 轴与转轴重合. 在轮子旋转过程中，轮子各点的速度沿 $-\boldsymbol{e}_\phi$ 方向，磁场沿 $-\boldsymbol{e}_z$ 方向，则非静电力场 $\boldsymbol{K}=\upsilon\times\boldsymbol{B}$ 沿 $\boldsymbol{e}_\rho$ 方向. 于是，可求得感应电动势如下

$$\mathcal{E}=\int_0^a(\upsilon\times\boldsymbol{B})\cdot\mathrm{d}\boldsymbol{l}=\int_0^a\omega\rho B\,\mathrm{d}\rho=\frac{B\omega a^2}{2}$$

（2）四根辐条并联，电阻为 $r_0=r/4$，当 $R=r_0=r/4$ 时，可获得最大输出功率

$$P_{\max}=I^2R=[\mathcal{E}/(R+r_0)]^2R=\left(\frac{\omega Ba^2/2}{r/2}\right)^2\cdot\frac{r}{4}=\frac{B^2\omega^2a^4}{4r}$$

7.5　一列火车中的一节闷罐车箱宽 2.5m，长 9.5m，高 3.5m，车壁由金属薄板制成. 在地球磁场的竖直分量为 0.62×10^{-4} T 的地方，这个闷罐车以 $60\text{km}\cdot\text{h}^{-1}$ 的速度在水平轨道上向北运动.

（1）这个闷罐车两边之间的金属板上的感应电动势是多少？

（2）若考虑车两边积累的电荷所引起的电场，问车内净电场是多少？

（3）若将两边当作两个非常长的平行平板处理，那么每一边上的面电荷密度是多少？

解　（1）闷罐车两边之间的金属板上的感应电动势为

$$\mathcal{E}=Blv=0.62\times10^{-4}\times2.5\times\frac{6\times10^{4}}{3600}\approx2.6\times10^{-3}\ (\text{V})$$

（2）在地面参考系中，相对车厢静止的电荷随车厢一道运动，速度为 v. 该电荷受到洛伦兹力；为维持匀速直线运动状态不变，该力需要同样大小但方向相反的静电力与之平衡，据此推得静电场的大小

$$qE=qvB\Rightarrow E=vB=\frac{6\times10^{4}}{3600}\times0.62\times10^{-4}=1.03\times10^{-3}\approx1.0\times10^{-3}\ (\text{V}\cdot\text{m}^{-1})$$

可是，在车厢参考系中，静止电荷不受洛伦兹力，相应静电力也应当等于零. 因此，在车厢参考系中净电场为零.

（3）闷罐车每边上的面电荷密度为

$$\sigma=\varepsilon_0E=8.85\times10^{-12}\times1.03\times10^{-3}=9.1\times10^{-15}\ (\text{C}\cdot\text{m}^{2})$$

7.6　一导体盘的半径为 a，厚度为 δ，电导率为 σ，将其放在相对盘轴 z 对称的磁场 $\boldsymbol{B}$ 中：

$$\boldsymbol{B}=B_0(t)\hat{z}\quad(0\leqslant\rho\leqslant R),\quad \boldsymbol{B}=0\quad(\rho>R),\quad R<a$$

（1）确定空间的感应电场；

（2）确定导体盘的电流密度；

（3）证明盘耗散的总功率为

$$P=\frac{\pi\delta\sigma R^4}{8}\left(\frac{\text{d}B_0}{\text{d}t}\right)^2\left(1+4\ln\frac{a}{R}\right)$$

解　（1）采用圆柱坐标（ρ,φ,z），z 轴与盘轴重合. 由对称性，随时间变化的磁场产生的涡旋电场只有 $\hat{\varphi}$ 分量，其大小只与 ρ 有关. 选择半径为 ρ 的圆形回路，圆面与 z 轴垂直，且圆心位于 z 轴上，利用时变电磁场的环路定理，可算得涡旋电场的分布如下

$$E_\varphi\cdot2\pi\rho=-\frac{\text{d}B_0}{\text{d}t}\cdot\pi\rho^2\ \Rightarrow\ E_\varphi(\rho<R)=-\frac{\rho}{2}\frac{\text{d}B_0}{\text{d}t},\quad E_\varphi(\rho>R)=-\frac{R^2}{2\rho}\frac{\text{d}B_0}{\text{d}t}$$

（2）由欧姆定律算得导体盘的电流密度 $j_\varphi=\sigma E_\varphi$.

（3）导体盘所耗散的总功率为

$$P=\int_0^R\sigma\cdot\left(\frac{\rho}{2}\frac{\mathrm{d}B_0}{\mathrm{d}t}\right)^2\cdot\delta\cdot2\pi\rho\mathrm{d}\rho+\int_R^a\sigma\cdot\left(\frac{R^2}{2\rho}\frac{\mathrm{d}B_0}{\mathrm{d}t}\right)^2\cdot\delta\cdot2\pi\rho\mathrm{d}\rho$$

$$=\frac{\pi\delta\sigma R^4}{8}\left(\frac{\mathrm{d}B_0}{\mathrm{d}t}\right)^2\left(1+4\ln\frac{a}{R}\right)$$

7.7　一个大线圈和一个小线圈同心且位于同一平面内，大线圈的半径为 50cm，有 1×10^4 匝，小线圈的面积为 3cm^2，有 5×10^3 匝.

（1）当大线圈中的电流变化率为 $5\times10^3\,\text{A}\cdot\text{s}^{-1}$ 时，在小线圈中的感应电动势为多少（假定小线圈处的磁场近似均匀）？

（2）如果大线圈载有电流 0.2A，且绕它的水平方向的直径以每分钟 2×10^3 转的速度匀速转动，小线圈在大线圈中心处的水平面上静止，求小线圈中的作为时间函数的感应电动势.

解　（1）大线圈中心磁场为 $B=\mu_0N_{大}I/(2R)$，小线圈中感应电动势为

$$\mathcal{E}=N_{小}\frac{\mathrm{d}\Phi}{\mathrm{d}t}=N_{小}S\frac{\mathrm{d}B}{\mathrm{d}t}=\frac{\mu_0N_{大}N_{小}S}{2R}\frac{\mathrm{d}I}{\mathrm{d}t}$$

$$=\frac{4\pi\times10^{-7}\times10^4\times5\times10^3\times3\times10^{-4}\times5\times10^3}{2\times0.5}=94.2\ (\text{V})$$

（2）匀速旋转的载流大线圈在静止小线圈中产生的时变电动势

$$\mathcal{E}(t)=N_{小}\frac{\mathrm{d}\Phi}{\mathrm{d}t}=N_{小}\frac{\mathrm{d}}{\mathrm{d}t}\left(S\cdot\frac{\mu_0N_{大}I}{2R}\cos\omega t\right)=-\frac{\mu_0N_{大}N_{小}SI\omega}{2R}\sin\omega t$$

$$=-\frac{4\pi\times10^{-7}\times10^4\times5\times10^3\times3\times10^{-4}\times0.2\times4\pi\times10^3}{2\times0.5\times60}\sin\left(\frac{4\pi\times10^3}{60}t\right)$$

$$=-0.790\sin(209t)\ (\text{V})$$

7.8　一环形螺线管有 N 匝，环半径为 R，环的横截面为矩形，其尺寸如习题 7.8 图所示.

（1）求此螺线管的自感系数；

（2）求这个环形螺线管和位于它的对称轴处的长直导线之间的互感系数.

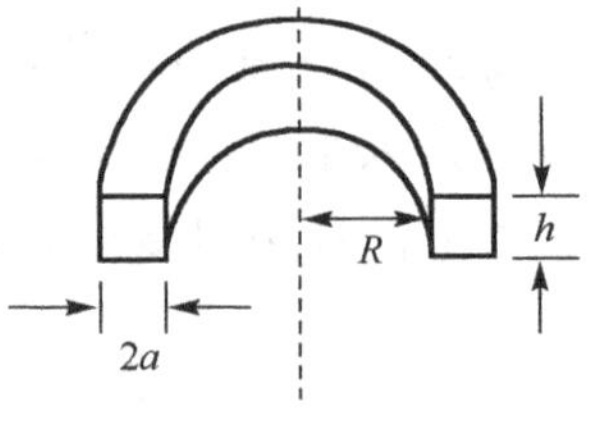

习题 7.8 图

解　（1）螺线管内磁场为 $B(r)=\mu_0NI/(2\pi r)$，则通过它的全磁通为

$$\Psi = N\iint B\cdot \mathrm{d}S = N\cdot\int_{R-a}^{R+a}\frac{\mu_0 NI}{2\pi r}h\mathrm{d}r = \frac{\mu_0 N^2 Ih}{2\pi}\ln\left(\frac{R+a}{R-a}\right)$$

螺线管的自感系数等于

$$L=\frac{\Psi}{I}=\frac{\mu_0 N^2 h}{2\pi}\ln\left(\frac{R+a}{R-a}\right)$$

（2）长直导线产生的磁场为 $B=\mu_0 I/(2\pi r)$，它通过螺线管的全磁通为

$$\Psi = N\iint_S B\mathrm{d}S=\frac{\mu_0 NIh}{2\pi}\ln\left(\frac{R+a}{R-a}\right)$$

螺线管和长直导线之间的互感系数等于

$$M=\frac{\Psi}{I}=\frac{\mu_0 Nh}{2\pi}\ln\left(\frac{R+a}{R-a}\right)$$

7.9　在一个半径为 10cm、截面积为 $12\mathrm{cm}^2$ 的铁环上均匀地绕有 1200 匝绝缘导线，环上有一宽度为 1mm 的气隙. 设铁的相对磁导率是 700，它与磁场强度无关，且忽略磁滞效应.

（1）当有 1A 的电流通过线圈时，求气隙中的磁场；

（2）计算该线圈的自感系数.

解　（1）设铁环半径为 r，截面积为 S，相对磁导率为 μ_{r}，则铁芯和气隙的磁阻分别为

$$R_{\mathrm{m1}}=\frac{2\pi r}{\mu_{\mathrm{r}}\mu_0 S},\quad R_{\mathrm{m2}}=\frac{d}{\mu_0 S}$$

对给定的磁动势 NI，可相继求得铁芯磁通和气隙的磁感应强度：

$$\Phi_B=\frac{NI}{R_{\mathrm{m1}}+R_{\mathrm{m2}}}=\frac{\mu_0\mu_{\mathrm{r}}SNI}{2\pi r+\mu_{\mathrm{r}}d}$$

$$B=\frac{\Phi_B}{S}=\frac{\mu_0\mu_{\mathrm{r}}NI}{2\pi r+\mu_{\mathrm{r}}d}=\frac{4\pi\times10^{-7}\times700\times1200\times1}{2\pi\times0.1+700\times10^{-3}}=0.795(\mathrm{T})$$

（2）线圈的自感系数等于

$$L=\frac{N\Phi_B}{I}=\frac{\mu_0\mu_{\mathrm{r}}SN^2}{2\pi r+\mu_{\mathrm{r}}d}=\frac{4\pi\times10^{-7}\times700\times12\times10^{-4}\times1200^2}{2\pi\times0.1+700\times10^{-3}}=1.14(\mathrm{H})$$

7.10　一块铜片被弯成如习题 7.10 图所示形状，已知 $R=2\mathrm{cm}$，$l=10\mathrm{cm}$，$a=2\mathrm{cm}$，$d=0.4\mathrm{cm}$，求

（1）A、B 间管状区的自感系数；

（2）输入端 A 和输出端 B 铜片之间的电容；

（3）整个构件的共振频率.

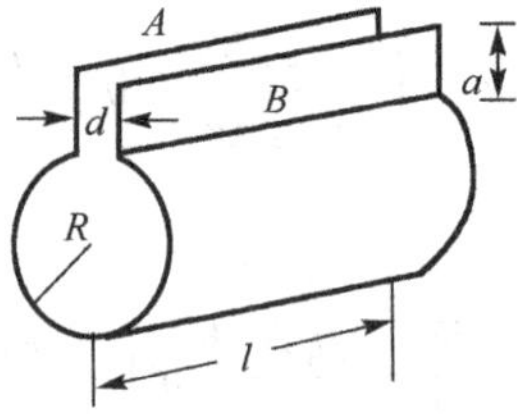

习题 7.10 图

解　设自 A、B 进出铜片的电流为 I，则在以弯曲铜片为边界的圆柱管内的磁感应强度为 $B=\mu_0 i=\mu_0 I/l$，推得管状区自感系数等于

$$L=\frac{\Phi}{I}=\frac{\mu_0\pi R^2}{l}=\frac{4\pi\times10^{-7}\times\pi\times(0.02)^2}{0.1}=1.58\times10^{-8}(\text{H})$$

输入和输出端铜片之间的电容等于

$$C=\frac{\varepsilon_0 al}{d}=\frac{8.85\times10^{-12}\times0.02\times0.1}{0.004}=4.43\times10^{-12}(\text{F})$$

从而求得构件的最低共振频率

$$\omega_0=\frac{1}{\sqrt{LC}}=\frac{1}{\sqrt{1.58\times10^{-8}\times4.43\times10^{-12}}}=3.78\times10^{9}\ (\text{rad}\cdot\text{s}^{-1})$$

7.11　一个变压器如习题 7.11 图所示，线圈 A、B、C 的匝数分别为 500，1000，500，截面积分别是 0.005m^2，0.001m^2，0.0005m^2，铁芯的水平臂截面积是 0.002m^2，如果芯的相对磁导率 μ_r=10000，求：

（1）线圈 A 和 C 间的互感；

（2）线圈 A 和 B 间的互感.

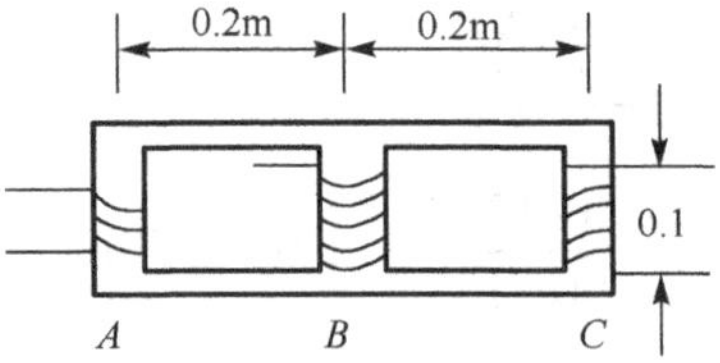

习题 7.11 图

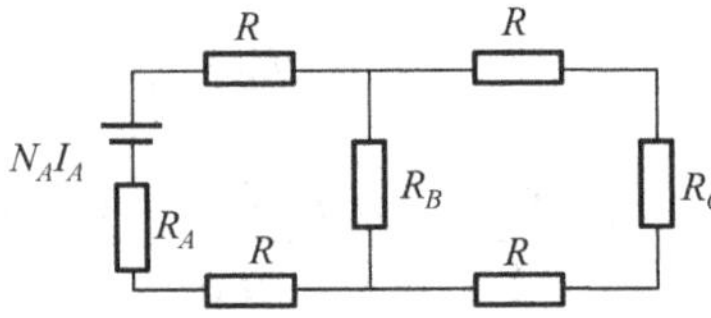

图 7.11a

解　等效磁路如图 7.11a 所示，图中 R 为单个水平臂的磁阻，R_A、R_B 和 R_C 分别为三个线圈所绕铁芯的磁阻，它们的数值为

$$R=\frac{0.2}{4\pi\times10^{-7}\times10^4\times0.002}=7.958\times10^3(\text{H}^{-1})$$

$$R_A=\frac{0.1}{4\pi\times10^{-7}\times10^4\times0.005}=\frac{R}{5}$$

$$R_B = \frac{0.1}{4\pi \times 10^{-7} \times 10^4 \times 0.001} = R$$

$$R_C = \frac{0.1}{4\pi \times 10^{-7} \times 10^4 \times 0.0005} = 2R$$

设在线圈 A 中通电流 I_A，相应磁动势等于 $N_A I_A$. 磁路含 3 个支路，它们的磁阻如下：含线圈 A 的支路磁阻等于 $R_1 = R_A + 2R = 11R/5$；含线圈 B 的支路磁阻等于 $R_2 = R_B = R$；含线圈 C 的支路磁阻等于 $R_3 = 2R + R_C = 4R$. 支路 2 和 3 并联后的磁阻等于 $4R \cdot R/(4R+R) = 4R/5$，于是流经支路 1 的磁通为

$$\Phi = \frac{N_A I_A}{R_1 + 4R/5} = \frac{N_A I_A}{11R/5 + 4R/5} = \frac{N_A I_A}{3R}$$

据此可求得流经线圈 B（支路 2）和线圈 C（支路 3）的磁通分别为

$$\Phi_B = \frac{R_3 \Phi}{R_2 + R_3} = \frac{4R}{R+4R}\frac{N_A I_A}{3R} = \frac{4N_A I_A}{15R} = \frac{4 \times 500 I_A}{15 \times 7.958 \times 10^3} = 1.676 \times 10^{-2} I_A (\text{Wb})$$

$$\Phi_C = \frac{R_2 \Phi}{R_2 + R_3} = \frac{R}{R+4R}\frac{N_A I_A}{3R} = \frac{N_A I_A}{15R} = \frac{500 I_A}{15 \times 7.958 \times 10^3} = 4.189 \times 10^{-3} I_A (\text{Wb})$$

（1）线圈 A 和线圈 C 之间的互感：$M_{AC} = \Psi_{AC}/I_A = N_C \Phi_C / I_A = 2.09\text{H}$

（2）线圈 A 和线圈 B 之间的互感：$M_{AB} = \Psi_{AB}/I_A = N_B \Phi_B / I_A = 16.8\text{H}$

7.12 一电磁铁由 N 匝线圈紧绕在环形轭铁上构成，从轭铁上切去一小段形成气隙，如习题 7.12 图所示. 轭铁环的半径为 b，环截面的半径为 a，气隙宽度为 w，铁的磁导率 μ 为常数. 线圈由半径为 r、电阻率为 ρ 的导线构成，磁铁线圈两端加有电压 V. 为简单起见，假设 $b/a \gg 1,\ a/r \gg 1,\ b/w \gg 1$，推导下列诸量的表达式：

（1）气隙中的稳定磁场；

（2）稳态时线圈损耗的功率；

（3）当电压 V 变化时线圈中电流变化的时间常数.

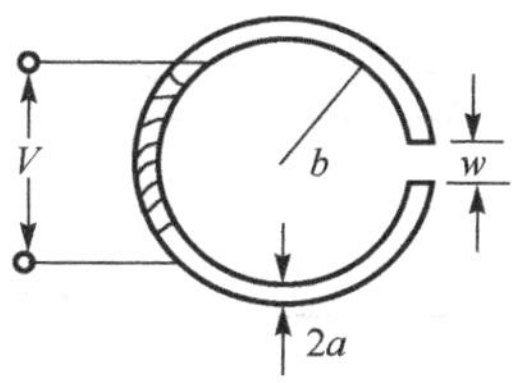

习题 7.12 图

解 （1）磁路方程如下：

$$NI = \frac{w\Phi}{\mu_0 S} + \frac{2\pi b \Phi}{\mu S} = \frac{wB}{\mu_0} + \frac{2\pi b B}{\mu} \quad \Rightarrow \quad B = \frac{\mu\mu_0 NI}{2\pi\mu_0 b + \mu w}$$

线圈电流强度为

$$I = \frac{V}{R} = \frac{V}{2N\pi a\rho/(\pi r^2)} = \frac{Vr^2}{2a\rho N}$$

于是求得气隙中的磁感应强度

$$B = \frac{\mu\mu_0 V r^2}{2a\rho(2\pi\mu_0 b + \mu w)}$$

（2）线圈损耗的功率

$$P = VI = \frac{V^2 r^2}{2a\rho N}$$

（3）线圈中电流变化的时间常数.

要计算线圈电流变化的时间常数，归结为计算线圈的自感系数. 通过线圈的全磁通为

$$\Psi = N \cdot B \cdot \pi a^2 = \frac{\mu\mu_0 N^2 \pi a^2}{2\pi\mu_0 b + \mu w} I$$

于是线圈的自感系数等于 $L = \mu\mu_0 N^2 \pi a^2 / (2\pi\mu_0 b + \mu w)$，据此求得电流变化的时间常数

$$\tau = \frac{L}{R} = \frac{\mu\mu_0 N a \pi r^2}{2\rho(2\pi\mu_0 b + \mu w)}$$

***7.13**　一个边长分别为 l 和 w 的长方形线圈，在 $t=0$ 时刻正好从如习题 7.13 图所示的磁场为 $\boldsymbol{B}$ 的区域上方由静止开始向下运动. 线圈的电阻为 R，自感为 L，质量为 m，它的上边处在零磁场区.

（1）假定自感可以忽略而电阻不能忽略，求出线圈的作为时间函数的电流和速度；

（2）假定电阻可以忽略而电感不可以忽略，求出线圈的作为时间函数的电流和速度.

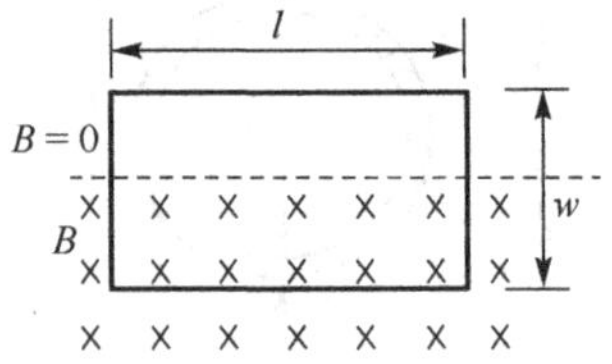

习题 7.13 图

解　（1）忽略线圈自感，考虑电阻，则电动势为 $\mathcal{E} = Blv$，线圈电流为 $I = \mathcal{E}/R = Blv/R$，线圈运动方程如下

$$m\frac{\mathrm{d}v}{\mathrm{d}t} = mg - IlB \quad \Rightarrow \quad \frac{\mathrm{d}v}{\mathrm{d}t} = g - \frac{B^2 l^2}{mR} v$$

线圈初始速度为零，由上述方程解得速度，继而由速度得电流，结果如下：

$$v=\frac{mgR}{l^2B^2}[1-\mathrm{e}^{-B^2l^2t/(mR)}],\quad I=\frac{mg}{Bl}[1-\mathrm{e}^{-B^2l^2t/(mR)}]$$

（2）忽略线圈电阻，考虑自感，电动势仍为 $\mathcal{E}=Blv$，线圈电流满足

$$L\frac{\mathrm{d}I}{\mathrm{d}t}=Blv$$

将上述方程代入线圈运动方程

$$m\frac{\mathrm{d}v}{\mathrm{d}t}=mg-IlB$$

导出电流强度满足的二阶常微分方程如下

$$\frac{\mathrm{d}^2I}{\mathrm{d}t^2}=\frac{Blg}{L}-\frac{B^2l^2}{mL}I$$

利用线圈初始速度和初始电流为零的条件，可解得

$$I=\frac{mg}{Bl}(1-\cos\omega t),\quad v=\frac{g}{\omega}\sin\omega t,\quad \omega=\frac{Bl}{\sqrt{mL}}$$

7.14 空心螺线管长为 0.5m，截面为 $1\mathrm{cm}^2$，匝数为 1000. 忽略边缘效应，它的自感多大？一个 100 匝的副线圈也绕在这个螺线管的中部，互感多大？现有 1A 的稳恒电流流入副线圈，螺线管连接着 $10^3\Omega$的负载. 如果上述稳恒电流突然停止，将有多少电荷流过电阻？

解 当有电流 I 流过螺线管，则螺线管中的磁场和全磁通为

$$B=\mu_0nI=\frac{\mu_0NI}{l},\quad \Psi=NBS=\frac{\mu_0N^2IS}{l}$$

于是求得螺线管的自感如下

$$L=\frac{\Psi}{I}=\frac{\mu_0N^2S}{l}=\frac{4\pi\times10^{-7}\times1000^2\times10^{-4}}{0.5}=2.51\times10^{-4}(\mathrm{H})$$

通过副线圈的全磁通为 $\Psi'=N'BS=\mu_0N'NIS/l$，相应原、副线圈之间的互感为

$$M=\frac{\Psi'}{I}=\frac{\mu_0N'NS}{l}=\frac{4\pi\times10^{-7}\times100\times1000\times10^{-4}}{0.5}=2.51\times10^{-5}(\mathrm{H})$$

设副线圈电流为 I'，主线圈电流为 I，则主线圈回路的电路方程如下：

$$IR+L\frac{\mathrm{d}I}{\mathrm{d}t}+M\frac{\mathrm{d}I'}{\mathrm{d}t}=0$$

将上式对时间积分得 $QR+L\Delta I+M\Delta I'=0$，式中 ΔI 为主线圈电流变化，因 I 开始的初值为零，末态值也等于零，故有 $\Delta I=0$；$\Delta I'$ 为副线圈的电流变化，按题设，I' 的初值为 1A，末态值显然等于零，以至 $\Delta I'=-1\mathrm{A}$. 于是，流过电阻的电荷量为

$$Q=-\frac{M\Delta I'}{R}=-\frac{2.51\times10^{-5}\times(-1)}{10^3}=2.51\times10^{-8}(\mathrm{C})$$

***7.15**　如习题 7.15 图所示，无电阻的电感器 L 连接金属导轨 M 的一端，施一恒力 F，向右拉动金属棒 N. 该棒长为 l，质量为 m，在导轨上无摩擦地滑动，并切割磁力线. 设导轨 M 与金属棒 N 的电阻为零，棒 N 在水平方向上的初始位置是 $x(0)=0$，初始速度是 $v(0)=0$，那么，

（1）电路中电流 I 和坐标 x 之间的关系如何？

（2）滑动棒的运动方程是什么？

（3）求 $x(t)$.

（4）试分析滑动棒运动过程中的能量转换过程.

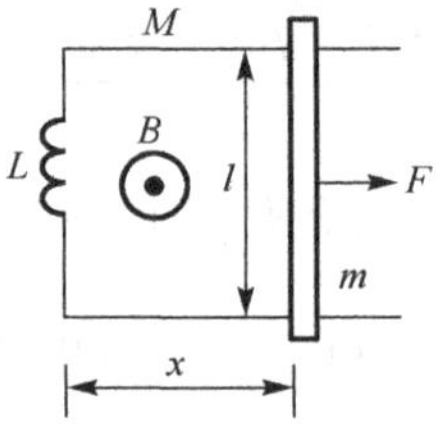

习题 7.15 图

解　（1）金属棒切割磁力线运动产生的感应电动势为 $\mathcal{E}=Blv$，相应的电路方程为

$$L\frac{\mathrm{d}I}{\mathrm{d}t}=Blv=Bl\frac{\mathrm{d}x}{\mathrm{d}t}$$

积分上式，利用初始条件 $x(0)=0$ 和 $I(0)=0$，得 $I=Blx/L$.

（2）滑动棒的运动方程为

$$m\frac{\mathrm{d}v}{\mathrm{d}t}=F-IlB\quad\Rightarrow\quad m\frac{\mathrm{d}^2x}{\mathrm{d}t^2}=F-\frac{B^2l^2}{L}x$$

（3）解运动方程，利用初始条件 $x(0)=0$ 和 $v(0)=0$，得

$$x(t)=\frac{FL}{B^2l^2}(1-\cos\omega t)\quad\left(\omega=\frac{Bl}{\sqrt{mL}}\right)$$

（4）由 $x(t)$可求得金属棒的速度和流经电感器的电流：

$$v(t)=\frac{FL\omega}{B^2l^2}\sin\omega t,\quad I(t)=\frac{F}{Bl}(1-\cos\omega t)$$

金属棒的动能为 $mv^2/2$，电感的磁能为 $LI^2/2$. 依据上述结果，可分析金属棒运动过程中的能量转换关系. 一开始，外力 F 做正功，动能和磁能增加，在 $t=\pi/(2\omega)$ 时，动能达到最大值 $W_{\max}=LF^2/(2B^2l^2)$. 在这之后，外力继续做正功，磁能继续增加，但动能减小. 至 $t=\pi/\omega$ 时，磁能达到最大值 $W_{\max}$，动能降至零. 当 $t>\pi/\omega$，棒反向运动，磁能减小，所消耗的磁能用来对外做功（外力 F 做负功）和增加动能. 至

$t = 3\pi/(2\omega)$ 时，动能达到最大值 $W_{\max}$. 此后直至 $t = 2\pi/\omega$，动能和磁能均减小到零，所消耗的能量用来对外做功. 上述能量转换过程循环发生，周期为 $2\pi/\omega$.

7.16　由 $3\times10^6\Omega$的电阻、$1\mu F$ 的电容和 $\mathcal{E} = 4V$ 的电源连接成简单回路，试求在电路接通后 1s 的时刻，下列各量的变化率：

（1）电容上电荷增加的速率；

（2）电容器内储存能量的速率；

（3）电阻上产生的热功率；

（4）电源提供的功率.

解　（1）电路方程如下：

$$R\frac{dq}{dt} + \frac{1}{C}q = \mathcal{E}$$

令 $\tau_C = RC = 3\times10^6\times10^{-6} = 3(s)$，利用初始条件 $q(0) = 0$，解得

$$q(t) = C\mathcal{E}(1 - e^{-t/\tau_C})$$

$t = 1s$ 时，电容上电荷的量为

$$q(1) = 4\times10^{-6}\times(1 - e^{-1/3}) = 1.13\times10^{-6}(C)$$

电容电荷的增加速率为

$$dq/dt = (\mathcal{E}/R)e^{-t/\tau_C} = (4/3\times10^6)e^{-1/3} = 9.55\times10^{-7}(C\cdot s^{-1})$$

（2）电容器的储能 $W = q^2/(2C)$，$t = 1s$ 时的储能速率为

$$\frac{dW}{dt} = \frac{q}{C}\frac{dq}{dt} = \frac{1.13\times10^{-6}}{10^{-6}}\times9.55\times10^{-7} = 1.08\times10^{-6}\ (J\cdot s^{-1})$$

（3）$t = 1s$ 时的电阻消耗的功率

$$P = I^2R = (dq/dt)^2R = (9.55\times10^{-7})^2\times3\times10^6 = 2.74\times10^{-6}(W)$$

（4）$t = 1s$ 时的电源提供的功率

$$P' = \mathcal{E}I = 4\times9.55\times10^{-7} = 3.82\times10^{-6}(W)$$

第 8 章　磁　　能

8.1　有一个平绕于圆筒上的螺旋线圈，长 10cm，直径 1cm，共 1000 匝，用每千米电阻为 247Ω的漆包线绕制. 求线圈的自感系数和电阻. 如果把这线圈接到电动势为 2V 的蓄电池上，问：

（1）线圈中通电开始时的电流增长率是多少？

（2）线圈中的电流达到稳定后，稳定电流是多少？

（3）这回路的时间常数是多少？经过多少时间电流达到稳定值的一半？

（4）电流稳定后，线圈中所储存的磁能是多少？磁能密度是多少？

解　线圈的自感系数和电阻等于

$$L=\frac{\mu_0 N^2 S}{l}=\frac{4\pi\times10^{-7}\times1000^2\times\pi\times0.005^2}{0.1}=9.87\times10^{-4}(\mathrm{H})$$

$$R=0.247\times1000\times\pi\times0.01=7.76(\Omega)$$

设给线圈加上电压 V，则可写下电路方程如下：

$$V=L\frac{\mathrm{d}I}{\mathrm{d}t}+IR$$

满足上述方程和初始条件 $I(0)=0$ 的解为

$$I=\frac{V}{R}(1-\mathrm{e}^{-Rt/L})$$

（1）$t=0$ 时的电流增长率：

$$(\mathrm{d}I/\mathrm{d}t)_{t=0}=V/L=2/(9.87\times10^{-4})=2.03\times10^3(\mathrm{A\cdot s^{-1}})$$

（2）稳定电流：

$$I_0=V/R=2/7.76=0.258(\mathrm{A})$$

（3）时间常数：

$$\tau=L/R=9.87\times10^{-4}/7.76=1.27\times10^{-4}(\mathrm{s})$$

电流降至初值一半所需的时间为

$$t=\tau\ln2=0.88\times10^{-4}(\mathrm{s})$$

（4）电流稳定后储存磁能：

$$W=LI^2/2=9.87\times10^{-4}\times0.258^2/2=3.28\times10^{-5}(\mathrm{J})$$

相应磁能密度为

$$w = \frac{W}{V} = \frac{3.28\times10^{-5}}{\pi\times0.005^2\times0.1} = 4.18\ (\mathrm{J\cdot m^{-3}})$$

8.2　（1）利用磁场能量方法计算如习题 8.2 图所示的两个同轴导体圆柱面组成的传输线单位长度的自感系数 L.

（2）如果电流为常数，而将外圆柱面半径加倍，那么磁能（单位长度）增加多少？

（3）在上述过程中，磁场做了多少功？电池提供了多少能量？二者与磁能的增加有何关系？

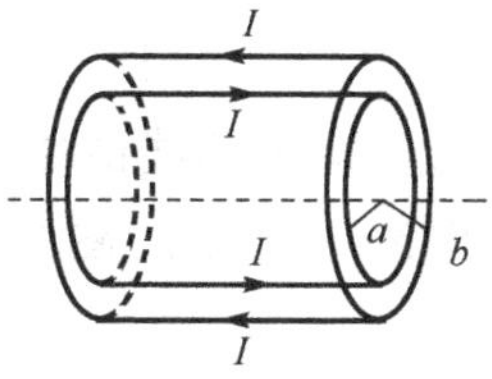

习题 8.2 图

解　（1）取圆柱坐标（r,ϕ,z）. 在 $a<r<b$ 区，磁感应强度 $B(r)=\mu_0 I/(2\pi r)$，磁能密度 $w=B^2/(2\mu_0)=\mu_0 I^2/(8\pi^2 r^2)$，单位长度的磁能为

$$W=\int_0^{2\pi}\mathrm{d}\phi\int_a^b wr\mathrm{d}r=\frac{\mu_0 I^2}{4\pi}\int_a^b\frac{1}{r}\mathrm{d}r=\frac{\mu_0 I^2}{4\pi}\ln\frac{b}{a}$$

由自感磁能（单位长度）公式 $W=LI^2/2$，求得单位长度自感系数为

$$L=\frac{2W}{I^2}=\frac{\mu_0}{2\pi}\ln\frac{b}{a}$$

（2）将外圆柱面半径加倍，磁能（单位长度）增加为

$$\Delta W=\frac{\mu_0 I^2}{4\pi}\ln\frac{2b}{a}-\frac{\mu_0}{4\pi}I^2\ln\frac{b}{a}=\frac{\mu_0 I^2}{4\pi}\ln 2$$

（3）能量分析.

外圆柱的面电流密度为 $i=I/(2\pi r)$，r 为外圆柱半径. 面电流元 $i\mathrm{d}S=ir\mathrm{d}\phi\mathrm{d}z$ 受到的磁力沿 r 正向，其大小为 $iB\mathrm{d}S$，式中 B 为总磁场减去面元的贡献，结果为

$$B=\frac{\mu_0 I}{2\pi r}-\frac{\mu_0 i}{2}=\frac{\mu_0 I}{2\pi r}-\frac{\mu_0 I}{4\pi r}=\frac{\mu_0 I}{4\pi r}$$

在外圆柱半径增大的过程中，运动方向与磁力方向一致，磁场对面电流元做正功. 当外圆柱半径加倍，则磁场所做的总功为

$$A_1=\int_b^{2b}\mathrm{d}r\iint iB\mathrm{d}S=\frac{\mu_0 I^2}{8\pi^2}\int_b^{2b}\mathrm{d}r\int_0^{2\pi}\mathrm{d}\varphi\int_0^1\mathrm{d}z=\frac{\mu_0 I^2}{4\pi}\ln 2$$

它正好等于系统的磁能增加. 在上述过程中，电池供能等于

$$A_2=-\int I\mathcal{E}\mathrm{d}t=\int I\mathrm{d}\Phi=I^2\int\mathrm{d}L=\frac{\mu_0 I^2}{2\pi}\left(\ln\frac{2b}{a}-\ln\frac{b}{a}\right)=\frac{\mu_0 I^2}{2\pi}\ln 2$$

它等于磁场做功的 2 倍；也就是说，电池供能等于磁场做功与磁能增加之和.

8.3 如习题 8.3 图所示，一个半径为 R 的单匝圆线圈与长直导线共面，圆心与直导线的距离为 d，且 $d>R$. 设线圈和直导线的电流分别为 I_1、I_2，求相互作用能.

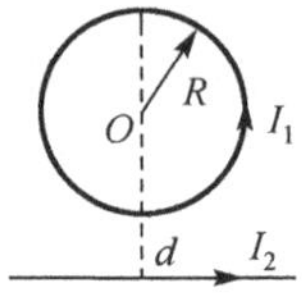

习题 8.3 图

解 取圆柱坐标（ρ,ϕ,z），原点位于圆线圈中心，x 轴（对应 $\phi=0$）与直导线垂直，z 轴与线圈平面垂直. 直线电流 I_2 产生的磁场为 $B=\mu_0 I_2/[2\pi(d+\rho\cos\phi)]$，通过线圈的全磁通为

$$\Psi=\iint_S \boldsymbol{B}\cdot \mathrm{d}\boldsymbol{S}=\frac{\mu_0 I_2}{2\pi}\int_0^R\int_0^{2\pi}\frac{\rho\mathrm{d}\rho\mathrm{d}\phi}{d+\rho\cos\phi}=\frac{\mu_0 I_2}{\pi}\int_0^R\rho\,\mathrm{d}\rho\int_0^{\pi}\frac{\mathrm{d}\phi}{d+\rho\cos\phi}$$

$$=\frac{\mu_0 I_2}{\pi}\int_0^R\rho\mathrm{d}\rho\frac{2}{\sqrt{d^2-\rho^2}}\left(\arctan\left(\sqrt{\frac{d-\rho}{d+\rho}}\tan\frac{\phi}{2}\right)\right)\Bigg|_{\phi=0}^{\phi=\pi}$$

$$=\mu_0 I_2\int_0^R\frac{\rho\,\mathrm{d}\rho}{\sqrt{d^2-\rho^2}}=\mu_0 I_2(d-\sqrt{d^2-R^2})$$

两线圈之间的相互作用能为

$$W=\Psi I_1=\mu_0 I_1 I_2[d-(d^2-R^2)^{\frac{1}{2}}]$$

8.4 把一磁偶极子 $\boldsymbol{m}$ 从无穷远移到一个理想导电环（具有零电阻）轴上一点，环半径为 b，自感为 L. 在终了位置上 $\boldsymbol{m}$ 的方向沿圆环的轴，与环心相距为 z. 当磁偶极子在无穷远处时，环上的电流为零，见习题 8.4 图.

（1）在终了位置时，计算环上的电流；

（2）计算此位置上的磁偶极子与环之间的相互作用能.

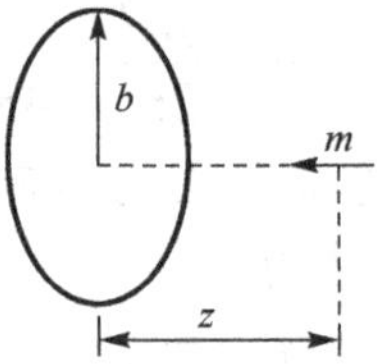

习题 8.4 图

解 （1）取球坐标（r,θ,ϕ），以磁偶极子所在位置为原点，z 轴指向圆环中心. 磁偶极子在导电环所在球面（$r=r_{\mathrm{m}}=\sqrt{b^2+z^2}$）上的磁场的 r 分量为

$$B_{mr}=\frac{\mu_0 m\cos\theta}{2\pi r_m^3}$$

导电环位于 $\theta=\theta_m=\arcsin(b/r_m)$，通过该环的磁通量为

$$\Phi_m=\iint B_{mr}r_m^2\sin\theta\mathrm{d}\theta\mathrm{d}\phi=\frac{\mu_0 m}{2r_m}\sin^2\theta_m=\frac{\mu_0 mb^2}{2(b^2+z^2)^{\frac{3}{2}}}$$

理想导电环内的电场及其环路积分等于零，由法拉第定律可知穿过它的磁通 Φ 不会改变，磁偶极子在无穷远处时，环上电流为零，$\Phi=0$，以至往后任意时刻均有 $\Phi=0$. 移近磁偶极子，环上有电流 I，产生磁通为 LI，它应当抵消上述磁通 Φ_m，以至有

$$I=\frac{\Phi_m}{L}=\frac{\mu_0 mb^2}{2L(b^2+z^2)^{3/2}}$$

电流的方向沿着 ϕ 的负向；若沿磁矩 $\boldsymbol{m}$ 的方向看，电流沿逆时针方向.

（2）电流环在磁偶极子处的磁场仅有 z 分量

$$B_z=-\frac{\mu_0 b^2 I}{2(b^2+z^2)^{3/2}}=-\frac{\mu_0^2 mb^4}{4L(b^2+z^2)^3}$$

它与磁偶极子之间的相互作用能为

$$W=\boldsymbol{m}\cdot\boldsymbol{B}=mB_z=-\frac{\mu_0^2 m^2 b^4}{4L(b^2+z^2)^3}$$

8.5 将题 8.2 中的导体圆柱面换成实心圆柱体，并假定电流沿截面均匀分布，求单位长度的自感系数.

解 取圆柱坐标（r,ϕ,z）. 由对称性，可判断磁场只有 ϕ 分量，且仅与 r 有关；由安培环路定理，可求得各区磁场. 在 $a<r<b$ 区，结果与题 8.2 相同：磁感应强度 $B(r)=\mu_0 I/(2\pi r)$，单位长度磁能 $W_1=\mu_0 I^2\ln(b/a)/(4\pi)$. 在 $r<a$ 区，$B=\mu_0 Ir/(2\pi a^2)$，相应单位长度磁能为

$$W_2=\int_0^a\frac{1}{2\mu_0}\left(\frac{\mu_0 Ir}{2\pi a^2}\right)^2 2\pi r\mathrm{d}r=\frac{\mu_0 I^2}{4\pi a^4}\int_0^a r^3\mathrm{d}r=\frac{\mu_0 I^2}{16\pi}$$

单位长度磁能为 $W=W_1+W_2$，相应单位长度自感系数为

$$L=\frac{2W}{I^2}=\frac{2(W_1+W_2)}{I^2}=\frac{\mu_0}{8\pi}+\frac{\mu_0}{2\pi}\ln\frac{b}{a}$$

***8.6** 一同轴电缆的芯子和外壳有无限大的电导率，它们的半径分别为 r_1 和 r_2. 该电缆被一个可移动的隔板短路（习题 8.6 图）. 当电流 I 流过这个电缆时，求作用到这个隔板上的力.

解 取圆柱坐标（r,ϕ,z），原点位于电缆输入端，z 轴沿电缆轴线，隔板位于 $z=z_0$. 因隔板的短路作用，电流和磁场仅限于 $z<z_0$ 区. 由对称性及安培环路定理求得 $r_1<r<r_2$, $z<z_0$ 区磁场 $B=\mu_0 I/(2\pi r)$，从而算得通电电缆内部的总磁能如下

$$W_m = \iiint \frac{B^2}{2\mu_0} \cdot dV = \frac{z_0}{2\mu_0}\int_{r_1}^{r_2}\left(\frac{\mu_0 I}{2\pi r}\right)^2 2\pi r dr = \frac{\mu_0 I^2 z_0}{4\pi}\ln\frac{r_2}{r_1}$$

隔板受力为

$$\boldsymbol{F} = \nabla_0 W_m = \frac{dW}{dz_0}\boldsymbol{e}_z = \frac{\mu_0 I^2}{4\pi}\ln\frac{r_2}{r_1}\boldsymbol{e}_z$$

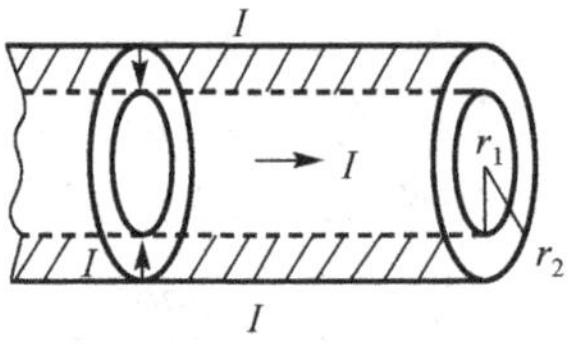

习题 8.6 图

***8.7**　一电磁铁示于习题 8.7 图. 用虚功原理证明：

（1）电磁铁吸引衔铁的起重力为 $F = SB^2/(2\mu_0)$，式中 S 为两磁极与衔铁相接触的总面积，B 为电磁铁内的磁感应强度.

（2）起重力与磁极、衔铁间的距离 x 有无关系？

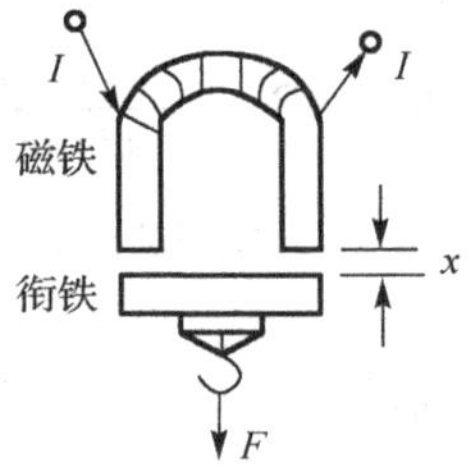

习题 8.7 图

证　（1）设铁芯长度为 l，磁路方程为

$$NI = \Phi R_m = B\left(\frac{l}{\mu} + \frac{2x}{\mu_0}\right) \quad \Rightarrow \quad B = \frac{\mu\mu_0 NI}{\mu_0 l + 2\mu x}$$

系统的磁能为

$$W = \frac{1}{2}I\Psi = \frac{1}{2}I \cdot NB \cdot \frac{S}{2} = \frac{\mu\mu_0 SN^2 I^2}{4(\mu_0 l + 2\mu x)}$$

由虚功原理求得衔铁受力

$$F = \left(\frac{dW_m}{dx}\right)_I = -\mu^2\mu_0 S\frac{N^2 I^2}{2(\mu_0 l + 2\mu x)^2} = -\frac{SB^2}{2\mu_0}$$

为吸引力，证毕.

（2）在 x 很小时，起重力与磁极、衔铁间的距离 x 无关.

第9章　交流电路

9.1　（1）计算10H的电感在频率为50Hz、60Hz、600Hz时的阻抗值；

（2）计算10μF的电容在上述频率下的阻抗值；

（3）在60Hz频率下，L和C为何值时它们的阻抗都为100Ω?

解　（1）10H电感在50Hz、60Hz、600Hz时的阻抗值分别为

$$\omega L = 2\pi f L = 3.1\times10^3\Omega,\quad 3.8\times10^3\Omega,\quad 3.8\times10^4\Omega$$

（2）10μF电容在50Hz、60Hz、600Hz时的阻抗值分别为

$$\frac{1}{\omega C} = \frac{1}{2\pi f C} = 3.2\times10^2\Omega,\quad 2.7\times10^2\Omega,\quad 27\Omega$$

（3）在60Hz频率下，阻抗为100Ω的电感和电容值分别为

$$L = \frac{Z_L}{\omega} = \frac{Z_L}{2\pi f} = \frac{100}{2\pi\times60} = 0.265(\mathrm{H})$$

$$C = \frac{1}{\omega Z_C} = \frac{1}{2\pi f Z_C} = \frac{1}{2\pi\times60\times100} = 2.65\times10^{-5}(\mathrm{F}) = 26.5(\mu\mathrm{F})$$

9.2　（1）L=31.8mH的线圈，其电阻可略去不计，当加上220V、50Hz的交流电压时，求它的阻抗和通过它的电流；

（2）C = 79.6μF的电容接到220V、50Hz的交流电源上，求它的阻抗和通过它的电流.

解　（1）$Z_L = \omega L = 2\pi\times50\times31.8\times10^{-3} = 10(\Omega)$，$I = V/Z_L = 22\mathrm{A}$

（2）$Z_C = 1/(\omega C) = 1/(2\pi\times50\times79.6\times10^{-6}) = 40(\Omega)$，$I = V/Z_C = 5.5\mathrm{A}$

9.3　交流电压的峰值V_{m} = 1V、频率 = 50Hz，将这个电压接在RLC串联电路的两端，R = 40Ω，L = 0.1H，C = 50μF.

（1）计算这个电路的总阻抗；

（2）计算阻抗辐角φ；

（3）计算每个组件两端上的电压峰值.

解　RLC串联电路的复阻抗如下

$$\dot{Z} = R + \mathrm{j}\omega L + \frac{1}{\mathrm{j}\omega C} = R + \mathrm{j}\left(\omega L - \frac{1}{\omega C}\right)$$

（1）阻抗

$$Z = \sqrt{R^2 + \left(\omega L - \frac{1}{\omega C}\right)^2} = \sqrt{40^2 + \left(100\pi\times0.1 - \frac{1}{100\pi\times5\times10^{-5}}\right)^2} = 51.4(\Omega)$$

（2）辐角

$$\varphi = \arctan\frac{\omega L - 1/(\omega C)}{R} = \arctan\frac{100\pi\times 0.1 - 1/(100\pi\times 5\times 10^{-5})}{40} = -0.678(\text{rad})$$

（3）电阻、电感和电容上电压的峰值

$$V_{\text{m}R} = \frac{V_{\text{m}}}{Z}\cdot R = \frac{1\times 40}{51.4} = 0.778(\text{V})$$

$$V_{\text{m}L} = \frac{V_{\text{m}}}{Z}\cdot \omega L = \frac{1\times 100\pi\times 0.1}{51.4} = 0.611(\text{V})$$

$$V_{\text{m}C} = \frac{V_{\text{m}}}{Z}\cdot\frac{1}{\omega C} = \frac{1}{51.4\times 100\pi\times 5\times 10^{-5}} = 1.24(\text{V})$$

9.4　在习题 9.4 图所示的滤波电路中，$C_1 = C_2 = 10\mu\text{F}$. 在频率 $f = 1000\text{Hz}$ 下，欲使输出电压 U_2 为输入电压 U_1 的 1/10，求此时扼流圈的自感 L.

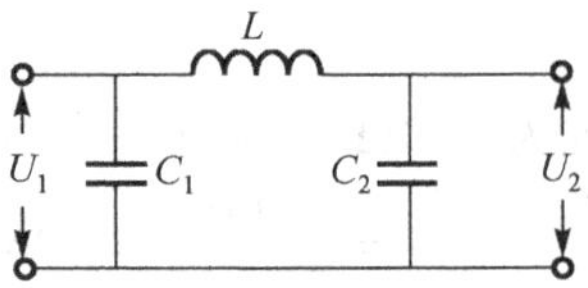

习题 9.4 图

解
$$\dot U_2 = \dot I_2 \dot Z_{C_2} = \frac{\dot U_1}{\text{j}\omega L + 1/(\text{j}\omega C_2)}\cdot\frac{1}{\text{j}\omega C_2} = \frac{\dot U_1}{-\omega^2 LC_2 + 1}$$

由题设 $|\dot U_1/\dot U_2| = |-\omega^2 LC + 1| = 10$，得

$$L = 11/(\omega^2 C) = 11/[(2\pi\times 1000)^2\times 10^{-5}] = 2.8\times 10^{-2}(\text{H}) = 28(\text{mH})$$

9.5　一个 50Hz 的交流电压加在 RLC 串联电路上，$R = 40\Omega$，$L = 0.1\text{H}$，$C = 50\mu\text{F}$.

（1）求 RLC 电路的功率因子；

（2）如果电压源有效值 $V = 100\text{V}$，那么这个电路的电流最大值是多少？

（3）功率损失多大？

解　（1）RLC 串联电路的复阻抗、阻抗和辐角正切如下

$$\dot Z = R + \text{j}\omega L + \frac{1}{\text{j}\omega C} = R + \text{j}\left(\omega L - \frac{1}{\omega C}\right)$$

$$Z = \sqrt{R^2 + \left(\omega L - \frac{1}{\omega C}\right)^2} = \sqrt{40^2 + \left(100\pi\times 0.1 - \frac{1}{100\pi\times 5\times 10^{-5}}\right)^2} = 51.4(\Omega)$$

$$\tan\varphi = \frac{100\pi\times 0.1 - 1/(100\pi\times 5\times 10^{-5})}{40} = -0.805$$

据此推得该电路的功率因子为

$$\cos\varphi = \frac{1}{\sqrt{\tan^2\varphi + 1}} = \frac{1}{\sqrt{0.805^2 + 1}} = 0.78$$

（2）有效值 100V 的电压源产生的电流最大值为

$$I_{\mathrm{m}} = \frac{V_{\mathrm{m}}}{Z} = \frac{\sqrt{2}V}{Z} = \frac{\sqrt{2} \times 100}{51.4} = 2.75(\mathrm{A})$$

（3）功率损失为

$$P = VI\cos\varphi = \frac{V^2}{Z}\cos\varphi = \frac{100^2 \times 0.78}{51.4} = 152(\mathrm{W})$$

9.6 在 RLC 串联电路里，电源具有 50V 的恒定电压振幅，$R = 300\Omega$，$L = 0.9\mathrm{H}$，$C = 2.0\mu\mathrm{F}$.

（1）计算电源角频率分别为 $500\mathrm{rad}\cdot\mathrm{s}^{-1}$ 和 $1000\mathrm{rad}\cdot\mathrm{s}^{-1}$ 时的电路阻抗；

（2）在电源频率从 $1000\mathrm{rad}\cdot\mathrm{s}^{-1}$ 缓慢下降到 $500\mathrm{rad}\cdot\mathrm{s}^{-1}$ 时，描述电流振幅如何随频率变化；

（3）当 $\omega = 500\mathrm{rad}\cdot\mathrm{s}^{-1}$ 时，求相位角；画出 $\omega = 500\mathrm{rad}\cdot\mathrm{s}^{-1}$ 时的复矢量图；

（4）在什么频率下电路发生共振？共振时的功率因子多大？

（5）如果电阻减到 100Ω，求电路的共振频率. 这时共振的电流有效值是多少？

解 （1）RLC 串联电路的阻抗

$$Z = \left[R^2 + \left(\omega L - \frac{1}{\omega C}\right)^2\right]^{1/2} = \left[300^2 + \left(0.9\omega - \frac{1}{2\times 10^{-6}\omega}\right)^2\right]^{1/2}$$

由上式算得 $\omega = 500\mathrm{rad}\cdot\mathrm{s}^{-1}$ 和 $1000\mathrm{rad}\cdot\mathrm{s}^{-1}$ 时的阻抗分别为 626Ω和 500Ω.

（2）电流振幅按下式计算

$$I_{\mathrm{m}} = \frac{V_{\mathrm{m}}}{Z} = \frac{V_{\mathrm{m}}}{\sqrt{R^2 + \left(\omega L - \dfrac{1}{\omega C}\right)^2}}$$

$$\frac{\mathrm{d}I_{\mathrm{m}}}{\mathrm{d}\omega} = V_{\mathrm{m}}\omega\left(\frac{1}{\omega^4 C^2} - L^2\right)\left[R^2 + \left(\omega L - \frac{1}{\omega C}\right)^2\right]^{-3/2}$$

当 $\omega = 1/\sqrt{LC} = 1/\sqrt{0.9\times 2\times 10^{-6}} = 745(\mathrm{rad}\cdot\mathrm{s}^{-1})$ 时，$\mathrm{d}I_{\mathrm{m}}/\mathrm{d}\omega = 0$，电流取极值；电流先上升，在 $\omega = 745\mathrm{rad}\cdot\mathrm{s}^{-1}$ 时极大，然后下降.

（3）$\omega = 500\mathrm{rad}\cdot\mathrm{s}^{-1}$ 时的相位角

$$\varphi = \arctan\frac{\omega L - 1/(\omega C)}{R} = \arctan\frac{500\times 0.9 - 1/(500\times 2\times 10^{-6})}{300} = -61.4^\circ$$

电流超前电压 61.4°，或电压滞后电流 61.4°（略绘复矢量图）.

（4）$\omega = 1/\sqrt{LC} = 745\mathrm{rad}\cdot\mathrm{s}^{-1}$ 时共振，共振频率 $f = \omega/(2\pi) = 119\mathrm{Hz}$，此时 $\cos\varphi = 1$.

（5）电阻为 100Ω时，共振频率仍为 119Hz，共振电流的有效值为

$$I=\frac{V}{R}=\frac{V_{\mathrm{m}}}{\sqrt{2}R}=\frac{50}{\sqrt{2}\times100}=0.354(\mathrm{A})$$

9.7　100Ω的电阻器，0.1μF 的电容器以及 0.1H 的电感器并联在电压振幅为 100V 的电源上，求

（1）共振频率和共振角频率；

（2）在共振频率时，通过这并联组合电路的最大总电流；

（3）共振时通过电阻的最大电流；

（4）共振时通过电感的最大电流；

（5）共振时储存在电感里的最大能量和储存在电容里的最大能量.

解　（1）并联电路的复阻抗为

$$\dot{Z}=\frac{R\cdot\dfrac{1}{\mathrm{j}\omega C}\cdot\mathrm{j}\omega L}{R\cdot\dfrac{1}{\mathrm{j}\omega C}+R\cdot\mathrm{j}\omega L+\dfrac{1}{\mathrm{j}\omega C}\cdot\mathrm{j}\omega L}=\frac{\omega RL[\omega L-\mathrm{j}R(\omega^2LC-1)]}{\omega^2L^2+(\omega^2LC-1)^2R^2}$$

共振时，$\dot{Z}$ 的虚部为 0，即

$$\omega_{\mathrm{c}}=\frac{1}{\sqrt{LC}}=\frac{1}{\sqrt{0.1\times10^{-7}}}=10^4(\mathrm{rad\cdot s^{-1}}),\quad f_{\mathrm{c}}=\frac{\omega_{\mathrm{c}}}{2\pi}=1592\mathrm{Hz}$$

（2）共振时，$\dot{Z}=100\Omega$，$I_{\mathrm{m}}=V_{\mathrm{m}}/Z=100/100=1(\mathrm{A})$.

（3）共振时通过电阻的最大电流为 $I_{\mathrm{m}R}=V_{\mathrm{m}}/R=100/100=1(\mathrm{A})$.

（4）共振时通过电感的最大电流为 $I_{\mathrm{m}L}=V_{\mathrm{m}}/(\omega L)=100/(10^4\times0.1)=0.1(\mathrm{A})$.

（5）共振时储存在电感中的最大能量为 $W_{\mathrm{m}L}=LI_{\mathrm{m}L}^2/2=0.1\times0.1^2/2=5\times10^{-4}(\mathrm{J})$；

储存在电容中的最大能量为 $W_{\mathrm{m}C}=CV_{\mathrm{m}}^2/2=10^{-7}\times100^2/2=5\times10^{-4}(\mathrm{J})$.

9.8　一变压器的原线圈为 660 匝，接在 220V 的交流电源上，测得三个副线圈的电压分别为 5V、6.8V、350V，分别求它们的匝数. 设这三个副线圈中的电流分别是 3A、2A、280μA，问通过原线圈中的电流是多少？

解　原线圈电压为 $V_0=220\,\mathrm{V}$，匝数为 $N_0=660$，可由测得的副线圈电压，按公式 $N=N_0V/V_0$ 算得副线圈匝数. 对于 $V=5$ V、6.8 V、350 V，分别求副线圈的匝数为 15、20、1050.

已知各副线圈电流，原线圈中的电流可由功率条件 $V_0I_0=V_1I_1+V_2I_2+V_3I_3$ 计算，结果为

$$I_0=\frac{V_1I_1+V_2I_2+V_3I_3}{V_0}=\frac{5\times3+6.8\times2+350\times0.28\times10^{-3}}{220}=0.13(\mathrm{A})$$

9.9　一升压变压器把 100V 交流电压升高到 3300V. 今有一根导线绕过铁芯接

在一伏特计 V 上，如习题 9.9 图所示. 伏特计的读数是 0.50V，该变压器两绕组的匝数各是多少？

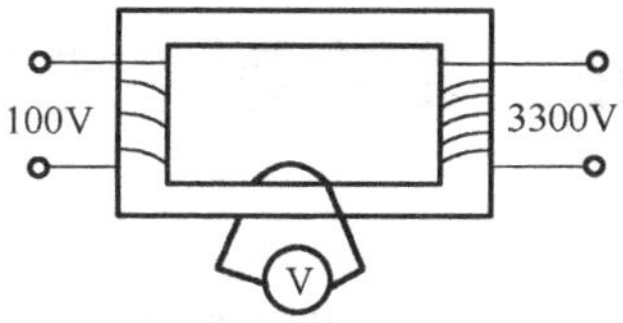

习题 9.9 图

解 由题设可知，伏特计所在回路的匝数 $N_0=1$，测得电压为 $V_0=0.50\text{V}$，则变压器两个绕组的匝数可由它们各自的电压算出，结果如下：

$$N_1=\frac{V_1}{V_0}N_0=\frac{100}{0.5}\times 1=200,\quad N_2=\frac{V_2}{V_0}N_0=\frac{3300}{0.5}\times 1=6600$$

***9.10** 一交流惠斯通电桥示于习题 9.10 图.

（1）当无电流通过检流计 G 时，求复阻抗之间满足的关系式；

（2）如果电源的频率变化，情况如何？

（3）让 $\tilde{Z}_1=R_1,\tilde{Z}_3=R_3,\tilde{Z}_2=R_2+\mathrm{j}\omega L_2$，第四个臂上的阻抗有一未知的电阻 R 和未知感抗 $X=\omega L$. 电桥在频率为 ω 时达到平衡状态，计算 R 和 L.

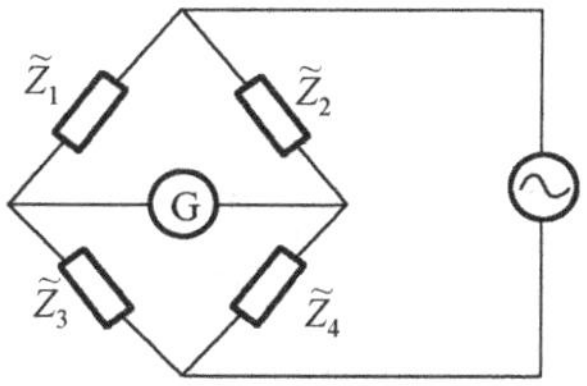

习题 9.10 图

解 （1）与稳恒电流类似，满足如下电桥平衡条件：

$$\tilde{Z}_1\cdot\tilde{Z}_4=\tilde{Z}_2\cdot\tilde{Z}_3$$

（2）频率变化时，一般会有电流通过 G，因为复阻抗与频率有关.

（3）将题给数据代入电桥平衡条件得

$$R_1(R+\mathrm{j}\omega L)=(R_2+\mathrm{j}\omega L_2)R_3\quad\Rightarrow\quad R_1R-R_2R_3+\mathrm{j}\omega(R_1L-R_3L_2)=0$$

由实部、虚部分别等于零得

$$R=R_2R_3/R_1,\quad L=R_3L_2/R_1$$

第 10 章　麦克斯韦电磁理论

10.1　一漏电电容器的平板之间的空间填满电阻为$5.0\times10^{5}\Omega$的物质，电容器的电容是$2.0\times10^{-6}\text{F}$，它的极板是圆形的，半径为 30cm，内部电场均匀，在 t=0 时刻，电容器两端的初始电压是零.

（1）如果电压以恒定速率$1.0\times10^{3}\text{V}\cdot\text{s}^{-1}$增加，那么位移电流是多少？

（2）通过电容器的真实漏电流在什么时间等于位移电流？

（3）在半径$r=20\text{cm}$处，在$t=0\text{s}, 1.0\text{s}, 2.0\text{s}$时刻，极板之间的磁场大小各是多少？

解　（1）位移电流为

$$I_{\mathrm{d}}=S\cdot\frac{\partial D}{\partial t}=\varepsilon S\frac{\partial E}{\partial t}=\frac{\varepsilon S}{d}\cdot\frac{\mathrm{d}V}{\mathrm{d}t}=C\frac{\mathrm{d}V}{\mathrm{d}t}$$
$$=2.0\times10^{-6}\times1.0\times10^{3}=2.0\times10^{-3}(\text{A})$$

（2）真实漏电流赶上位移电流的时间

$$I=\frac{V}{R}=\frac{(\mathrm{d}V/\mathrm{d}t)\cdot T}{R}=I_{\mathrm{d}}\quad\Rightarrow\quad T=\frac{I_{\mathrm{d}}R}{\mathrm{d}V/\mathrm{d}t}=\frac{2.0\times10^{-3}\times5.0\times10^{5}}{1.0\times10^{3}}=1(\text{s})$$

（3）由安培环路定理得

$$2\pi rB=\mu_0(I_{\mathrm{d}}+I)\frac{\pi r^2}{\pi a^2}=\frac{\mu_0 r^2}{a^2}\left(C\frac{\mathrm{d}V}{\mathrm{d}t}+\frac{V}{R}\right)=\frac{\mu_0 r^2}{a^2}\frac{\mathrm{d}V}{\mathrm{d}t}\left(C+\frac{t}{R}\right)$$

式中，t 为考察时间，a 为极板半径. 由上式解得

$$B=\frac{\mu_0 r}{2\pi a^2 R}\frac{\mathrm{d}V}{\mathrm{d}t}(RC+t)$$

在 $r=20\text{cm}$ 处，给定时刻的磁场大小分别为

$$B(t=0)=\frac{4\pi\times10^{-7}\times0.2\times10^{3}}{2\pi\times0.3^2\times5\times10^{5}}\times(5\times10^{5}\times2\times10^{-6}+t)_{t=0}$$
$$=8.9\times10^{-10}(1+t)_{t=0}=0.89\times10^{-9}(\text{T})$$
$$B(t=1)=8.9\times10^{-10}(1+1)=1.8\times10^{-9}(\text{T})$$
$$B(t=2)=8.9\times10^{-10}(1+2)=2.7\times10^{-9}(\text{T})$$

10.2　设一导线的电导率为σ，介电常量近似等于真空介电常量ε_0，通以角频率为ω的交流电.

（1）导线中传导电流与位移电流之比是多少？

（2）已知铜的电导率$\sigma=5.9\times10^{7}\Omega^{-1}\cdot\text{m}^{-1}$，分别计算铜导线载有频率为 50Hz 和 3.0×10^{11}Hz 的交流电时，传导电流密度与位移电流密度的大小之比.

解　（1）导线中传导电流与位移电流大小之比为

$$\frac{I_0}{I_d}=\left|\frac{\sigma ES}{\mathrm{d}D/\mathrm{d}tS}\right|=\frac{\sigma E}{\omega\varepsilon_0 E}=\frac{\sigma}{\omega\varepsilon_0}$$

（2）$f=50\text{Hz}$ 时，$I_0/I_d=5.9\times10^7/(2\pi\times50\times8.85\times10^{-12})=2.1\times10^{16}$；

$f=3.0\times10^{11}\text{Hz}$ 时，$I_0/I_d=5.9\times10^7/(2\pi\times3\times10^{11}\times8.85\times10^{-12})=3.5\times10^6$.

10.3　一平行板电容器的两板均为半径为 a 的圆板，接于一交流电源，板上电量的变化为 $Q=Q_0\sin\omega t$，试求两板之间的磁场强度.

解　极板内部的电位移矢量的大小为 $D=\sigma=Q/(\pi a^2)$，由安培环路定理得

$r<a$ 区：$2\pi rH=\pi r^2\dfrac{\mathrm{d}D}{\mathrm{d}t}=\dfrac{r^2}{a^2}\dfrac{\mathrm{d}Q}{\mathrm{d}t}\quad\Rightarrow\quad H=\dfrac{r}{2\pi a^2}\dfrac{\mathrm{d}Q}{\mathrm{d}t}=\dfrac{r\omega Q_0}{2\pi a^2}\cos\omega t$

$r>a$ 区：$2\pi rH=\pi a^2\dfrac{\mathrm{d}D}{\mathrm{d}t}=\dfrac{\mathrm{d}Q}{\mathrm{d}t}\quad\Rightarrow\quad H=\dfrac{1}{2\pi r}\dfrac{\mathrm{d}Q}{\mathrm{d}t}=\dfrac{\omega Q_0}{2\pi r}\cos\omega t$

10.4　两种各向同性介质相接，它们的介电常量和磁导率分别为 ε_1、μ_1 和 ε_2、μ_2. 设交界面上无自由电荷和传导电流，在交界面两边，电场强度和交界面法线的夹角分别为 θ_1 和 θ_2，磁场强度与交界面法线的夹角分别为 φ_1 和 φ_2，见习题 10.4 图. 证明：

$$\varepsilon_1\cot\theta_1=\varepsilon_2\cot\theta_2$$

$$\mu_1\cot\varphi_1=\mu_2\cot\varphi_2$$

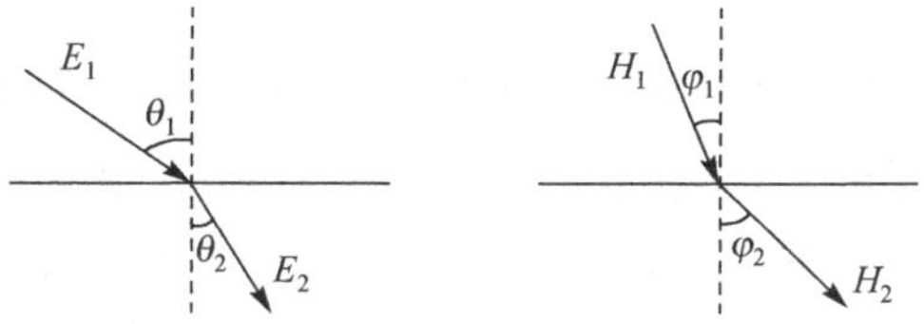

习题 10.4 图

证　由电位移矢量法向分量和电场强度切向分量连续的边值关系

$$D_{1n}=D_{2n}\quad\Rightarrow\quad\varepsilon_1E_{1n}=\varepsilon_2E_{2n}\quad\Rightarrow\quad\varepsilon_1E_1\cos\theta_1=\varepsilon_2E_2\cos\theta_2$$

$$E_{1t}=E_{2t}\quad\Rightarrow\quad E_1\sin\theta_1=E_2\sin\theta_2$$

两式相除得 $\varepsilon_1\cot\theta_1=\varepsilon_2\cot\theta_2$；由磁感应强度法向分量和磁场强度切向分量连续的边值关系

$$B_{1n}=B_{2n}\quad\Rightarrow\quad\mu_1H_{1n}=\mu_2H_{2n}\quad\Rightarrow\quad\mu_1H_1\cos\varphi_1=\mu_2H_2\cos\varphi_2$$

$$H_{1t}=H_{2t}\quad\Rightarrow\quad H_1\sin\varphi_1=H_2\sin\varphi_2$$

两式相除得 $\mu_1\cot\varphi_1=\mu_2\cot\varphi_2$，证毕.

10.5　频率为 5×10^9 Hz 的电磁波在某介质中传播，其电场强度的振幅为 $10\text{mV}\cdot\text{m}^{-1}$. 设介质的相对介电常量为 2.53，相对磁导率为 1. 试求：

（1）传播速度；

（2）波长；

（3）磁场强度的振幅.

解　（1）传播速度：$v=1/\sqrt{\varepsilon\varepsilon_0\mu\mu_0}=3\times10^8/\sqrt{2.53\times1}=1.89\times10^8(\mathrm{m\cdot s^{-1}})$；

（2）波长：$\lambda=v/f=1.89\times10^8/(5\times10^9)=3.77\times10^{-2}(\mathrm{m})=3.77(\mathrm{cm})$；

（3）磁场强度的振幅：

$$H=\sqrt{\varepsilon/\mu}E=[2.53\times8.85\times10^{-12}/(4\pi\times10^{-7})]^{1/2}\times0.01=4.22\times10^{-5}(\mathrm{A\cdot m^{-1}})$$

10.6　一个频率为 $7.94\times10^7\mathrm{Hz}$ 的无线电波在距离发射机 100km 处的电场强度振幅为 $E=15\mathrm{mV\cdot m^{-1}}$. 假设发射机在各个方向上传送的功率均匀，求

（1）在该点的磁场强度振幅 H;

（2）波数 k;

（3）波长 λ；

（4）发射机发射的功率 P.

解　（1）磁场强度振幅：

$$H=\sqrt{\varepsilon_0/\mu_0}E=E/(c\mu_0)=15\times10^{-3}/(3\times10^8\times4\pi\times10^{-7})=4.0\times10^{-5}(\mathrm{A\cdot m^{-1}})$$

（2）波数：$k=\omega/c=2\pi f/c=2\pi\times7.94\times10^7/(3\times10^8)=1.66(\mathrm{m^{-1}})$

（3）波长：$\lambda=2\pi/k=2\pi/1.66=3.78\mathrm{m}$

（4）发射机功率：

$$P=\overline{S}\cdot4\pi r^2=2\pi r^2EH=2\pi\times(10^5)^2\times0.015\times4\times10^{-5}=3.77\times10^4(\mathrm{W})=37.7(\mathrm{kW})$$

10.7　一条圆柱状导线，其截面是半径为 a 的圆，其电阻率为 ρ，通过恒定的电流 I. 求导线内部距离轴为 r 处的 $\boldsymbol{E}$，$\boldsymbol{H}$ 及坡印亭矢量 $\boldsymbol{S}$ 的大小和方向，并将坡印亭矢量大小与长度为 l、半径为 r 的导体体积内能量的耗散率进行比较.

解　取圆柱坐标（r,ϕ,z），z 轴与圆柱轴重合，指向电流方向. 于是，导线内电场只有 z 分量，磁场则只有 ϕ 分量，由欧姆定律和安培环路定理分别求得

$$E_z=\frac{j}{\sigma}=\frac{\rho I}{\pi a^2}$$

$$2\pi rH_\phi=j\cdot\pi r^2=\frac{I\pi r^2}{\pi a^2}\quad\Rightarrow\quad H_\phi=\frac{Ir}{2\pi a^2}$$

与此相应，坡印亭矢量只有 r 分量，其数值为

$$S_r=-E_zH_\phi=-\frac{\rho I}{\pi a^2}\cdot\frac{Ir}{2\pi a^2}=-\frac{\rho rI^2}{2\pi^2a^4}$$

负号表示指向圆柱导线内部. 长度为 l，半径为 r 的导体体积内的能量耗散率为

$$P=\frac{j^2}{\sigma}V=\rho\left(\frac{I}{\pi a^2}\right)^2\pi r^2l=\frac{I^2\rho lr^2}{\pi a^4}=-2\pi rl\cdot S_r$$

它等于自考察导体边界（面积等于$2\pi rl$）进入导体内部的电磁能流.

10.8　在地球轨道上太阳辐射的平均强度（即平均能流密度）是$\overline{S}=1353\text{W}\cdot\text{m}^{-2}$，太阳半径约为$R_0=7\times10^8\text{m}$，太阳到地球的距离约为$d=1.5\times10^{11}\text{m}$.

（1）求在太阳表面处太阳辐射的平均强度$\overline{S}_0$；

（2）求在太阳表面处电场强度的有效值；

（3）求在太阳表面处磁场强度的有效值.

解　（1）太阳表面的平均能流密度：

$$\overline{S}_{表}\cdot4\pi R_{\odot}^2=\overline{S}_{地}4\pi d_{日地}^2;\quad \overline{S}_0\cdot4\pi R_0^2=\overline{S}\cdot4\pi d^2$$

$$\overline{S}_0=(d/R_0)^2\overline{S}=\left(\frac{1.5\times10^{11}}{7\times10^8}\right)^2\times1353=6.21\times10^7(\text{W}\cdot\text{m}^{-2})$$

（2）电场强度有效值：由$\overline{S}_0=\varepsilon_0\overline{E}^2c$得

$$\overline{E}=\sqrt{\frac{\overline{S}_0}{\varepsilon_0c}}=\left(\frac{6.21\times10^7}{8.85\times10^{-12}\times3\times10^8}\right)^{1/2}=1.53\times10^5(\text{V}\cdot\text{m}^{-1})=153(\text{kV}\cdot\text{m}^{-1})$$

（3）磁场强度有效值：

$$\overline{H}=\overline{E}/(\mu_0c)=1.53\times10^5/(4\pi\times10^{-7}\times3\times10^8)=406(\text{A}\cdot\text{m}^{-1})$$

10.9　强度为S的光入射到一镜子上，入射光线与镜子平面法线成θ角.

（1）光线对镜子压力p多大？

（2）如果入射光能被镜子吸收的份额为a，那么压力p是多少？

解　(1)设镜子的面积为A,则单位时间入射到镜子上的动量大小为$SA\cos\theta/c$，方向沿光线传播方向. 经镜子反射以后，动量大小不变，但方向发生变化：离开镜子，且与镜子平面法线成θ角. 于是，反射后光线动量的损失为其法向分量的 2 倍，即等于$2SA\cos^2\theta/c$. 因此，镜子受到的压力为

$$p=\frac{2SA\cos^2\theta}{cA}=\frac{2S\cos^2\theta}{c}$$

（2）若入射光能被镜子吸收的份额为a，则光线经过反射前后的动量差为

$$\frac{SA\cos\theta}{c}\cdot\cos\theta+\frac{SA\cos\theta}{c}\cdot(1-a)\cos\theta=\frac{(2-a)SA\cos^2\theta}{c}$$

镜子受到的压力为

$$p=\frac{(2-a)SA\cos^2\theta}{Ac}=\frac{(2-a)S\cos^2\theta}{c}$$

10.10　一球形电容器，内外半径为r_1、r_2，带电为Q，自转转动惯量为I，静置于一均匀磁场$\boldsymbol{B}$中，当将$\boldsymbol{B}$撤消时，求电容器自转角速度的大小和方向.

解　取球坐标（r,θ,ϕ），原点位于球心，z轴指向磁场$\boldsymbol{B}$的方向. 在r_1与r_2之

间，利用静电场的高斯定理，可导出电位移矢量 $\boldsymbol{D}=Q\boldsymbol{e}_r/(4\pi r^2)$，从而依次求得电磁动量密度 $\boldsymbol{g}$ 和角动量密度 $\boldsymbol{l}$ 如下：

$$\boldsymbol{g}=\boldsymbol{D}\times\boldsymbol{B}=\frac{Q}{4\pi r^2}(\boldsymbol{e}_r\times\boldsymbol{B})$$

$$\boldsymbol{l}=\boldsymbol{r}\times\boldsymbol{g}=\frac{Q}{4\pi r}\boldsymbol{e}_r\times(\boldsymbol{e}_r\times\boldsymbol{B})=\frac{Q}{4\pi r}(B\cos\theta\boldsymbol{e}_r-\boldsymbol{B})$$

将角动量密度 $\boldsymbol{l}$ 过整个电容器作体积分，可求得系统的总电磁角动量. 在积分过程中，只需考虑角动量的 z 分量 $l_z=-QB\sin^2\theta/(4\pi r)$，积分求得总电磁角动量

$$L_z=\iiint_V l_z\mathrm{d}V=-\frac{QB}{4\pi}\int_0^{2\pi}\mathrm{d}\phi\int_0^{\pi}\sin^3\theta\mathrm{d}\theta\int_{r_1}^{r_2}r\mathrm{d}r=-\frac{QB}{3}(r_2^2-r_1^2)$$

将磁场撤消之后，损失的电磁角动量将等量转换为电容器的机械角动量，即 $L_z=I\omega$，由此导出电容器的自传角速度

$$\omega=-\frac{QB}{3I}(r_2^2-r_1^2)$$

负号表示旋转方向与 z 轴呈左手螺旋关系，即沿着原来磁场方向看为逆时针旋转.

附录　单位制和单位制间的公式变换

1. 求磁荷在国际单位制下的量纲表达式.

解　从磁荷定义式 $q_{\mathrm{m}} = F / H$ 出发，已知国际单位制下的力和磁场强度的量纲为

$$[F] = \mathrm{LMT^{-2}},\quad [H] = \mathrm{L^{-1}I}$$

代回定义式，求得磁荷的量纲 $[q_{\mathrm{m}}] = \mathrm{L^2MT^{-2}I^{-1}}$.

2. 求电感在高斯单位制下的量纲表达式.

解　从高斯单位制下的电感磁能公式 $W = LI^2 / 2$ 出发，已知在高斯单位制下的能量和电流强度的量纲为

$$[W] = \mathrm{L^2MT^{-2}},\quad [I] = \mathrm{L^{3/2}M^{1/2}T^{-2}}$$

求得电感的量纲 $[L] = \mathrm{L^2MT^{-2}\cdot L^{-3}M^{-1}T^4} = \mathrm{L^{-1}T^2}$.

3. 将国际单位制下的电感磁通公式 $\varPhi = LI$ 转换到高斯单位制.

解　查出磁通、电感和电流强度的单位比数（国际单位比高斯单位）:

$$\alpha_{\varPhi} = 10^8,\quad \alpha_L = 1/(9\times10^{11}),\quad \alpha_I = 3\times10^9$$

写下国际单位制下的电感磁通公式

$$\varPhi_{\mathrm{SI}} = L_{\mathrm{SI}} I_{\mathrm{SI}}$$

式中，下标“SI”表示相应物理量在国际单位制下的读数. 读数与单位大小成反比，故有

$$\varPhi_{\mathrm{SI}} = \varPhi_{\mathrm{G}} / \alpha_{\varPhi},\quad L_{\mathrm{SI}} = L_{\mathrm{G}} / \alpha_{\varPhi},\quad I_{\mathrm{SI}} = I_{\mathrm{G}} / \alpha_{\varPhi}$$

代回国际单位制电感磁通公式得

$$\varPhi_{\mathrm{G}} / \alpha_{\varPhi} = (L_{\mathrm{G}} / \alpha_L)(I_{\mathrm{G}} / \alpha_I) \quad \Rightarrow \quad \varPhi_{\mathrm{G}} = \frac{\alpha_{\varPhi}}{\alpha_L \alpha_I} L_{\mathrm{G}} I_{\mathrm{G}}$$

将单位比数代入，最终导出高斯单位制下的电感磁通公式

$$\varPhi_{\mathrm{G}} = \frac{10^8}{(9\times10^{11})^{-1}\times3\times10^9} L_{\mathrm{G}} I_{\mathrm{G}} = 3\times10^{10} L_{\mathrm{G}} I_{\mathrm{G}} = cL_{\mathrm{G}} I_{\mathrm{G}}$$

式中，$c = 3\times10^{10}$ 为真空光速在高斯制下的读数.

4. 电子回旋频率 $\omega \propto B$. 若 ω 的单位用弧度/秒（$\mathrm{rad\cdot s^{-1}}$），B 的单位用伽马（1 伽马=10^{-9}T），求比例系数的数值.

解　在国际单位制下，电子磁旋频率按 $\omega = eB / m$ 计算；将电子电量和质量代入之后得

$$\omega = \frac{eB}{m} = \frac{1.6\times10^{-19}}{9.1\times10^{-31}} B = 1.76\times10^{11} B$$

式中，右边的磁场 B 的单位为 T，算得的角频率单位为 $\mathrm{rad\cdot s^{-1}}$. 题目要求将磁场的单位改为伽马，1 伽马 $=10^{-9}$T，相应比例系数应当被 10^9 除，由 1.76×10^{11} 改为 176，即 $\omega=1.76\times10^2 B$.

5. 已知 $1\mathrm{C}=3\times10^9\,\mathrm{CGSE}(q)$，$1\,\mathrm{V}=(1/300)\,\mathrm{CGSE}(V)$，问 1 法[拉]电容等于多少高斯电容单位？

解 从电容的定义式 $C=q/V$ 出发，它在两个单位制下形式相同. 题目告知电量和电压的单位比数（国际单位比高斯单位）：$\alpha_q=3\times10^9$，$\alpha_V=1/300$. 设待求电容单位比数为 α_C，仿照练习题 3 的推导过程，可将国际单位制下的电容定义式 $C_{\mathrm{SI}}=q_{\mathrm{SI}}/V_{\mathrm{SI}}$ 化为如下形式：

$$C_{\mathrm{G}}=\frac{\alpha_C\alpha_V}{\alpha_q}\frac{q_{\mathrm{G}}}{V_{\mathrm{G}}}$$

考虑到高斯单位制下的电容定义式与国际单位制下的对应公式完全相同，则上式右边的系数应当等于 1，从而由已知电荷和电压单位比数求得电容的单位比数

$$\alpha_C=\frac{\alpha_q}{\alpha_V}=\frac{3\times10^9}{1/300}=9\times10^{11}$$

即 $1\mathrm{F}=9\times10^{11}\mathrm{cm}$.

6. 将以下各式从国际单位制转换到高斯单位制：

（1）$\boldsymbol{D}=\varepsilon_0\boldsymbol{E}+\boldsymbol{P}$ 和 $\boldsymbol{B}=\mu_0(\boldsymbol{H}+\boldsymbol{M})$；

（2）$\boldsymbol{F}=q(\boldsymbol{E}+\boldsymbol{v}\times\boldsymbol{B})$；

（3）电场能量 $w_{\mathrm{e}}=\boldsymbol{D}\cdot\boldsymbol{E}/2$.

解 查出相关物理量的单位比数（国际单位比高斯单位）如下：

$\alpha_D=12\pi\times10^5$，$\alpha_E=10^{-4}/3$，$\alpha_P=3\times10^5$，$\alpha_B=10^4$，$\alpha_H=4\pi\times10^{-3}$

$\alpha_M=10^{-3}$，$\alpha_F=10^5$，$\alpha_q=3\times10^9$，$\alpha_v=10^2$，$\alpha_w=10$

仿照练习题 3 的推导过程，可将国际单位制下的公式转换至高斯制.

（1）$\boldsymbol{D}=\varepsilon_0\boldsymbol{E}+\boldsymbol{P}$ 和 $\boldsymbol{B}=\mu_0(\boldsymbol{H}+\boldsymbol{M})$

$$\frac{\boldsymbol{D}}{\alpha_D}=\frac{\varepsilon_0\boldsymbol{E}}{\alpha_E}+\frac{\boldsymbol{P}}{\alpha_P}\Rightarrow\frac{\boldsymbol{D}}{12\pi\times10^5}=\frac{\boldsymbol{E}}{36\pi\times10^9\times10^{-4}/3}+\frac{\boldsymbol{P}}{3\times10^5}\Rightarrow\boldsymbol{D}=\boldsymbol{E}+4\pi\boldsymbol{P}$$

式中，不带下标的物理量等于高斯单位制下的读数，下同.

$$\frac{\boldsymbol{B}}{\alpha_B}=\frac{\mu_0\boldsymbol{H}}{\alpha_H}+\frac{\mu_0\boldsymbol{M}}{\alpha_M}\Rightarrow\frac{\boldsymbol{B}}{10^4}=\frac{4\pi\times10^{-7}\boldsymbol{H}}{4\pi\times10^{-3}}+\frac{4\pi\times10^{-7}\boldsymbol{M}}{10^{-3}}\Rightarrow\boldsymbol{B}=\boldsymbol{H}+4\pi\boldsymbol{M}$$

（2）$\boldsymbol{F}=q(\boldsymbol{E}+\boldsymbol{v}\times\boldsymbol{B})$

$$\frac{\boldsymbol{F}}{\alpha_F}=\frac{q}{\alpha_q}\left(\frac{\boldsymbol{E}}{\alpha_E}+\frac{\boldsymbol{v}\times\boldsymbol{B}}{\alpha_v\alpha_B}\right)\Rightarrow\frac{\boldsymbol{F}}{10^5}=\frac{q}{3\times10^9}\left(\frac{\boldsymbol{E}}{10^{-4}/3}+\frac{\boldsymbol{v}\times\boldsymbol{B}}{10^2\times10^4}\right)\Rightarrow\boldsymbol{F}=q\left(\boldsymbol{E}+\frac{1}{\boldsymbol{c}}\boldsymbol{v}\times\boldsymbol{B}\right)$$

式中，$c=3\times10^{10}\,\mathrm{cm\cdot s^{-1}}$.

（3）电场能量 $w_{\mathrm{e}}=\boldsymbol{D}\cdot\boldsymbol{E}/2$

$$\frac{w_e}{\alpha_e}=\frac{1}{2}\frac{\boldsymbol{D}\cdot\boldsymbol{E}}{\alpha_D\alpha_E}\Rightarrow\frac{w_e}{10}=\frac{1}{2}\frac{\boldsymbol{D}\cdot\boldsymbol{E}}{12\pi\times10^5\times10^{-4}/3}\Rightarrow w_e=\frac{1}{8\pi}\boldsymbol{D}\cdot\boldsymbol{E}$$

7. 将以下各式从高斯单位制转换到国际单位制：

（1）法拉第电磁感应定律 $\mathcal{E}=-(1/c)\mathrm{d}\Phi/\mathrm{d}t$；

（2）螺线管内磁感应强度 $B=4\pi\mu_r nI/c$；

（3）点电荷的场强（真空）$E=q/r^2$.

解 查出相关物理量的单位比数（国际单位比高斯单位）如下：

$$\alpha_U=1/300,\quad \alpha_\Phi=10^8,\quad \alpha_B=10^4,\quad \alpha_n=10^{-2}$$

$$\alpha_I=3\times10^9,\quad \alpha_E=10^{-4}/3,\quad \alpha_q=3\times10^9,\quad \alpha_r=10^2$$

与练习题 3 和 6 不同，本题是将公式从高斯单位制转换至国际单位制. 对于这种情况，只需从高斯单位制下的公式出发，将公式中各物理量乘上相应的单位比数即可.

（1）法拉第电磁感应定律 $\mathcal{E}=-(1/c)\mathrm{d}\Phi/\mathrm{d}t$

$$\alpha_U\mathcal{E}=-\frac{\alpha_\Phi}{c}\frac{\mathrm{d}\Phi}{\mathrm{d}t}\Rightarrow(1/300)\mathcal{E}=-\frac{10^8}{3\times10^{10}}\frac{\mathrm{d}\Phi}{\mathrm{d}t}\Rightarrow\mathcal{E}=-\frac{\mathrm{d}\Phi}{\mathrm{d}t}$$

式中，不带下标的物理量等于国际单位制下的读数，下同. 注意在高斯单位制下真空光速的读数为 3×10^{10}.

（2）螺线管内磁感应强度 $B=4\pi\mu_r nI/c$

$$\alpha_B B=\frac{4\pi\mu_r\alpha_n\alpha_I nI}{c}\Rightarrow10^4B=\frac{4\pi\mu_r10^{-2}\times3\times10^9nI}{3\times10^{10}}\Rightarrow B=\mu_r\mu_0 nI$$

（3）点电荷的场强（真空）$E=q/r^2$

$$\alpha_E E=\frac{\alpha_q q}{\alpha_r^2r^2}\Rightarrow\frac{1}{3}\times10^{-4}E=\frac{3\times10^9q}{100^2r^2}\Rightarrow E=\frac{9\times10^9q}{r^2}=\frac{q}{4\pi\varepsilon_0r^2}$$

式中，$\varepsilon_0=(36\pi\times10^9)^{-1}$.

8. 给出下列各量的(a)量的名称，(b)在国际单位制中的量纲式和单位：

（1）$\mathrm{d}l/\mathrm{d}t$，其中 l 为长度；

（2）$f(x)\mathrm{d}l$，其中 $f(x)$ 为力，$\mathrm{d}l$ 为位移；

（3）∇V，其中 V 为电势；

（4）$\iint_S\boldsymbol{D}\cdot\mathrm{d}\boldsymbol{S}$，其中 $\boldsymbol{D}$ 为电位移矢量，$\mathrm{d}\boldsymbol{S}$ 为面积元矢量.

解（1）$\mathrm{d}l/\mathrm{d}t$ 是速度，在国际单位制中的量纲为 $[\mathrm{d}l/\mathrm{d}t]=\mathrm{LT}^{-1}$，单位是 $\mathrm{m\cdot s^{-1}}$.

（2）$f(x)\mathrm{d}l$ 是功，在国际单位制中的量纲为 $[f(x)\mathrm{d}x]=\mathrm{ML^2T^{-2}}$，单位是 J.

（3）∇V 是电势梯度，在国际单位制中的量纲为 $[\nabla V]=\mathrm{LMT^{-3}I^{-1}}$，单位是 $\mathrm{V\cdot m^{-1}}$.

（4）$\iint_S\boldsymbol{D}\cdot\mathrm{d}\boldsymbol{S}$ 是电位移通量，在国际单位制中的量纲为 $\left[\iint\boldsymbol{D}\cdot\mathrm{d}\boldsymbol{S}\right]=[q]=\mathrm{TI}$，单位是 C.

《电磁学与电动力学（下册）（第二版）》习题解答

第 1 章　电磁现象的基本规律

1.1　证明 $\nabla\cdot\boldsymbol{e}_r=2/r$.

证　$\nabla\cdot\boldsymbol{e}_r=\nabla\cdot(\boldsymbol{r}/r)=(\nabla\cdot\boldsymbol{r})/r+\boldsymbol{r}\cdot\nabla(1/r)$

$$=3/r-1/r=2/r$$

证毕.

1.2　根据算符 ∇ 具有微分、矢量运算的两重性，证明

$$\nabla(\boldsymbol{A}\cdot\boldsymbol{B})=\boldsymbol{A}\times(\nabla\times\boldsymbol{B})+(\boldsymbol{A}\cdot\nabla)\boldsymbol{B}+\boldsymbol{B}\times(\nabla\times\boldsymbol{A})+(\boldsymbol{B}\cdot\nabla)\boldsymbol{A}$$

证　分别将矢量微分算符作用于 $\boldsymbol{A}$ 和 $\boldsymbol{B}$，写下

$$\nabla(\boldsymbol{A}\cdot\boldsymbol{B})=\nabla_A(\boldsymbol{A}\cdot\boldsymbol{B})+\nabla_B(\boldsymbol{A}\cdot\boldsymbol{B})$$

由

$$\boldsymbol{A}\times(\nabla\times\boldsymbol{B})=\boldsymbol{A}\times(\nabla_B\times\boldsymbol{B})=\nabla_B(\boldsymbol{A}\cdot\boldsymbol{B})-(\boldsymbol{A}\cdot\nabla_B)\boldsymbol{B}$$

得

$$\nabla_B(\boldsymbol{A}\cdot\boldsymbol{B})=\boldsymbol{A}\times(\nabla\times\boldsymbol{B})+(\boldsymbol{A}\cdot\nabla_B)\boldsymbol{B}=\boldsymbol{A}\times(\nabla\times\boldsymbol{B})+(\boldsymbol{A}\cdot\nabla)\boldsymbol{B}$$

同样有

$$\nabla_A(\boldsymbol{A}\cdot\boldsymbol{B})=\boldsymbol{B}\times(\nabla\times\boldsymbol{A})+(\boldsymbol{B}\cdot\nabla)\boldsymbol{A}$$

将上述结果代入第一式，证毕.

1.3　证明恒等式

$$(\nabla\times\boldsymbol{B})\times\boldsymbol{B}=\nabla\cdot\left(\boldsymbol{B}\boldsymbol{B}-\frac{1}{2}B^2\vec{\boldsymbol{I}}\right)-(\nabla\cdot\boldsymbol{B})\boldsymbol{B}$$

证　$(\nabla\times\boldsymbol{B})\times\boldsymbol{B}=\boldsymbol{B}\cdot\nabla\boldsymbol{B}-(\nabla\boldsymbol{B})\cdot\boldsymbol{B}$

$$=\nabla\cdot(\boldsymbol{B}\boldsymbol{B}-B^2\vec{\boldsymbol{I}}/2)-(\nabla\cdot\boldsymbol{B})\boldsymbol{B}$$

证毕.

1.4　证明恒等式

$$\boldsymbol{r}\cdot[(\nabla\times\boldsymbol{B})\times\boldsymbol{B}]=\nabla\cdot[(\boldsymbol{B}\boldsymbol{B}-B^2\vec{\boldsymbol{I}}/2)\cdot\boldsymbol{r}]+B^2/2$$

式中，$\boldsymbol{r}$ 为位置矢量；$\boldsymbol{B}$ 散度为零.

证　利用习题 1.3 的结果和 $\nabla\cdot\boldsymbol{B}=0$ 得

$$\begin{aligned}&\boldsymbol{r}\cdot[(\nabla\times\boldsymbol{B})\times\boldsymbol{B}]\\&=\nabla\cdot[(\boldsymbol{B}\boldsymbol{B}-B^2\vec{\boldsymbol{I}}/2)\cdot\boldsymbol{r}]-(\boldsymbol{B}\boldsymbol{B}-B^2\vec{\boldsymbol{I}}/2):\nabla\boldsymbol{r}\\&=\nabla\cdot[(\boldsymbol{B}\boldsymbol{B}-B^2\vec{\boldsymbol{I}}/2)\cdot\boldsymbol{r}]-(\boldsymbol{B}\boldsymbol{B}-B^2\vec{\boldsymbol{I}}/2):\vec{\boldsymbol{I}}\\&=\nabla\cdot[(\boldsymbol{B}\boldsymbol{B}-B^2\vec{\boldsymbol{I}}/2)\cdot\boldsymbol{r}]+B^2/2\end{aligned}$$

证毕.

1.5　证明恒等式

$$\iiint\{\boldsymbol{A}\cdot[\nabla\times(\nabla\times\boldsymbol{B})]-\boldsymbol{B}\cdot[\nabla\times(\nabla\times\boldsymbol{A})]\}\mathrm{d}V$$
$$=\oiint[\boldsymbol{B}\times(\nabla\times\boldsymbol{A})-\boldsymbol{A}\times(\nabla\times\boldsymbol{B})]\cdot\mathrm{d}\boldsymbol{\sigma}$$

式中，$\boldsymbol{A}$ 和 $\boldsymbol{B}$ 为矢量.

证　$\boldsymbol{A}\cdot[\nabla\times(\nabla\times\boldsymbol{B})]=\nabla\cdot[(\nabla\times\boldsymbol{B})\times\boldsymbol{A}]+(\nabla\times\boldsymbol{A})\cdot(\nabla\times\boldsymbol{B})$

$\boldsymbol{B}\cdot[\nabla\times(\nabla\times\boldsymbol{A})]=\nabla\cdot[(\nabla\times\boldsymbol{A})\times\boldsymbol{B}]+(\nabla\times\boldsymbol{B})\cdot(\nabla\times\boldsymbol{A})$

$\boldsymbol{A}\cdot[\nabla\times(\nabla\times\boldsymbol{B})]-\boldsymbol{B}\cdot[\nabla\times(\nabla\times\boldsymbol{A})]=\nabla\cdot[\boldsymbol{B}\times(\nabla\times\boldsymbol{A})-\boldsymbol{A}\times(\nabla\times\boldsymbol{B})]$

利用高斯定理，可见题给恒等式成立，证毕.

1.6　对任意矢量 $\boldsymbol{A}$，从高斯定理出发，用常矢量点乘法证明

$$\oiint_S\mathrm{d}\boldsymbol{\sigma}\times\boldsymbol{A}=\iiint_V\nabla\times\boldsymbol{A}\mathrm{d}V,\quad \oint_C\mathrm{d}\boldsymbol{l}\times\boldsymbol{A}=\iint_\Sigma(\mathrm{d}\boldsymbol{\sigma}\times\nabla)\times\boldsymbol{A}$$

证　用常矢量 $\boldsymbol{c}$ 点乘第一式左边得

$$\boldsymbol{c}\cdot\oiint_S\mathrm{d}\boldsymbol{\sigma}\times\boldsymbol{A}=\oiint_S(\boldsymbol{A}\times\boldsymbol{c})\cdot\mathrm{d}\boldsymbol{\sigma}=\iiint_V\nabla\cdot(\boldsymbol{A}\times\boldsymbol{c})\mathrm{d}V$$
$$=\boldsymbol{c}\cdot\iiint_V\nabla\times\boldsymbol{A}\mathrm{d}V$$

从中消去 $\boldsymbol{c}$，证得第一式；用 $\boldsymbol{c}$ 点乘第二式左边得

$$\boldsymbol{c}\cdot\oint_C\mathrm{d}\boldsymbol{l}\times\boldsymbol{A}=\oint_C(\boldsymbol{A}\times\boldsymbol{c})\cdot\mathrm{d}\boldsymbol{l}=\iint_\Sigma[\nabla\times(\boldsymbol{A}\times\boldsymbol{c})]\cdot\mathrm{d}\boldsymbol{\sigma}$$
$$=\iint_\Sigma(\mathrm{d}\boldsymbol{\sigma}\times\nabla)\cdot(\boldsymbol{A}\times\boldsymbol{c})=\iint_\Sigma[(\mathrm{d}\boldsymbol{\sigma}\times\nabla)\times\boldsymbol{A}]\cdot\boldsymbol{c}$$

从中消去 $\boldsymbol{c}$，证得第二式，证毕.

1.7　证明恒等式

$$\iiint\boldsymbol{j}\mathrm{d}V=\oiint\boldsymbol{rj}\cdot\mathrm{d}\boldsymbol{\sigma}$$

式中，$\boldsymbol{r}$ 为位置矢量，$\boldsymbol{j}$ 为散度为零的矢量场.

证　由 $\nabla\cdot(\boldsymbol{jr})=(\nabla\cdot\boldsymbol{j})\boldsymbol{r}+\boldsymbol{j}\cdot\nabla\boldsymbol{r}=\boldsymbol{j}$，并利用推广了的高斯定理得

$$\oiint\boldsymbol{rj}\cdot\mathrm{d}\boldsymbol{\sigma}=\iiint\nabla\cdot(\boldsymbol{jr})\mathrm{d}V=\iiint\boldsymbol{j}\mathrm{d}V$$

证毕.

1.8　计算如下 δ 函数的积分：$\int_{-\infty}^{\infty}x\delta(x^2-11x+24)\mathrm{d}x$.

解　利用如下 δ 函数的变换公式

$$\delta(f(x))=\sum_i\left|(\mathrm{d}f/\mathrm{d}x)_{x=x_i}\right|^{-1}\delta(x-x_i)$$

对 $f(x)=x^2-11x+24=(x-3)(x-8)$，有两个简单零点 $x_1=3$ 和 $x_2=8$；且 $\mathrm{d}f/\mathrm{d}x=2x-11$，得

$$\delta(x^2-11x+24)=\sum_{i=1}^{2}\frac{\delta(x-x_i)}{|2x_i-11|}=\frac{1}{5}[\delta(x-3)+\delta(x-8)]$$

$$\int_{-\infty}^{\infty}x\delta(x^2-11x+24)\mathrm{d}x=\frac{1}{5}\int_{-\infty}^{\infty}x[\delta(x-3)+\delta(x-8)]\mathrm{d}x=\frac{11}{5}$$

1.9　在直角坐标（x,y,z）系中，三维 δ 函数为

$$\delta(\boldsymbol{r}-\boldsymbol{r}_0)=\delta(x-x_0)\delta(y-y_0)\delta(z-z_0)$$

当转换到某正交曲线坐标（u,v,w）系，证明

$$\delta(\boldsymbol{r}-\boldsymbol{r}_0)=\delta(u-u_0)\delta(v-v_0)\delta(w-w_0)/h_1h_2h_3$$

式中，h_1、h_2 和 h_3 为拉美系数，（u_0,v_0,w_0）为 $\boldsymbol{r}_0$ 的曲线坐标.

证　由三维 δ 函数的定义，成立

$$\iiint\delta(\boldsymbol{r}-\boldsymbol{r}_0)\mathrm{d}V=\iiint\delta(x-x_0)\delta(x-x_0)\delta(x-x_0)\mathrm{d}x\mathrm{d}y\mathrm{d}z=1$$

在正交曲线坐标变换下，体积元按下述公式变换：

$$\mathrm{d}V=\mathrm{d}x\mathrm{d}y\mathrm{d}z=\left|\frac{\partial(u,v,w)}{\partial(x,y,z)}\right|^{-1}\mathrm{d}u\mathrm{d}v\mathrm{d}w=h_1h_2h_3\mathrm{d}u\mathrm{d}v\mathrm{d}w$$

于是成立

$$\iiint\delta(\boldsymbol{r}-\boldsymbol{r}_0)\mathrm{d}V=\iiint\delta(\boldsymbol{r}-\boldsymbol{r}_0)h_1h_2h_3\mathrm{d}u\mathrm{d}v\mathrm{d}w=1$$

再由

$$\iiint\delta(u-u_0)\delta(v-v_0)\delta(w-w_0)\mathrm{d}u\mathrm{d}v\mathrm{d}w=1$$

可知

$$\delta(\boldsymbol{r}-\boldsymbol{r}_0)=\delta(u-u_0)\delta(v-v_0)\delta(w-w_0)/h_1h_2h_3$$

证毕.

***1.10**　选择合适坐标系下的 δ 函数，写出下述电荷分布的电荷密度 $\rho(\boldsymbol{r})$：

（1）电荷 q 均匀分布于半径为 a 的球面上；

（2）电荷均匀分布于半径为 a 的圆柱面上，沿轴向单位长度电量为 λ；

（3）电荷 q 均匀分布于半径为 a 薄圆盘上，分别使用圆柱坐标（R,ϕ,z）和球坐标（r,θ,ϕ）.

解　（1）采用球坐标（r,θ,ϕ），有

$$h_1=1,\quad h_2=r,\quad h_3=r\sin\theta$$

由对称性，电荷密度仅为 r 的函数，设为 $\rho(r)$，则

$$\iiint\rho(r)h_1h_2h_3\mathrm{d}r\mathrm{d}\theta\mathrm{d}\phi=\iiint\rho(r)r^2\sin\theta\mathrm{d}r\mathrm{d}\theta\mathrm{d}\phi=q$$

对 θ 过（$0,\pi$）积分，对 ϕ 过（$0,2\pi$）积分，得

$$\frac{4\pi}{q}\int\rho(r)r^2\mathrm{d}r=\frac{4\pi a^2}{q}\int_{a-0}^{a+0}\rho(r)\mathrm{d}r=1$$

对比

$$\int_{a-0}^{a+0}\delta(r-a)\mathrm{d}r=1$$

得

$$\rho(r)=\frac{q}{4\pi a^2}\delta(r-a)$$

（2）采用圆柱坐标（R,ϕ,z），有

$$h_1=1,\quad h_2=R,\quad h_3=1$$

由对称性，电荷密度仅为 R 的函数，设为 $\rho(R)$；沿 z 轴单位长度积分，结果为 λ，即

$$\int_0^1\mathrm{d}z\iint\rho(R)R\mathrm{d}R\mathrm{d}\phi=\iint\rho(R)R\mathrm{d}R\mathrm{d}\phi=\lambda$$

对 ϕ 过（$0,2\pi$）积分，得

$$\frac{2\pi}{\lambda}\int\rho(R)R\mathrm{d}R=\frac{2\pi a}{\lambda}\int_{a-0}^{a+0}\rho(R)\mathrm{d}R=1$$

对比

$$\int_{a-0}^{a+0}\delta(R-a)\mathrm{d}R=1$$

得

$$\rho(R)=\frac{\lambda}{2\pi a}\delta(R-a)$$

（3）在圆柱坐标（R,ϕ,z）下，电荷密度与 ϕ 无关，且为 R 的阶跃函数 $\Theta(a-R)$，设为 $\rho(R,z)=\Theta(a-R)f(z)$，则

$$\iiint\rho(R,z)R\mathrm{d}R\mathrm{d}\phi\mathrm{d}z=\iiint\Theta(a-R)f(z)R\mathrm{d}R\mathrm{d}\phi\mathrm{d}z=q$$

对 R 过（$0,a$）积分，对 ϕ 过（$0,2\pi$）积分，得

$$\frac{\pi a^2}{q}\int_{0_-}^{0_+}f(z)\mathrm{d}z=1$$

对比

$$\int_{0_-}^{0_+}\delta(z)\mathrm{d}z=1$$

得 $f(z)=q\delta(z)/(\pi a^2)$，最终求得

$$\rho(R,z)=\frac{q}{\pi a^2}\Theta(a-R)\delta(z)$$

在球坐标（r,θ,ϕ）下，电荷密度与ϕ无关，其与 r 和θ的关系设为$\rho(r,\theta)=\Theta(a-r)g(r)f(\theta)$，则

$$\iiint\Theta(a-r)g(r)f(\theta)r^2\sin\theta\mathrm{d}r\mathrm{d}\theta\mathrm{d}\varphi=q$$

式中，$g(r)$和$f(\theta)$待定. 将上式中对 r 的积分限于区间（$0,r$），$r\leqslant a$，则显然有

$$\int_0^{2\pi}\mathrm{d}\phi\int_0^r g(r)r^2\mathrm{d}r\int_0^{\pi}f(\theta)\sin\theta\mathrm{d}\theta$$

$$=2\pi\int_0^r g(r)r^2\mathrm{d}r\int_{0_-}^{0_+}f(\theta)\mathrm{d}\cos\theta=\frac{qr^2}{a^2}$$

对比

$$\frac{2q}{a^2}\int_0^r r\mathrm{d}r=\frac{qr^2}{a^2},\quad \int_{0-}^{0_+}\delta(\cos\theta)\mathrm{d}\cos\theta=1$$

得$2\pi g(r)r^2=2qr/a^2$，$f(\theta)=\delta(\cos\theta)$，最终求得

$$\rho(r,\theta)=\frac{q}{\pi a^2 r}\Theta(a-r)\delta(\cos\theta)$$

上式表明在球坐标下，均匀圆盘面电荷的体电荷密度与 r 成反比.

1.11　考虑自由空间中下列形式的电磁波

$$\boldsymbol{E}(x,y,z,t)=\boldsymbol{E}_0(x,y)\mathrm{e}^{\mathrm{i}(kz-\omega t)}$$

$$\boldsymbol{B}(x,y,z,t)=\boldsymbol{B}_0(x,y)\mathrm{e}^{\mathrm{i}(kz-\omega t)}$$

式中，$\boldsymbol{E}_0$和$\boldsymbol{B}_0$位于 xy 平面内. 求出k和ω之间的关系，以及$\boldsymbol{E}_0(x,y)$和$\boldsymbol{B}_0(x,y)$之间的关系，证明$\boldsymbol{E}_0(x,y)$和$\boldsymbol{B}_0(x,y)$满足自由空间中静电场和静磁场方程.

解　将$\boldsymbol{E}$和$\boldsymbol{B}$代入麦克斯韦方程

$$\nabla\times\boldsymbol{E}=-\frac{\partial\boldsymbol{B}}{\partial t},\quad \nabla\times\boldsymbol{B}=\mu_0\boldsymbol{j}_0+\frac{1}{c^2}\frac{\partial\boldsymbol{E}}{\partial t}$$

得

$$\mathrm{i}k\boldsymbol{e}_z\times\boldsymbol{E}_0(x,y)=\mathrm{i}\omega\boldsymbol{B}_0(x,y)-\nabla\times\boldsymbol{E}_0$$

$$\mathrm{i}k\boldsymbol{e}_z\times\boldsymbol{B}_0(x,y)=-\mathrm{i}\omega\boldsymbol{E}_0(x,y)/c^2-\nabla\times\boldsymbol{B}_0$$

由于$\boldsymbol{e}_z\times\boldsymbol{E}_0$和$\boldsymbol{e}_z\times\boldsymbol{B}_0$位于 xy 平面，$\boldsymbol{E}_0$和$\boldsymbol{B}_0$也位于 xy 平面，而$\nabla\times\boldsymbol{E}_0$和$\nabla\times\boldsymbol{B}_0$则只有 z 分量，故得

$$\nabla\times\boldsymbol{E}_0=0,\quad \nabla\times\boldsymbol{B}_0=0$$

$$\boldsymbol{e}_z\times\boldsymbol{E}_0(x,y)=\omega\boldsymbol{B}_0(x,y)/k,\quad \boldsymbol{e}_z\times\boldsymbol{B}_0(x,y)=-\omega\boldsymbol{E}_0(x,y)/kc^2$$

上式表明，$\boldsymbol{E}_0$、$\boldsymbol{B}_0$和$\boldsymbol{e}_z$三者互相正交构成右手关系. 用$\boldsymbol{e}_z$叉乘上式第一式，再将第二式代入，得

$$k=\omega/c,\quad |\boldsymbol{E}_0(x,y)|=\omega|\boldsymbol{B}_0(x,y)|/k=c|\boldsymbol{B}_0(x,y)|$$

进一步由$\nabla\cdot\boldsymbol{E}=0$和$\nabla\cdot\boldsymbol{B}=0$得

$$\nabla\cdot\boldsymbol{E}_0=0,\quad \nabla\cdot\boldsymbol{B}_0=0$$

于是，$\boldsymbol{E}_0(x,y)$和$\boldsymbol{B}_0(x,y)$满足自由空间中静电场和静磁场方程.

1.12　有人对分区均匀介质导出两侧电场均满足$\nabla\cdot\boldsymbol{E}=0$，据此作出两侧电场法向分量连续的结论，对此你有何评论？

答　$\nabla\cdot\boldsymbol{E}=0$分区成立，但在界面的薄过渡层中不成立：在该过渡层中存在束缚电荷，有$\nabla\cdot\boldsymbol{E}=\rho'/\varepsilon_0$，$\rho'$为束缚电荷密度. 因此，即便介质界面两侧均成立$\nabla\cdot\boldsymbol{E}=0$，也不能由它作出两侧电场法向分量连续的结论.

1.13　在各向同性电介质界面上，电场线会出现转折. 设两侧介质的介电常量分别为ε_1和ε_2，电场线与界面法线的夹角分别为θ_1和θ_2，证明$\varepsilon_1\tan\theta_2=\varepsilon_2\tan\theta_1$. 设界面电位移矢量的法向分量为$D_n$，计算界面上束缚面电荷密度$\sigma'$.

证　由边值关系

$$\boldsymbol{n}\times(\boldsymbol{E}_2-\boldsymbol{E}_1)=0,\quad \boldsymbol{n}\cdot(\boldsymbol{D}_2-\boldsymbol{D}_1)=0$$

得

$$E_2\sin\theta_2=E_1\sin\theta_1,\quad \varepsilon_2E_2\cos\theta_2=\varepsilon_1E_1\cos\theta_1$$

从上述两式消去E_1和E_2，即证得$\varepsilon_1\tan\theta_2=\varepsilon_2\tan\theta_1$. 界面上的束缚面电荷密度为

$$\sigma'=P_{n1}-P_{n2}=\frac{\varepsilon_1-\varepsilon_0}{\varepsilon_1}D_n-\frac{\varepsilon_2-\varepsilon_0}{\varepsilon_2}D_n=\frac{\varepsilon_0(\varepsilon_1-\varepsilon_2)}{\varepsilon_1\varepsilon_2}D_n$$

1.14　设各向同性导体界面有传导电流通过，电流密度的法向分量为j_n；两侧导体的电导率和介电常量分别为σ_1、ε_1和σ_2、ε_2，求界面上的自由面电荷密度σ_0和束缚面电荷密度σ'.

解　界面上的自由和束缚面电荷密度分别为

$$\sigma_0=D_{n2}-D_{n1}=\varepsilon_2E_{n2}-\varepsilon_1E_{n1}=\left(\frac{\varepsilon_2}{\sigma_2}-\frac{\varepsilon_1}{\sigma_1}\right)j_n=\frac{\sigma_1\varepsilon_2-\sigma_2\varepsilon_1}{\sigma_1\sigma_2}j_n$$

$$\begin{aligned}\sigma'&=P_{n1}-P_{n2}=(\varepsilon_1-\varepsilon_0)E_{n1}-(\varepsilon_2-\varepsilon_0)E_{n2}\\&=\frac{\varepsilon_1-\varepsilon_0}{\sigma_1}j_n-\frac{\varepsilon_2-\varepsilon_0}{\sigma_2}j_n=\frac{\sigma_2(\varepsilon_1-\varepsilon_0)-\sigma_1(\varepsilon_2-\varepsilon_0)}{\sigma_1\sigma_2}j_n\end{aligned}$$

***1.15**　电场$\boldsymbol{E}=-\nabla\varphi$由局域电荷分布产生. 将小的局域电流移入场中，其电流密度为$\boldsymbol{j}$，磁场强度为$\boldsymbol{H}$. 证明系统电磁动量可表为

$$\boldsymbol{G}=c^{-2}\iiint\varphi\boldsymbol{j}\mathrm{d}V$$

并指出$\varphi\boldsymbol{H}$随距离的衰减快到何种程度才能获得上述结果.

解　电磁动量为

$$\begin{aligned}\boldsymbol{G}&=c^{-2}\iiint\boldsymbol{E}\times\boldsymbol{H}\mathrm{d}V=-c^{-2}\iiint\nabla\varphi\times\boldsymbol{H}\mathrm{d}V\\&=-c^{-2}\iiint\nabla\times(\varphi\boldsymbol{H})\mathrm{d}V+c^{-2}\iiint\varphi\nabla\times\boldsymbol{H}\mathrm{d}V\\&=c^{-2}\iiint\varphi\boldsymbol{j}\mathrm{d}V+c^{-2}\oiint_{\infty}\varphi\boldsymbol{H}\times\mathrm{d}\boldsymbol{\sigma}\end{aligned}$$

若式中面积分项消失，则题给电磁动量公式得证. 为保证上述面积分消失，要求 $\varphi\boldsymbol{H}$ 随距离的衰减快于距离反平方.

***1.16**　从推广了的电磁动量守恒定律

$$\boldsymbol{f}_0-\frac{1}{2}E^2\nabla\varepsilon+\frac{1}{2}B^2\nabla\frac{1}{\mu}=-\frac{\partial\boldsymbol{g}_0}{\partial t}-\nabla\cdot\vec{\boldsymbol{T}}_0$$

出发，证明对非均匀线性各向同性介质有如下角动量守恒关系

$$\boldsymbol{r}\times\left(\boldsymbol{f}_0\ -\frac{E^2}{2}\nabla\varepsilon+\frac{B^2}{2}\nabla\frac{1}{\mu}\right)=-\frac{\partial\boldsymbol{l}_0}{\partial t}-\nabla\cdot\vec{\boldsymbol{R}}_0$$

式中，$\boldsymbol{l}_0=\boldsymbol{r}\times\boldsymbol{g}_0$ 和 $\vec{\boldsymbol{R}}_0=-\vec{\boldsymbol{T}}_0\times\boldsymbol{r}$ 分别为电磁角动量密度和电磁角动量流密度.

证　将位置矢量叉乘推广了的电磁动量守恒定律式左右两边，利用 $\boldsymbol{r}\times\nabla\cdot\vec{\boldsymbol{T}}_0=-\nabla\cdot(\vec{\boldsymbol{T}}_0\times\boldsymbol{r})$（参见式（1.4.25）），即可证明题给角动量守恒关系.

1.17　球形电容器位于均匀外磁场 B_0 中，内外半径分别为 R_1 和 R_2，内球壳带电为 Q，自转转动惯量为 I. 求将电容器短路使之全部放电之后电容器的自转角速度的大小和方向.

解　球形电容器电场限于电容器内部（$R_1\leqslant r\leqslant R_2$），表达式如下：

$$\boldsymbol{E}=\frac{Q}{4\pi\varepsilon_0r^2}\boldsymbol{e}_r$$

设外磁场沿 z 轴正向，则电磁角动量密度等于

$$\boldsymbol{l}=\boldsymbol{r}\times\boldsymbol{g}=\varepsilon_0\boldsymbol{r}\times(\boldsymbol{E}\times\boldsymbol{B}_0)=\frac{QB_0\sin\theta}{4\pi r}\boldsymbol{e}_\theta$$

由问题的轴对称性，可知只有沿 z 轴方向的分量对总角动量有贡献，系统的电磁角动量沿 z 轴方向，数值为

$$\begin{aligned}L&=\iiint l_z\mathrm{d}V=-\frac{QB_0}{4\pi}\iiint\frac{\sin^2\theta}{r}r^2\sin\theta\mathrm{d}r\mathrm{d}\theta\mathrm{d}\phi\\&=-\frac{QB_0}{2}\int_{R_1}^{R_2}r\mathrm{d}r\int_0^{\pi}\sin^3\theta\mathrm{d}\theta=-\frac{QB_0}{3}(R_2^2-R_1^2)\end{aligned}$$

电容器放电之后，上述电磁角动量转化为电容器的机械角动量 $I\omega$，据此求得电容器绕 z 轴的旋转角速度

$$\omega=-\frac{QB_0}{3I}(R_2^2-R_1^2)$$

当$Q>0$时，旋转方向与外磁场方向满足左手关系，当$Q<0$时为右手关系.

1.18 对于线性无色散、无损耗介质，给定自由电荷和传导电流，以及初始条件和边界电场强度或磁场强度的切向分量，证明电磁场解的唯一性（见 1.5 节提示）.

证 用反证法证明. 如果不唯一，不妨设有两个解，（$\boldsymbol{E}_1,\boldsymbol{H}_1$）和（$\boldsymbol{E}_2,\boldsymbol{H}_2$）.令$\boldsymbol{E}=\boldsymbol{E}_1-\boldsymbol{E}_2$，$\boldsymbol{H}=\boldsymbol{H}_1-\boldsymbol{H}_2$，则$\boldsymbol{E}$和$\boldsymbol{H}$满足场源为零（$\rho=0, \boldsymbol{j}=0$）的麦克斯韦方程，且初值和边值均为零

$$\boldsymbol{E}|_{t=0}=0 \quad \boldsymbol{H}|_{t=0}=0$$

或

$$\boldsymbol{E}_\tau|_S=0 \quad \boldsymbol{H}_\tau|_S=0$$

$\boldsymbol{E}$和$\boldsymbol{B}$同样满足线性无色散、无损耗介质中电磁场的坡印亭定理

$$\iiint_V \boldsymbol{j}_0\cdot\boldsymbol{E}\mathrm{d}V=-\frac{\mathrm{d}}{\mathrm{d}t}\iiint_V w_0\mathrm{d}V-\oiint_S \boldsymbol{S}_0\cdot\mathrm{d}\boldsymbol{\sigma} \tag{1}$$

式中

$$w_0=\frac{1}{2}(\boldsymbol{D}\cdot\boldsymbol{E}+\boldsymbol{B}\cdot\boldsymbol{H}),\quad \boldsymbol{S}_0=\boldsymbol{E}\times\boldsymbol{H}$$

由$\boldsymbol{j}_0=0$，可知式（1）左边项为零. 由边界条件，可知坡印亭矢量$\boldsymbol{S}_0$在边界上的法向分量为零，以致式（1）右边的面积分消失，该式化为

$$\frac{\mathrm{d}}{\mathrm{d}t}\iiint_V(\boldsymbol{D}\cdot\boldsymbol{E}+\boldsymbol{B}\cdot\boldsymbol{H})\mathrm{d}V=0$$

由初始条件，上式体积分的初值为零，因而始终为零，即

$$\iiint_V(\boldsymbol{D}\cdot\boldsymbol{E}+\boldsymbol{B}\cdot\boldsymbol{H})\mathrm{d}V=0$$

对各向同性介质，被积式化为$(\varepsilon E^2+\mu H^2)$，由介电常量和磁导率为正的条件，则被积式恒正，以致有$\boldsymbol{E}=\boldsymbol{H}=0$. 对各向异性介质，被积式化为

$$\boldsymbol{D}\cdot\boldsymbol{E}+\boldsymbol{B}\cdot\boldsymbol{H}=\varepsilon_{ij}E_iE_j+\mu_{ij}H_iH_j$$

由介电常量和磁导率张量的正定性，可知被积式的两个二次式恒正，同样有$\boldsymbol{E}=\boldsymbol{H}=0$，证毕.

第 2 章 静 电 场

2.1 利用高斯定理证明：半径为 R 的导体球面外侧的电场强度法向导数与电场强度之比为

$$\frac{1}{E}\frac{\partial E}{\partial n}=-\frac{2}{R}$$

式中，法向指向球面外部.

证 以导体球心为原点，取球坐标（r,θ,ϕ）. 考察球面上的面元 ΔS，以它为底，沿着径向方向朝外侧引扁锥台面，高度为 Δn，上底面面积为 $\Delta S'$，成立 $\Delta S'/\Delta S=(R+\Delta n)^2/R^2$. 对该扁锥台面运用高斯定理得

$$E(R+\Delta n)\Delta S'-E(R)\Delta S=0$$

$$E(R+\Delta n)(R+\Delta n)^2-E(R)R^2\approx E(R+\Delta n)(R^2+2R\Delta n)-E(R)R^2=0$$

$$\frac{R^2[E(R+\Delta n)-E(R)]}{\Delta n}\approx -2RE(R+\Delta n)$$

取极限 $\Delta n\to 0$，即求得题给公式，证毕.

***2.2** 证明位于 $\boldsymbol{r}_0$、偶极矩为 $\boldsymbol{p}$ 的电偶极子的电荷密度可写为

$$\rho(\boldsymbol{r})=-\boldsymbol{p}\cdot\nabla\delta(\boldsymbol{r}-\boldsymbol{r}_0)$$

从上述电荷密度出发，积分求出偶极子的电势表达式.

解 将偶极子视为两个等量异号点电荷 $\pm q$，其中 $-q$ 位于 $\boldsymbol{r}_0$，$+q$ 位于 $\boldsymbol{r}_0+\Delta\boldsymbol{r}$，成立 $\boldsymbol{p}=q\Delta\boldsymbol{r}$. 相应电荷密度可表示为

$$\begin{aligned}\rho(\boldsymbol{r})&=q[\delta(\boldsymbol{r}-\boldsymbol{r}_0-\Delta\boldsymbol{r})-\delta(\boldsymbol{r}-\boldsymbol{r}_0)]\\&=q\Delta\boldsymbol{r}\cdot\nabla\delta(\boldsymbol{r}-\boldsymbol{r}_0)=\boldsymbol{p}\cdot\nabla\delta(\boldsymbol{r}-\boldsymbol{r}_0)\end{aligned}$$

利用库仑定律，求得偶极子的电势为

$$\begin{aligned}\varphi&=\frac{1}{4\pi\varepsilon_0}\iiint\frac{\boldsymbol{p}\cdot\nabla'\delta(\boldsymbol{r}'-\boldsymbol{r}_0)}{|\boldsymbol{r}-\boldsymbol{r}'|}\mathrm{d}V'\\&=-\frac{1}{4\pi\varepsilon_0}\iiint\frac{\boldsymbol{p}\cdot\nabla_0\delta(\boldsymbol{r}'-\boldsymbol{r}_0)}{|\boldsymbol{r}-\boldsymbol{r}'|}\mathrm{d}V'\\&=-\frac{1}{4\pi\varepsilon_0}\boldsymbol{p}\cdot\nabla_0\iiint\frac{\delta(\boldsymbol{r}'-\boldsymbol{r}_0)}{|\boldsymbol{r}-\boldsymbol{r}'|}\mathrm{d}V'\\&=-\frac{1}{4\pi\varepsilon_0}\boldsymbol{p}\cdot\nabla_0\frac{1}{|\boldsymbol{r}-\boldsymbol{r}_0|}=\frac{\boldsymbol{p}\cdot(\boldsymbol{r}-\boldsymbol{r}_0)}{4\pi\varepsilon_0|\boldsymbol{r}-\boldsymbol{r}_0|^3}\end{aligned}$$

***2.3**　证明对任何局域电荷分布所产生的电场 $\boldsymbol{E}$，具有如下性质：当全部电荷位于某球体之内，则 $\boldsymbol{E}$ 在该球体内的体积分等于 $-\boldsymbol{p}/(3\varepsilon_0)$，$\boldsymbol{p}$ 为局域电荷分布的偶极矩；当全部电荷位于球体之外，则相应电场体积分等于球心电场和球体体积的乘积.（提示：由均匀电荷密度球内外的电场公式，可归纳出如下体积分公式：

$$\iiint_{r\leqslant a}\frac{\boldsymbol{r}'-\boldsymbol{r}}{|\boldsymbol{r}'-\boldsymbol{r}|^3}\mathrm{d}V=\begin{cases}4\pi a^3\boldsymbol{r}'/(3r'^3), & r'>a\\ 4\pi\boldsymbol{r}'/3, & r'<a\end{cases}$$

式中，a 为球体半径；应用该公式完成本题之证明）

证　不妨设球半径为 a，取球心为坐标原点，则

$$\boldsymbol{E}(\boldsymbol{r})=\frac{1}{4\pi\varepsilon_0}\iiint\frac{\rho(\boldsymbol{r}')(\boldsymbol{r}-\boldsymbol{r}')}{|\boldsymbol{r}-\boldsymbol{r}'|}\mathrm{d}V'$$

$$\iiint_{r\leqslant a}\boldsymbol{E}\mathrm{d}V=\frac{1}{4\pi\varepsilon_0}\iiint\mathrm{d}V\iiint_{r\leqslant a}\frac{\rho(\boldsymbol{r}')(\boldsymbol{r}-\boldsymbol{r}')\mathrm{d}V}{|\boldsymbol{r}-\boldsymbol{r}'|^3}$$

$$=-\frac{1}{4\pi\varepsilon_0}\iiint\rho(\boldsymbol{r}')\mathrm{d}V'\iiint_{r\leqslant a}\frac{(\boldsymbol{r}'-\boldsymbol{r})\mathrm{d}V}{|\boldsymbol{r}-\boldsymbol{r}'|^3}$$

利用提示的积分公式，对于全部电荷位于球体之内，即 $r'<a$ 的情况有

$$\iiint_{r\leqslant a}\boldsymbol{E}\mathrm{d}V=-\frac{1}{4\pi\varepsilon_0}\iiint\frac{4\pi}{3}\rho(\boldsymbol{r}')\boldsymbol{r}'\mathrm{d}V'=-\frac{1}{3\varepsilon_0}\boldsymbol{p}$$

对于全部电荷位于球体之外，即 $r'>a$ 的情况有

$$\iiint_{r\leqslant a}\boldsymbol{E}\mathrm{d}V=-\frac{1}{4\pi\varepsilon_0}\iiint\frac{4\pi a^3}{3r'^3}\rho(\boldsymbol{r}')\boldsymbol{r}'\mathrm{d}V'=\frac{4\pi a^3}{3}\boldsymbol{E}(0)$$

证毕.

2.4　将半径为 a 的无限长导体圆柱壳，过轴线切成两半，电势分别为 $\pm V$（习题 2.4 图），求柱内外空间的电势分布.（提示：用圆柱坐标系下的分离变数法求解，利用傅里叶级数

$$f(\phi)=\frac{a_0}{2}+\sum_{n=1}^{\infty}(a_n\cos n\phi+b_n\sin n\phi)$$

的系数计算公式

$$a_n=\frac{1}{\pi}\int_0^{2\pi}f(\phi)\cos n\phi\,\mathrm{d}\phi,\quad b_n=\frac{1}{\pi}\int_0^{2\pi}f(\phi)\sin n\phi\,\mathrm{d}\phi$$

确定展开系数）

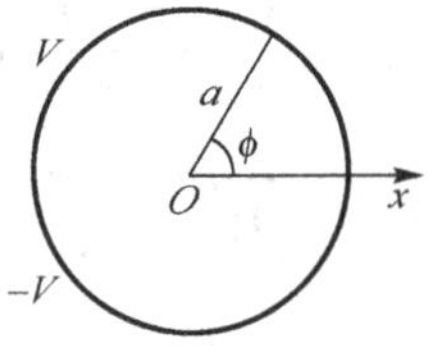

习题 2.4 图

解 采用圆柱坐标（ρ,ϕ,z），电势与 z 无关. 对圆柱内，只保留 ρ 的非负幂次项，将解写为

$$\phi_1 = \frac{a_0}{2} + \sum_{n=1}^{\infty} \rho^n (a_n \cos n\phi + b_n \sin n\phi)$$

式中，系数由 $\rho = a$ 处的边界条件确定如下：

$$a_n = \frac{1}{\pi a^n} \int_0^{\pi} V \cos n\phi \mathrm{d}\phi - \frac{1}{\pi a^n} \int_{\pi}^{2\pi} V \cos n\phi \mathrm{d}\phi = 0$$

$$b_n = \frac{1}{\pi a^n} \int_0^{\pi} V \sin n\phi \mathrm{d}\phi - \frac{1}{\pi a^n} \int_{\pi}^{2\pi} V \sin n\phi \mathrm{d}\phi = \frac{2V}{n\pi a^n}[1-(-1)^n]$$

只有 n 为奇数时，才有非零系数 $b_n = 4V/(n\pi a^n)$，以致柱内的解为

$$\varphi_1 = \frac{4V}{\pi} \sum_{n=0}^{\infty} \frac{1}{2n+1} \left(\frac{\rho}{a}\right)^{2n+1} \sin[(2n+1)\phi] \quad (\rho < a)$$

采取类似步骤可得柱外的解如下：

$$\varphi_2 = \frac{4V}{\pi} \sum_{n=0}^{\infty} \frac{1}{2n+1} \left(\frac{a}{\rho}\right)^{2n+1} \sin[(2n+1)\phi] \quad (\rho > a)$$

2.5 半径为 a、带电量为 Q 的导体球壳位于均匀外电场 $\boldsymbol{E}_0$ 中. 若将球壳沿垂直外电场方向切成两半，两半球通过导线彼此接通，计算上半球受到的静电力的大小及方向.（提示：先用分离变数法求解球外空间电场 $\boldsymbol{E}$，并计算球壳表面的自由面电荷密度 σ_0，然后由

$$\boldsymbol{F} = \iint \sigma_0 (\boldsymbol{E} - \boldsymbol{E}') \mathrm{d}\sigma, \quad \boldsymbol{E} = \sigma_0 \boldsymbol{n} / \varepsilon_0, \quad \boldsymbol{E}' = \boldsymbol{E} / 2$$

过半球壳积分算力，式中 $\boldsymbol{E}'$ 为面电荷元 $\sigma_0 \mathrm{d}\sigma$ 的贡献）

解 采用球坐标（r,θ,ϕ），使外电场 $\boldsymbol{E}_0$ 沿极轴方向，电势与 ϕ 无关. 球内电势 φ_1 为常数，尝试取球外电势为

$$\varphi_2 = a_0 + a_1 r \cos\theta + \frac{b_0}{r} + \frac{b_1}{r^2} \cos\theta$$

下面由无限远的渐近条件和球面（$r = a$）上的边值关系确定系数.

无限远为均匀电场，电势的渐近表达式取为 $-E_0 r \cos\theta$，据此定出系数 $a_0 = 0$ 和 $a_1 = -E_0$. 在球面（$r = a$）上有边值关系

$$\varphi_1 = \varphi_2 |_{r=a} = \left(\frac{b_1}{a^2} - E_0 a\right) \cos\theta + \frac{b_0}{a}, \quad -\oiint_{r=a} \frac{\partial \phi_2}{\partial r} \mathrm{d}\sigma = \frac{Q}{\varepsilon_0}$$

由第一式定出 $b_1 = E_0 a^3$ 和 $\varphi_1 = b_0 / a$；由第二式得

$$\iint \left(E_0 \cos\theta + \frac{b_0}{a^2} + \frac{2b_1}{a^3} \cos\theta\right) a^2 \sin\theta \mathrm{d}\theta \mathrm{d}\phi = 4\pi b_0 = \frac{Q}{\varepsilon_0}$$

据此定出 $b_0 = Q/(4\pi\varepsilon_0)$. 至此求得全部系数，以致球内外电势分布如下：

$$\varphi = \begin{cases} \dfrac{Q}{4\pi\varepsilon_0 a}, & r \leqslant a \\ -E_0 r\cos\theta + \dfrac{Q}{4\pi\varepsilon_0 r} + \dfrac{E_0 a^3 \cos\theta}{r^2}, & r > a \end{cases}$$

相应电场分布为

$$\boldsymbol{E} = \begin{cases} 0, & r \leqslant a \\ \boldsymbol{E}_0 + \dfrac{Q}{4\pi\varepsilon_0 r^2}\boldsymbol{e}_r + \dfrac{2E_0 a^3\cos\theta}{r^3}\boldsymbol{e}_r + \dfrac{E_0 a^3 \sin\theta}{r^3}\boldsymbol{e}_\theta, & r > a \end{cases}$$

球壳上的自由面电荷密度为

$$\sigma_0 = \varepsilon_0 E_r\big|_{r=a} = 3\varepsilon_0 E_0 \cos\theta + \frac{Q}{4\pi a^2}$$

由对称性，上半球壳受到的电力仅存在 z 分量，结果为

$$\begin{aligned} F_z &= \boldsymbol{e}_z \cdot \int_0^{2\pi} \mathrm{d}\phi \int_0^{\pi/2} \sigma_0 (E_r - E_r')\boldsymbol{e}_r a^2 \sin\theta \mathrm{d}\theta \\ &= \frac{a^2}{2}\boldsymbol{e}_z \cdot \int_0^{2\pi}\mathrm{d}\phi\int_0^{\pi/2}\sigma_0 E_r \boldsymbol{e}_r \sin\theta\mathrm{d}\theta \\ &= \frac{\pi a^2}{\varepsilon_0}\int_0^{\pi/2}\left(3\varepsilon_0 E_0\cos\theta + \frac{Q}{4\pi a^2}\right)^2 \sin\theta\cos\theta\mathrm{d}\theta \\ &= \frac{9}{4}\pi a^2 \varepsilon_0 E_0^2 + \frac{1}{2}E_0 Q + \frac{Q^2}{32\pi\varepsilon_0 a^2} \end{aligned}$$

F_z 恒为正，背离下半球.

2.6　介电常量为 ε_1 的均匀介质球的球心置一偶极矩为 $\boldsymbol{p}_0$ 的电偶极子，球外填满介电常量为 ε_2 的均匀介质，求球内外的电势分布.（提示：从球内总电势中减去偶极子在介电常量为 ε_1 的介质中的电势，所余部分满足拉普拉斯方程）

解　采用球坐标（r,θ,ϕ），使偶极子 $\boldsymbol{p}_0$ 沿极轴方向，电势与 ϕ 无关. 设球内电势为 φ_1，球外电势为 φ_2. 从 φ_1 中减去偶极子在介电常量为 ε_1 的介质中的电势得

$$\varphi_1' = \varphi_1 - \frac{\boldsymbol{p}_0 \cdot \boldsymbol{r}}{4\pi\varepsilon_1 r^3}$$

则 φ_1' 和 φ_2 满足拉普拉斯方程，二者均可表示为球坐标下的分离变数解. 尝试取

$$\varphi_1 = \varphi_1' + \frac{\boldsymbol{p}_0\cdot\boldsymbol{r}}{4\pi\varepsilon_1 r^3} = a_1 + b_1 r\cos\theta + \frac{p_0\cos\theta}{4\pi\varepsilon_1 r^2}$$

$$\varphi_2 = \frac{a_2}{r} + \frac{b_2}{r^2}\cos\theta$$

二者满足正则条件. 在球面（$r=a$）上的边值关系如下：

$$\varphi_1|_{r=a}=\varphi_2|_{r=a},\quad \varepsilon_1\frac{\partial\varphi_1}{\partial r}\bigg|_{r=a}=\varepsilon_2\frac{\partial\varphi_2}{\partial r}\bigg|_{r=a}$$

将尝试解代入得

$$a_1+b_1a\cos\theta+\frac{p_0\cos\theta}{4\pi\varepsilon_1a^2}=\frac{a_2}{a}+\frac{b_2}{a^2}\cos\theta$$

$$\varepsilon_1b_1\cos\theta-\frac{p_0\cos\theta}{2\pi a^3}=-\frac{\varepsilon_2a_2}{a^2}-\frac{2\varepsilon_2b_2}{a^3}\cos\theta$$

由上述两式可定出

$$a_1=a_2=0,\quad b_1=\frac{(\varepsilon_1-\varepsilon_2)p_0}{2\pi\varepsilon_1(\varepsilon_1+2\varepsilon_2)a^3},\quad b_2=\frac{3p_0}{4\pi(\varepsilon_1+2\varepsilon_2)}$$

从而求得最终结果为

$$\varphi_1=\frac{p_0\cos\theta}{4\pi\varepsilon_1r^2}+\frac{(\varepsilon_1-\varepsilon_2)p_0r\cos\theta}{2\pi\varepsilon_1(\varepsilon_1+2\varepsilon_2)a^3}\quad(r\leqslant a)$$

$$\varphi_2=\frac{3p_0\cos\theta}{4\pi(\varepsilon_1+2\varepsilon_2)r^2}\quad(r>a)$$

2.7 在一烟尘沉淀器中，有一半径为 R、单位长度带电量为 λ 的长直导线. 现有一颗不带电的球状烟尘，介电常量为 ε，半径为 a，$a\ll R$. 求该烟尘刚好与导线接触时所受到的吸力，并讨论该力产生的物理机制.（提示：利用 2.2 节例 2.3 的结果.）

解 由于 $a\ll R$，可以认为烟尘附近的电场均匀，可以利用 2.2 节例 2.3 的现成结果，求得极化介质球的电偶极矩

$$\boldsymbol{p}=\frac{4\pi a^3\varepsilon_0(\varepsilon-\varepsilon_0)}{\varepsilon+2\varepsilon_0}\boldsymbol{E}$$

式中，$\boldsymbol{E}$ 为长直导线产生的电场，在柱坐标（ρ,ϕ,z）下有

$$\boldsymbol{E}=\frac{\lambda}{2\pi\varepsilon_0\rho}\boldsymbol{e}_\rho$$

烟尘受力为

$$\boldsymbol{F}=\boldsymbol{p}\cdot\nabla\boldsymbol{E}=\frac{4\pi a^3\varepsilon_0(\varepsilon-\varepsilon_0)}{\varepsilon+2\varepsilon_0}\boldsymbol{E}\cdot\nabla\boldsymbol{E}=\frac{2\pi a^3\varepsilon_0(\varepsilon-\varepsilon_0)}{\varepsilon+2\varepsilon_0}\nabla E^2$$
$$=\frac{2\pi a^3\varepsilon_0(\varepsilon-\varepsilon_0)}{\varepsilon+2\varepsilon_0}\nabla\left(\frac{\lambda^2}{4\pi^2\varepsilon_0^2\rho^2}\right)=-\frac{(\varepsilon-\varepsilon_0)a^3\lambda^2}{\pi\varepsilon_0(\varepsilon+2\varepsilon_0)\rho^3}\boldsymbol{e}_\rho$$

推导中用到 $\boldsymbol{E}\cdot\nabla\boldsymbol{E}=(\nabla\times\boldsymbol{E})\times\boldsymbol{E}+\nabla E^2/2=\nabla E^2/2$. 在烟尘刚好与导线接触时有 $\rho=R$，所受的力为

$$\boldsymbol{F}=-\frac{(\varepsilon-\varepsilon_0)a^3\lambda^2}{\pi\varepsilon_0(\varepsilon+2\varepsilon_0)R^3}\boldsymbol{e}_\rho$$

方向垂直指向导线，为吸力.

2.8　一个闭合正多面体形状的区域，有 n 个侧面（n=4,6,8,12,20），电势分别为 V_i（$i=1,2,\cdots,n$）. 利用第一类边值问题的格林函数解，证明区域中心的电势等于 n 个侧面电势的平均值.

证　取正多面体中心为坐标原点，由第一类边值问题的电势解，写出中心电势与侧面电势之关系

$$\varphi(0)=-\varepsilon_0\oiint_S\phi(\boldsymbol{r}')\frac{\partial G(\boldsymbol{r}';\ 0)}{\partial n'}\mathrm{d}S'=-\varepsilon_0\sum_{i=1}^n V_i\iint_{S_i}\frac{\partial G(\boldsymbol{r}';\ 0)}{\partial n'}\mathrm{d}\sigma'$$

式中，S_i表示第 i 个侧面，V_i为其电势. 由对称性可以判断：上式右边和式中的面积分应与侧面编号无关. 于是有

$$\iint_{S_i}\frac{\partial G(\boldsymbol{r}';\ 0)}{\partial n'}\mathrm{d}\sigma'=\frac{1}{n}\oiint_S\frac{\partial G(\boldsymbol{r}';\ 0)}{\partial n'}\mathrm{d}\sigma'$$
$$=\frac{1}{n}\iiint_V\nabla'^2G(\boldsymbol{r}';\ 0)\mathrm{d}V'=-\frac{1}{n\varepsilon_0}$$

在推导过程中用到高斯定理以及格林函数、δ 函数的性质. 由上述关系，最终求得中心电势为 $\varphi(0)=\sum_{i=1}^n V_i/n$，证毕.

2.9　如习题 2.9 图所示，位于 $y=0$ 的无限导体平面沿 $x=\pm a$ 切成三部分，左、右部电势为零，中间部分电势为 V，$y\to\infty$ 处电势也为零. 求上半无限空间（$y>0$）的电势和电场强度分布.（提示：使用格林函数法，必要时要用到以下不定积分公式 $\int\frac{\mathrm{d}u}{b^2+u^2}=\frac{1}{b}\arctan\frac{u}{b}$，$\int\frac{\mathrm{d}u}{(b^2+u^2)^{3/2}}=\frac{u}{b^2(b^2+u^2)^{1/2}}$ 计算积分）

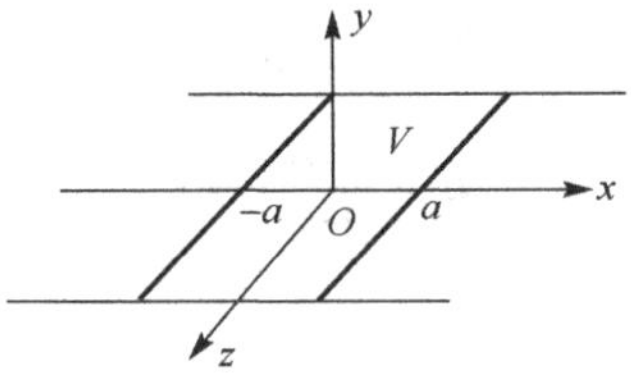

习题 2.9 图

解　利用直角坐标（x,y,z）上半无限空间（$y>0$）的格林函数解

$$\varphi=\frac{y}{2\pi}\int_0^\infty\int_0^\infty\frac{\varphi(x',z')\mathrm{d}x'\mathrm{d}z'}{[(x-x')^2+(z-z')^2+y^2]^{3/2}}$$

将边值代入得

$$\varphi = \frac{Vy}{2\pi}\int_{-a}^{a}\mathrm{d}x'\int_{-\infty}^{\infty}\frac{\mathrm{d}z'}{[(x-x')^2+(z-z')^2+y^2]^{3/2}}$$

$$=\frac{Vy}{2\pi}\int_{-a}^{a}\mathrm{d}x'\frac{z'-z}{[(x-x')^2+y^2][(x-x')^2+(z-z')^2+y^2]^{1/2}}\Bigg|_{z'=-\infty}^{z'=\infty}$$

$$=\frac{Vy}{\pi}\int_{-a}^{a}\frac{\mathrm{d}x'}{(x-x')^2+y^2}=\frac{V}{\pi}\arctan\left(\frac{x'-x}{y}\right)\Bigg|_{x'=-a}^{x'=a}$$

$$=\frac{V}{\pi}\left[\arctan\left(\frac{a-x}{y}\right)+\arctan\left(\frac{a+x}{y}\right)\right]$$

$$=\frac{V}{\pi}\arctan\left(\frac{2ay}{x^2+y^2-a^2}\right)$$

$$E_x=-\frac{\partial\varphi}{\partial x}=\frac{4aVxy}{\pi[(x^2+y^2-a^2)^2+4a^2y^2]}$$

$$E_y=-\frac{\partial\varphi}{\partial y}=\frac{2aV(a^2-x^2+y^2)}{\pi[(x^2+y^2-a^2)^2+4a^2y^2]}$$

2.10 给定两个电荷系统：（1）点电荷 $-2q$ 位于 $(x,y,z)=(0,0,0)$，另一个点电荷 $+q$ 位于 $(x,y,z)=(l_1,0,0)$，第三个点电荷 $+q$ 位于 $(x,y,z)=(0,l_2,0)$；（2）前两个电荷不动，第三个电荷挪至 $(x,y,z)=(l_1,l_2,0)$. 以原点为参考点，分别计算它们的总电量、电偶极矩和电四极矩，以及它们在远处的电势的主项.

解 对上述两种情况，点电荷丛的总电量均为零. 以下取坐标原点为参考点. 对第一个电荷系统，有

$$\boldsymbol{p}=\sum_i q_i\boldsymbol{r}_i=ql_1\boldsymbol{e}_x+ql_2\boldsymbol{e}_y$$

$$\vec{\boldsymbol{D}}=\sum_i q_i(3\boldsymbol{r}_i\boldsymbol{r}_i-r_i^2\vec{\boldsymbol{I}})=ql_1^2(3\boldsymbol{e}_x\boldsymbol{e}_x-\vec{\boldsymbol{I}})+ql_2^2(3\boldsymbol{e}_y\boldsymbol{e}_y-\vec{\boldsymbol{I}})$$

$$=ql_1^2(2\boldsymbol{e}_x\boldsymbol{e}_x-\boldsymbol{e}_y\boldsymbol{e}_y-\boldsymbol{e}_z\boldsymbol{e}_z)+ql_2^2(2\boldsymbol{e}_y\boldsymbol{e}_y-\boldsymbol{e}_x\boldsymbol{e}_x-\boldsymbol{e}_z\boldsymbol{e}_z)$$

$$=q(2l_1^2-l_2^2)\boldsymbol{e}_x\boldsymbol{e}_x+q(2l_2^2-l_1^2)\boldsymbol{e}_y\boldsymbol{e}_y-q(l_1^2+l_2^2)\boldsymbol{e}_z\boldsymbol{e}_z$$

相应远处电势的主项为偶极子电势

$$\varphi=\frac{\boldsymbol{p}\cdot\boldsymbol{r}}{4\pi\varepsilon_0r^3}=\frac{q(l_1x+l_2y)}{4\pi\varepsilon_0r^3}$$

对第二个电荷系统，有

$$\boldsymbol{p}=ql_1\boldsymbol{e}_x+q(l_1\boldsymbol{e}_x+l_2\boldsymbol{e}_y)=2ql_1\boldsymbol{e}_x+ql_2\boldsymbol{e}_y$$

$$\vec{\boldsymbol{D}}=ql_1^2(3\boldsymbol{e}_x\boldsymbol{e}_x-\vec{\boldsymbol{I}})+q[3(l_1\boldsymbol{e}_x+l_2\boldsymbol{e}_y)(l_1\boldsymbol{e}_x+l_2\boldsymbol{e}_y)-(l_1^2+l_2^2)\vec{\boldsymbol{I}}]$$

$$=q(4l_1^2-l_2^2)\boldsymbol{e}_x\boldsymbol{e}_x+2q(l_2^2-l_1^2)\boldsymbol{e}_y\boldsymbol{e}_y-q(2l_1^2+l_2^2)\boldsymbol{e}_z\boldsymbol{e}_z+3ql_1l_2(\boldsymbol{e}_x\boldsymbol{e}_y+\boldsymbol{e}_y\boldsymbol{e}_x)$$

相应远处电势的主项也为偶极子电势

$$\varphi=\frac{q(2l_1x+l_2y)}{4\pi\varepsilon_0 r^3}$$

2.11　计算半径为 a、电量为 Q 的均匀带电圆环的电四极矩及其电势.

解　由 $\boldsymbol{r}=a(\cos\phi\,\boldsymbol{e}_x+\sin\phi\,\boldsymbol{e}_y)$，得带电圆环的电二阶矩为

$$\overset{\leftrightarrow}{\boldsymbol{D}}'=\frac{Q}{2\pi a}\int_0^{2\pi}a^2(\cos\phi\,\boldsymbol{e}_x+\sin\phi\,\boldsymbol{e}_y)(\cos\phi\,\boldsymbol{e}_x+\sin\phi\,\boldsymbol{e}_y)a\mathrm{d}\phi$$

可知仅有的不为零的分量为

$$D_{11}=\frac{Qa^2}{2\pi}\int_0^{2\pi}\cos^2\phi\,\mathrm{d}\phi=\frac{1}{2}Qa^2,\quad D_{22}=\frac{Qa^2}{2\pi}\int_0^{2\pi}\sin^2\phi\,\mathrm{d}\phi=D_{11}$$

据此求得圆环的电四极矩为

$$\begin{aligned}\overset{\leftrightarrow}{\boldsymbol{D}}&=3\overset{\leftrightarrow}{\boldsymbol{D}}'-\mathrm{Tr}(\overset{\leftrightarrow}{\boldsymbol{D}}')\overset{\leftrightarrow}{\boldsymbol{I}}=3(D_{11}\boldsymbol{e}_x\boldsymbol{e}_x+D_{22}\boldsymbol{e}_y\boldsymbol{e}_y)-(D_{11}+D_{22})\overset{\leftrightarrow}{\boldsymbol{I}}\\&=\frac{Qa^2}{2}(\boldsymbol{e}_x\boldsymbol{e}_x+\boldsymbol{e}_y\boldsymbol{e}_y-2\boldsymbol{e}_z\boldsymbol{e}_z)=\frac{Qa^2}{2}(\overset{\leftrightarrow}{\boldsymbol{I}}-3\boldsymbol{e}_z\boldsymbol{e}_z)\end{aligned}$$

相应的电势为

$$\varphi_2=\frac{1}{8\pi\varepsilon_0 r^3}\overset{\leftrightarrow}{\boldsymbol{D}}:\boldsymbol{e}_r\boldsymbol{e}_r=\frac{Qa^2}{16\pi\varepsilon_0 r^3}(1-3\cos^2\theta)$$

2.12　计算半径为 a、电量为 Q 的均匀带电圆盘的电四极矩及其电势.

解　由 $\boldsymbol{r}=r(\cos\phi\,\boldsymbol{e}_x+\sin\phi\,\boldsymbol{e}_y)$，得带电圆盘的电二阶矩为

$$\overset{\leftrightarrow}{\boldsymbol{D}}'=\frac{Q}{\pi a^2}\int_0^a r^3\mathrm{d}r\int_0^{2\pi}(\cos\phi\,\boldsymbol{e}_x+\sin\phi\,\boldsymbol{e}_y)(\cos\phi\,\boldsymbol{e}_x+\sin\phi\,\boldsymbol{e}_y)\mathrm{d}\phi$$

可知仅有的不为零的分量为

$$D_{11}=\frac{Qa^2}{4\pi}\int_0^{2\pi}\cos^2\phi\,\mathrm{d}\phi=\frac{1}{4}Qa^2,\quad D_{22}=\frac{Qa^2}{4\pi}\int_0^{2\pi}\sin^2\phi\,\mathrm{d}\phi=D_{11}$$

据此求得圆环的电四极矩为

$$\begin{aligned}\overset{\leftrightarrow}{\boldsymbol{D}}&=3\overset{\leftrightarrow}{\boldsymbol{D}}'-\mathrm{Tr}(\overset{\leftrightarrow}{\boldsymbol{D}}')\overset{\leftrightarrow}{\boldsymbol{I}}=3(D_{11}\boldsymbol{e}_x\boldsymbol{e}_x+D_{22}\boldsymbol{e}_y\boldsymbol{e}_y)-(D_{11}+D_{22})\overset{\leftrightarrow}{\boldsymbol{I}}\\&=\frac{Qa^2}{4}(\boldsymbol{e}_x\boldsymbol{e}_x+\boldsymbol{e}_y\boldsymbol{e}_y-2\boldsymbol{e}_z\boldsymbol{e}_z)=\frac{Qa^2}{4}(\overset{\leftrightarrow}{\boldsymbol{I}}-3\boldsymbol{e}_z\boldsymbol{e}_z)\end{aligned}$$

相应的电势为

$$\varphi_2=\frac{1}{8\pi\varepsilon_0 r^3}\overset{\leftrightarrow}{\boldsymbol{D}}:\boldsymbol{e}_r\boldsymbol{e}_r=\frac{Qa^2}{32\pi\varepsilon_0 r^3}(1-3\cos^2\theta)$$

2.13　对电偶极子丛，证明二阶矩可表为

$$\overset{\leftrightarrow}{\boldsymbol{D}}'=\sum_i(\boldsymbol{r}_i\boldsymbol{p}_i+\boldsymbol{p}_i\boldsymbol{r}_i)$$

式中，$\boldsymbol{p}_i$ 和 $\boldsymbol{r}_i$ 为第 i 个电偶极子的偶极矩和位置矢量.（提示：设第 i 个电偶极子由位于 $\boldsymbol{r}_i \pm \boldsymbol{d}$ 、电量分别为 $\pm q_i$ 的两个点电荷构成，成立 $\boldsymbol{p}_i = 2q_i\boldsymbol{d}$ ）

证 设第 i 个电偶极子由位于 $\boldsymbol{r}_i \pm \boldsymbol{d}$ 、电量分别为 $\pm q_i$ 的两个点电荷构成，则它对电二阶矩的贡献为

$$
\begin{aligned}
& q_i(\boldsymbol{r}_i + \boldsymbol{d})(\boldsymbol{r}_i + \boldsymbol{d}) - q_i(\boldsymbol{r}_i - \boldsymbol{d})(\boldsymbol{r}_i - \boldsymbol{d}) \\
&= 2q_i(\boldsymbol{r}_i\boldsymbol{d} + \boldsymbol{d}\boldsymbol{r}_i) = \boldsymbol{r}_i\boldsymbol{p}_i + \boldsymbol{p}_i\boldsymbol{r}_i
\end{aligned}
$$

将所有电偶极子的贡献叠加，即证得题给公式.

2.14 将电量为 q 的带电粒子从无穷远移至半径为 R、带电为 Q 的导体附近，与球心的距离为 $b(>R)$，求外力所做的功. 要求用两种方法进行计算：一是计算系统的末态静电能和初态静电能，然后相减；一是直接计算静电力对带电粒子所做的负功.（提示：用电像法）

解 先通过系统始、末态静电能分析求功. 初态能量为带电粒子的静电能 W_q 和孤立带电导体的静电能 W_Q 之和. W_Q 易于求得，结果为 $Q^2/(8\pi\varepsilon_0 R)$. 末态电势分布可由电像法求得. 如习题 2.14 图所示，在球内放置两个像电荷，一个位于球心，电量为 q''；另一个位于球心与带电粒子间的连线上，与球心的距离为 a，电量为 q'. 该两个像电荷代表了导体球表面电荷分布对球外电势的贡献. 按电像法，有如下结果：

$$
q' = -\frac{R}{b}q, \quad q'' = Q - q', \quad a = \frac{R^2}{b}, \quad d = b - a \tag{1}
$$

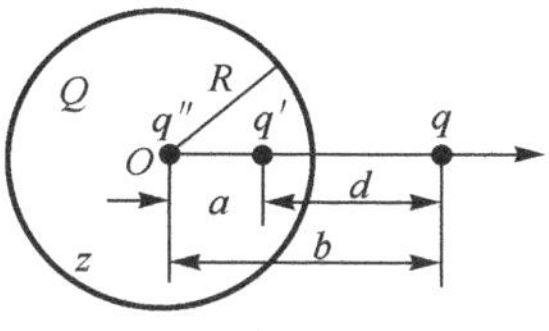

习题 2.14 图

现在计算末态能量 W. 为此，设导体球体积为 V_1，粒子体积为 V_2，它们各自对电势的贡献为 φ_1 和 φ_2，则

$$
W = \frac{1}{2}\iiint_{V_1}\rho\varphi \mathrm{d}V + \frac{1}{2}\iiint_{V_2}\rho\varphi_1 \mathrm{d}V + \frac{1}{2}\iiint_{V_2}\rho\varphi_2 \mathrm{d}V \tag{2}
$$

式中，过带电粒子的积分被分为两项. 上式右边第一项等于 $Q\phi_0/2$，ϕ_0 为导体的电势，由下式表示：

$$
\varphi_0 = \frac{1}{4\pi\varepsilon_0}\left(\frac{q}{b-R} + \frac{q'}{R-a} + \frac{q''}{R}\right) \tag{3}
$$

式（2）右边第二项等于 $q\varphi_{10}/2$，φ_{10} 为 φ_1 在粒子所在位置的值，由下式表示：

$$
\varphi_{10} = \frac{1}{4\pi\varepsilon_0}\left(\frac{q'}{d} + \frac{q''}{b}\right) \tag{4}
$$

式（2）右边最后一项即为带电粒子的自能 W_q. 联合上述公式，可求出W，它与初态能量之差即为外力做功A. 经过一番代数运算，求得最终结果如下：

$$A=-\frac{q^2R}{8\pi\varepsilon_0(b^2-R^2)}+\frac{qQ}{4\pi\varepsilon_0 b}+\frac{q^2R}{8\pi\varepsilon_0 b^2} \tag{5}$$

下面直接计算外界克服静电力做功. 将带电粒子的球心距离 b 换为 r，可写下它所受的静电力（沿径向方向）为

$$\begin{aligned}F&=\frac{q'q}{4\pi\varepsilon_0(r-a)^2}+\frac{q''q}{4\pi\varepsilon_0 r^2}\\&=-\frac{q^2Rr}{4\pi\varepsilon_0(r^2-R^2)^2}+\frac{qQ}{4\pi\varepsilon_0 r^2}+\frac{q^2R}{4\pi\varepsilon_0 r^3}\end{aligned}$$

外界克服静电力做功为

$$A=-\int_\infty^b F\mathrm{d}r=\int_\infty^b\left(\frac{q^2Rr}{4\pi\varepsilon_0(r^2-R^2)^2}-\frac{qQ}{4\pi\varepsilon_0 r^2}-\frac{q^2R}{4\pi\varepsilon_0 r^3}\right)\mathrm{d}r$$

积分结果即得式（5）.

第3章 静 磁 场

3.1 对均匀磁场 $\boldsymbol{B}_0$，构建两个满足规范条件 $\nabla\cdot\boldsymbol{A}=0$ 的矢势 $\boldsymbol{A}$，并证明二者之差的旋度为零.

解 取直角坐标（x, y, z），不妨设 $\boldsymbol{B}_0 = B_0\boldsymbol{e}_z$，则可构建如下两个矢势:

$$\boldsymbol{A}_1 = B_0 x\boldsymbol{e}_y,\quad \boldsymbol{A}_2 = -B_0 y\boldsymbol{e}_x$$

满足题设条件. 显然二者之差的旋度为零

$$\nabla\times(\boldsymbol{A}_1-\boldsymbol{A}_2) = B_0\nabla\times(x\boldsymbol{e}_y + y\boldsymbol{e}_x) = 0$$

***3.2** 证明对任何局域电流分布所产生的磁场 $\boldsymbol{B}$，具有如下性质：当全部电流位于某球体之内，则 $\boldsymbol{B}$ 在该球体内的体积分等于 $2\mu_0\boldsymbol{m}/3$，$\boldsymbol{m}$ 为局域电流分布的磁矩；当全部电流位于球体之外，则相应磁场体积分等于球心磁场和球体体积的乘积（参见习题 2.3 的提示）.

证 不妨设球半径为 a，取球心为坐标原点，则

$$\iiint_{r\leqslant a}\boldsymbol{B}(\boldsymbol{r})\mathrm{d}V = \iiint_{r\leqslant a}\nabla\times\boldsymbol{A}(\boldsymbol{r})\mathrm{d}V = -\oiint_{r=a}\boldsymbol{A}(\boldsymbol{r})\times\mathrm{d}\boldsymbol{\sigma}$$

代入矢势 $\boldsymbol{A}$ 的表达式

$$\boldsymbol{A}(\boldsymbol{r}) = \frac{\mu_0}{4\pi}\iiint\frac{\boldsymbol{j}(\boldsymbol{r}')}{|\boldsymbol{r}-\boldsymbol{r}'|}\mathrm{d}V'$$

得

$$\begin{aligned}\iiint_{r\leqslant a}\boldsymbol{B}\mathrm{d}V &= -\frac{\mu_0}{4\pi}\iiint\boldsymbol{j}(\boldsymbol{r}')\mathrm{d}V'\times\oiint_{r=a}\frac{\mathrm{d}\boldsymbol{\sigma}}{|\boldsymbol{r}-\boldsymbol{r}'|}\\ &= -\frac{\mu_0}{4\pi}\iiint\boldsymbol{j}(\boldsymbol{r}')\mathrm{d}V'\times\iiint_{r\leqslant a}\frac{(\boldsymbol{r}'-\boldsymbol{r})\mathrm{d}V}{|\boldsymbol{r}-\boldsymbol{r}'|^3}\end{aligned}$$

利用习题 2.3 提示的积分公式，对于全部电流位于球体之内，即 $r'<a$ 的情况有

$$\iiint_{r\leqslant a}\boldsymbol{B}\mathrm{d}V = -\frac{\mu_0}{4\pi}\iiint\frac{4\pi}{3}\boldsymbol{j}(\boldsymbol{r}')\times\boldsymbol{r}'\mathrm{d}V' = \frac{2\mu_0}{3}\boldsymbol{m}$$

对于全部电流位于球体之外，即 $r'>a$ 的情况有

$$\iiint_{r\leqslant a}\boldsymbol{B}\mathrm{d}V = -\frac{\mu_0}{4\pi}\iiint\frac{4\pi a^3}{3r'^3}\boldsymbol{j}(\boldsymbol{r}')\times\boldsymbol{r}'\mathrm{d}V' = \frac{4\pi a^3}{3}\boldsymbol{B}(0)$$

证毕.

3.3 一半径为 a 的圆柱壳,电流沿轴向方向流动,电流面密度为 $i=i_0(1+\alpha\cos\phi)$（i_0 和 α 为常数），求柱内外磁场分布. （提示：从磁矢势 $\boldsymbol{A}=A\boldsymbol{e}_z$ 出发求解）

解　本题属于圆柱坐标（ρ,ϕ,z）下的二维二分量问题，矢势只有 z 分量，且与 z 无关：$\boldsymbol{A}=A(\rho,\phi)\boldsymbol{e}_z$．在圆柱内外，$A$ 均满足拉普拉斯方程，可用分离变数法求解．考虑到圆柱表面电流的特殊分布形式，尝试将圆柱内、外的解分别写为

$$A_1=a_1+b_1\rho\cos\phi,\quad A_2=a_2+b_2\ln\rho+c_2\rho^{-1}\cos\phi$$

由 $\rho=a$ 处的边值关系

$$A_1\big|_{\rho=a}=A_2\big|_{\rho=a},\quad \left(\frac{\partial A_1}{\partial\rho}\right)_{\rho=a}-\left(\frac{\partial A_2}{\partial\rho}\right)_{\rho=a}=\mu_0 i_0(1+\alpha\cos\phi)$$

得

$$a_1+b_1a\cos\phi=a_2+b_2\ln a+c_2a^{-1}\cos\phi$$

$$b_1\cos\phi-b_2a^{-1}+c_2a^{-2}\cos\phi=\mu_0 i_0(1+\alpha\cos\phi)$$

从上述关系式可以解得

$$a_1=a_2+b_2\ln a\equiv A_0,\quad b_1=\mu_0 i_0\alpha/2$$

$$b_2=-\mu_0 i_0 a,\quad c_2=\mu_0 i_0\alpha a^2/2$$

从而最终求得圆柱内外的矢势和磁场分布：

$$A_1=A_0+\frac{\mu_0 i_0\alpha}{2}\rho\cos\phi$$

$$A_2=A_0-\mu_0 i_0 a\ln\left(\frac{\rho}{a}\right)+\frac{\mu_0 i_0\alpha a^2}{2\rho}\cos\phi$$

$$\boldsymbol{B}_1=-\frac{\mu_0 i_0\alpha}{2}(\sin\phi\,\boldsymbol{e}_\rho+\cos\phi\,\boldsymbol{e}_\phi)$$

$$\boldsymbol{B}_2=-\frac{\mu_0 i_0\alpha a^2}{2\rho^2}\sin\phi\,\boldsymbol{e}_\rho+\frac{\mu_0 i_0 a}{\rho}\left(1+\frac{\alpha a}{2\rho}\cos\phi\right)\boldsymbol{e}_\phi$$

3.4　半径为 a 的长直圆柱导体，均匀地沿轴方向通过恒定电流 I，导体的磁导率为 μ_1，周围介质的磁导率为 μ_2，如习题 3.4 图所示，求矢势 $\boldsymbol{A}$．（提示：用柱坐标求解）

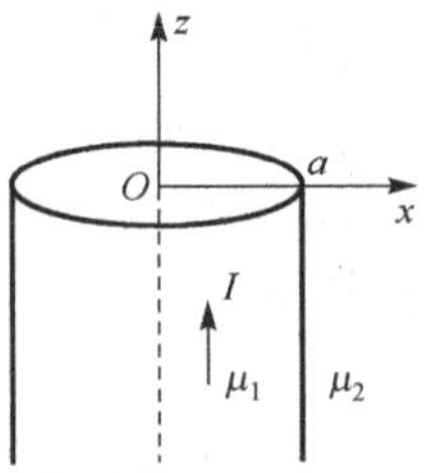

习题 3.4 图

解 采用柱坐标（ρ,ϕ,z），设柱内外的矢势分别为 $\boldsymbol{A}_1$ 和 $\boldsymbol{A}_2$，则

$$\begin{cases}\nabla^2\boldsymbol{A}_1=-\mu_1\boldsymbol{j} & (\rho\leqslant a)\\ \nabla^2\boldsymbol{A}_2=0 & (\rho>a)\end{cases}$$

本题属于柱坐标（ρ,ϕ,z）下的二维二分量问题，电流和矢势均沿 z 轴方向；进一步，系统相对 z 轴对称，可取 $\boldsymbol{A}=A(\rho)\boldsymbol{e}_z$，则有

$$\frac{1}{\rho}\frac{\mathrm{d}}{\mathrm{d}\rho}\left(\rho\frac{\mathrm{d}A_1}{\mathrm{d}\rho}\right)=-\mu_1 j,\quad \frac{1}{\rho}\frac{\mathrm{d}}{\mathrm{d}\rho}\left(\rho\frac{\mathrm{d}A_2}{\mathrm{d}\rho}\right)=0$$

尝试选择如下特解：

$$A_1=-\frac{1}{4}\mu_1 j\rho^2+c_1,\quad A_2=c_2\ln\rho+c_3$$

由边值关系

$$A_1|_{\rho=a}=A_2|_{\rho=a},\quad \left.\frac{1}{\mu_1}\frac{\partial A_1}{\partial\rho}\right|_{\rho=a}=\left.\frac{1}{\mu_2}\frac{\partial A_2}{\partial\rho}\right|_{\rho=a}$$

可定出 $c_2=-\mu_2 ja^2/2$，$c_3=ja^2(\mu_2\ln a-0.5\mu_1)/2+c_1$，再利用关系 $j=I/(\pi a^2)$，最终求得

$$\boldsymbol{A}_1=\left(c_1-\frac{\mu_1 I}{4\pi a^2}\rho^2\right)\boldsymbol{e}_z\quad(\rho\leqslant a)$$

$$\boldsymbol{A}_2=\left(c_1-\frac{\mu_1 I}{4\pi}-\frac{\mu_2 I}{2\pi}\ln(\rho/a)\right)\boldsymbol{e}_z\quad(\rho>a)$$

***3.5** 对于直角坐标下的二维二分量静磁场问题，可引入磁矢势 $\boldsymbol{A}=A(x,y)\boldsymbol{e}_z$. 给定解域（可以是多连通域）中的电流分布 $\boldsymbol{j}=j(x,y)\boldsymbol{e}_z$ 和各导体柱（与 z 轴平行）的电流强度，证明：如果静磁场解存在，则一定唯一.（提示：利用如下第三格林公式

$$\oiint_S A\nabla A\cdot\mathrm{d}\boldsymbol{\sigma}=\iiint_V[A\nabla^2 A+(\nabla A)^2]\mathrm{d}V$$

式中，V 沿 z 轴方向的高度设为 $\mathrm{d}z$）

证 先针对直角坐标下的二维问题简化第三格林公式. 对于高度为 $\mathrm{d}z$ 的柱体体积 V，其体积元为 $\mathrm{d}V=\mathrm{d}S\mathrm{d}z$，侧面面积元为 $\mathrm{d}\sigma=\mathrm{d}l\mathrm{d}z$，上、下底面上成立 $\nabla A\cdot\mathrm{d}\boldsymbol{\sigma}=(\partial A/\partial z)\mathrm{d}l\mathrm{d}z=0$，从而可将第三格林公式简写为

$$\oint_C A(\partial A/\partial n)\,\mathrm{d}l=\iint_S[A\nabla^2 A+(\nabla A)^2]\mathrm{d}S$$

式中，闭合曲线 C 为柱体边界与 $z=0$ 面的交线，S 为 C 所围之面积.

对于分区均匀介质，磁矢势 $A(x,y)$ 满足如下泊松方程和边值关系：

$$\nabla^2 A_i = -\mu_i j,\quad A_i|_{C_{ij}} = A_j|_{C_{ij}},\quad \frac{1}{\mu_i}\left(\frac{\partial A_i}{\partial n}\right)_{C_{ij}} = \frac{1}{\mu_j}\left(\frac{\partial A_j}{\partial n}\right)_{C_{ij}}$$

式中，A_i 为第 i 介质区的磁矢势，C_{ij} 为相邻介质区（i 区和 j 区）之间的界面，即 C_i 与 C_j 的重叠部分. 此外，A 还必须满足解域边界上的边界条件. 对目前情况，载流导体柱构成解域内边界的组成部分. 为以下叙述简单起见，不妨假定解域内只有一个导体柱，它与 $z=0$ 面的交线为闭合曲线 C，电流强度为 I_0，则 A 在内边界 C 上满足如下边界条件：

$$A|_C = 常数,\quad \oint_C \frac{1}{\mu}\frac{\partial A}{\partial n}\mathrm{d}l = -I_0$$

其中，第一个条件确保导体外侧 $B_n = 0$，以实现导体两侧磁感应强度法向分量连续；第二个条件保证导体的电流强度等于给定值 I_0，式中右边的负号与基矢（$\boldsymbol{n}, \boldsymbol{\tau}, \boldsymbol{e}_z$）之间的右手关系一致.

本题要求证明上述定解问题的解如果存在，必定唯一. 下面用反证法证明. 如果不唯一，不妨设有两个解，$A^{(1)}$ 和 $A^{(2)}$. 令 $A = A^{(1)} - A^{(2)}$，则 A 满足

$$\nabla^2 A = 0 \tag{1}$$

$$A_i|_{C_{ij}} = A_j|_{C_{ij}},\quad \frac{1}{\mu_i}\left(\frac{\partial A_i}{\partial n}\right)_{C_{ij}} = \frac{1}{\mu_j}\left(\frac{\partial A_j}{\partial n}\right)_{C_{ij}} \tag{2}$$

$$A|_C \equiv A_C = 常数,\quad \oint_C \frac{1}{\mu}\frac{\partial A}{\partial n}\mathrm{d}l = 0 \tag{3}$$

将前述简化后的第三格林公式用于第 i 介质区，得

$$\oint_{C_i} \mu_i^{-1} A(\partial A/\partial n)\mathrm{d}l = \iint_{S_i} \mu_i^{-1} A\nabla^2 A\mathrm{d}S + \iint_{S_i} \mu_i^{-1}(\nabla A)^2\mathrm{d}S$$

式中，右边第一项由式（1）证其消失，据此求得

$$\iint_{S_i} \mu_i^{-1}(\nabla A)^2\mathrm{d}S = \oint_{C_i} \mu_i^{-1} A(\partial A/\partial n)\mathrm{d}l$$

将上式对各介质区求和，左边化为被积式对整个解域的积分，右边在介质界面上的面积分因式（2）双双抵消，只剩下内边界 C 对线积分的贡献，于是最终求得

$$\iint_S \mu^{-1}(\nabla A)^2\mathrm{d}S = \oint_C \mu^{-1} A(\partial A/\partial n)\mathrm{d}l \tag{4}$$

利用边界条件（3），可证上式右边的线积分等于零

$$\oint_C \mu^{-1} A(\partial A/\partial n)\cdot\mathrm{d}l = A_C \oint_C \mu^{-1}(\partial A/\partial n)\cdot\mathrm{d}l = 0$$

以致由式（4）推得 $\nabla A = 0$ 或 A 等于常数，静磁场解唯一，证毕. 顺便指出，以上未曾提及解域的外边界，相应在式（4）右边丢掉一项沿外边界的线积分. 不过，这类

外边界或为无穷远，或为某导体柱壳，与它们对应的线积分恒等于零，对上述唯一性定理的证明没有影响.

3.6 电荷和物质均匀分布的球以角速度ω自转，其半径为a，电量为Q，质量为M，求它的磁矩和角动量，以及二者的比值.

解 取球坐标，极轴沿自转轴方向，球内电流密度为

$$\boldsymbol{j}=\rho v=\frac{3Q\boldsymbol{\omega}\times\boldsymbol{r}}{4\pi a^3}=\frac{3Q\omega r\sin\theta}{4\pi a^3}\boldsymbol{e}_\phi$$

由对称性，磁矩只有z分量（沿自转角速度方向），数值为

$$m=\frac{1}{2}\boldsymbol{e}_z\cdot\iiint\boldsymbol{r}\times\boldsymbol{j}\mathrm{d}V=\frac{3Q\omega}{4a^3}\int_0^a r^4\mathrm{d}r\int_0^\pi\sin^3\theta\mathrm{d}\theta=\frac{Q\omega a^2}{5}$$

球的转动惯量为$I=2Ma^2/5$，角动量为$I\omega=2M\omega a^2/5$，也沿角速度方向. 于是磁矩和角动量的比值为$Q/(2M)$.

3.7 从毕奥-萨伐尔定律出发，证明电流强度为I的闭合线圈的磁场可表为$\boldsymbol{B}=-\mu_0 I\nabla\Omega/(4\pi)$，式中

$$\Omega=\iint_\Sigma\frac{(\boldsymbol{r}-\boldsymbol{r}')\cdot\mathrm{d}\boldsymbol{\sigma}'}{|\boldsymbol{r}-\boldsymbol{r}'|^3}$$

为线圈相对考察点所张的立体角，Σ为以线圈为边界的任意曲面. 当线圈法向（与电流方向呈右手关系）背离考察点时，上述立体角为负，指向考察点时，上述立体角为正.

证 由毕奥-萨伐尔定律得

$$\begin{aligned}\boldsymbol{B}&=\frac{\mu_0 I}{4\pi}\oint\frac{\mathrm{d}\boldsymbol{l}'\times(\boldsymbol{r}-\boldsymbol{r}')}{|\boldsymbol{r}-\boldsymbol{r}'|^3}\\&=\frac{\mu_0 I}{4\pi}\oint\mathrm{d}\boldsymbol{l}'\times\frac{\boldsymbol{r}-\boldsymbol{r}'}{|\boldsymbol{r}-\boldsymbol{r}'|^3}=\frac{\mu_0 I}{4\pi}\iint_\Sigma(\mathrm{d}\boldsymbol{\sigma}'\times\nabla')\times\frac{\boldsymbol{r}-\boldsymbol{r}'}{|\boldsymbol{r}-\boldsymbol{r}'|^3}\\&=\frac{\mu_0 I}{4\pi}\iint_\Sigma\nabla'\frac{\boldsymbol{r}-\boldsymbol{r}'}{|\boldsymbol{r}-\boldsymbol{r}'|^3}\cdot\mathrm{d}\boldsymbol{\sigma}'-\frac{\mu_0 I}{4\pi}\iint_\Sigma\nabla'\cdot\frac{\boldsymbol{r}-\boldsymbol{r}'}{|\boldsymbol{r}-\boldsymbol{r}'|^3}\mathrm{d}\boldsymbol{\sigma}'\end{aligned}$$

上式右边第二项的被积式等于$-4\pi\delta(\boldsymbol{r}-\boldsymbol{r}')$，其面积分消失；第一项化为

$$\begin{aligned}\boldsymbol{B}&=-\frac{\mu_0 I}{4\pi}\iint\nabla\frac{\boldsymbol{r}-\boldsymbol{r}'}{|\boldsymbol{r}-\boldsymbol{r}'|^3}\cdot\mathrm{d}\boldsymbol{\sigma}'\\&=-\frac{\mu_0 I}{4\pi}\nabla\iint\frac{(\boldsymbol{r}-\boldsymbol{r}')\cdot\mathrm{d}\boldsymbol{\sigma}'}{|\boldsymbol{r}-\boldsymbol{r}'|^3}=-\frac{\mu_0 I}{4\pi}\nabla\Omega\end{aligned}$$

证毕.

3.8 设铁磁体的磁化规律为$\boldsymbol{B}=\mu\boldsymbol{H}+\mu_0\boldsymbol{M}_0$，式中$\mu$和$\boldsymbol{M}_0$为常量. 计算由该铁磁体制成的半径为$a$的球内外的磁感应强度.

解　用磁标势方法求解．注意到铁磁体的固有磁化强度均匀，对应的磁荷只分布于球表面．因此，球内外的磁标势均满足拉普拉斯方程．采用球坐标（r,θ,ϕ），极轴沿 $\boldsymbol{M}_0$ 方向，尝试写下球内外的解如下：

$$\varphi_{\mathrm{m1}} = a_0 + a_1 r\cos\theta, \quad \varphi_{\mathrm{m2}} = a_0' + \frac{b_0'}{r} + \frac{b_1'}{r^2}\cos\theta$$

式中，系数由球面上的边值关系

$$\varphi_{\mathrm{m1}}\big|_{r=a} = \varphi_{\mathrm{m2}}\big|_{r=a}$$

$$\mu_0 \left.\frac{\partial \varphi_{\mathrm{m2}}}{\partial r}\right|_{r=a} - \mu \left.\frac{\partial \varphi_{\mathrm{m1}}}{\partial r}\right|_{r=a} = -\sigma_{\mathrm{m}} = -\mu_0 M_0 \cos\theta$$

确定．将尝试解代入上述边值关系得

$$a_0 + a_1 a\cos\theta = a_0' + \frac{b_0'}{a} + \frac{b_1'}{a^2}\cos\theta$$

$$-\mu_0\frac{b_0'}{a^2} - \mu_0\frac{2b_1'}{a^3}\cos\theta - \mu a_1\cos\theta = -\mu_0 M_0\cos\theta$$

据此定出

$$a_0' = a_0 \equiv \varphi_0, \quad b_0' = 0, \quad a_1 = \frac{\mu_0 M_0}{2\mu_0 + \mu}, \quad b_1' = \frac{\mu_0 M_0 a^3}{2\mu_0 + \mu}$$

代入 φ_{m1} 和 φ_{m2} 的表达式得

$$\varphi_{\mathrm{m1}} = \varphi_0 + \frac{\mu_0 M_0}{2\mu_0 + \mu} r\cos\theta = \varphi_0 + \frac{\mu_0 \boldsymbol{M}_0 \cdot \boldsymbol{r}}{2\mu_0 + \mu}$$

$$\varphi_{\mathrm{m1}} = \varphi_0 + \frac{\mu_0 M_0 a^3}{(2\mu_0 + \mu) r^2}\cos\theta = \varphi_0 + \frac{\mu_0 a^3 \boldsymbol{M}_0 \cdot \boldsymbol{r}}{(2\mu_0 + \mu) r^3}$$

式中，φ_0 为常数．由上述磁标势求得磁场强度

$$\boldsymbol{H}_1 = -\nabla\varphi_{\mathrm{m1}} = -\frac{\mu_0 \boldsymbol{M}_0}{2\mu_0 + \mu}$$

$$\boldsymbol{H}_2 = -\nabla\varphi_{\mathrm{m2}} = \frac{\mu_0 a^3}{(2\mu_0 + \mu) r^5}[3(\boldsymbol{M}_0 \cdot \boldsymbol{r})\boldsymbol{r} - r^2 \boldsymbol{M}_0]$$

从而最终求得球内外的磁场分布如下：

$$\boldsymbol{B}_1 = \mu\boldsymbol{H}_1 + \mu_0 \boldsymbol{M}_0 = \frac{2\mu_0^2 \boldsymbol{M}_0}{2\mu_0 + \mu}$$

$$\boldsymbol{B}_2 = \mu_0 \boldsymbol{H}_2 = \frac{\mu_0^2 a^3}{(2\mu_0 + \mu) r^5}[3(\boldsymbol{M}_0 \cdot \boldsymbol{r})\boldsymbol{r} - r^2 \boldsymbol{M}_0]$$

3.9 地球磁场可近似视为位于地球中心、磁矩为 $8\times10^{22}\,\mathrm{A\cdot m^2}$ 所产生的偶极子磁场，沿磁矩方向的直线与地面的交点称为磁极. 设地球半径为6400km. 将一磁矩为 $1.5\times10^{-23}\,\mathrm{A\cdot m^2}$ 的粒子从无穷远移至磁极处，粒子磁矩与地磁场方向一致，求外界做功.

解 磁偶极子在外磁场中的势能为 $U=-\boldsymbol{m}\cdot\boldsymbol{B}$，在磁极处（$\theta=0$）的地磁场为 $B=\mu_0 M/(2\pi R_{\mathrm{E}}^3)$，外力做功 A' 等于势能的增加. 考虑到 $\boldsymbol{m}$ 和 $\boldsymbol{B}$ 的方向一致，有

$$A'=U=-\frac{\mu_0 mM}{2\pi R_{\mathrm{E}}^3}=-\frac{4\pi\times10^{-7}\times1.5\times10^{-23}\times8\times10^{22}}{2\pi\cdot(6.4\times10^6)^3}$$
$$=-9.16\times10^{-28}\ \ (\mathrm{J})$$

外界做负功，数值为 $9.16\times10^{-28}\,\mathrm{J}$.

***3.10** 设半无限理想导体内初始磁场为零，导体表面为平面，外部为真空. 将电流固定为 I、面积为 S 的小载流线圈从无穷远移至该平面上方，高度为 h，求下列两种情况下外力做功：（1）线圈平面与导体平面平行；（2）线圈平面与导体平面交角为45°.（提示：按相对导体平面成镜像关系置放反向电流线圈，然后求力、求功）

解 载流线圈的磁矩为 $m_0=IS$. 对线圈平面与导体平面平行的情况，载流线圈磁矩与镜像线圈的磁矩反向，二者均垂直于导体平面. 对线圈平面与导体平面交角为45°的情况，载流线圈磁矩与镜像线圈的磁矩彼此垂直，与导体平面法向的夹角分别为45°和135°.

先来计算两磁矩之间的相互作用力. 设磁矩分别为 $\boldsymbol{m}_1$ 和 $\boldsymbol{m}_2$，坐标原点取在 $\boldsymbol{m}_1$ 所在位置，计算 $\boldsymbol{m}_2$ 所受的磁力. 由 $\boldsymbol{m}_1$ 产生的磁场为

$$\boldsymbol{B}_1=\frac{3\mu_0(\boldsymbol{m}_1\cdot\boldsymbol{r})\boldsymbol{r}}{4\pi r^5}-\frac{\mu_0\boldsymbol{m}_1}{4\pi r^3}$$

据此求得 $\boldsymbol{m}_2$ 所受的磁力为

$$\begin{aligned}\boldsymbol{F}=\boldsymbol{m}_2\cdot\nabla\boldsymbol{B}_1&=\frac{3\mu_0[\boldsymbol{m}_1\cdot(\boldsymbol{m}_2\cdot\nabla\boldsymbol{r})]\boldsymbol{r}}{4\pi r^5}\\&\quad+\frac{3\mu_0(\boldsymbol{m}_1\cdot\boldsymbol{r})(\boldsymbol{m}_2\cdot\nabla\boldsymbol{r})}{4\pi r^5}-\frac{15\mu_0(\boldsymbol{m}_1\cdot\boldsymbol{r})\boldsymbol{r}(\boldsymbol{m}_2\cdot\boldsymbol{r})}{4\pi r^7}+\frac{3\mu_0\boldsymbol{m}_1(\boldsymbol{m}_2\cdot\boldsymbol{r})}{4\pi r^5}\\&=\frac{3\mu_0\boldsymbol{e}_r}{4\pi r^4}(\boldsymbol{m}_1\cdot\boldsymbol{m}_2-5m_{1r}m_{2r})+\frac{3\mu_0}{4\pi r^4}(m_{2r}\boldsymbol{m}_1+m_{1r}\boldsymbol{m}_2)\end{aligned}$$

下面计算外界克服磁力做功. 取 x 轴与导体平面重合，y 轴垂直导体平面. 设线圈沿 y 轴自无限远向导体运动，当线圈坐标为 y 时，上述磁力公式化为（取 $r=2y$）

$$\boldsymbol{F}=\frac{3\mu_0\boldsymbol{e}_y}{64\pi y^4}(\boldsymbol{m}_1\cdot\boldsymbol{m}_2-5m_{1y}m_{2y})+\frac{3\mu_0}{64\pi y^4}(m_{2y}\boldsymbol{m}_1+m_{1y}\boldsymbol{m}_2)$$

对于线圈平面与导体平面平行的情况，有 $\boldsymbol{m}_1=-\boldsymbol{m}_2=m_0\,\boldsymbol{e}_y$，得

$$\boldsymbol{F}=\frac{3\mu_0 m_0^2\boldsymbol{e}_y}{32\pi y^4}$$

从而在将线圈沿 y 轴自无限远移至 $y=h$ 的过程中，外界克服磁力所做的功等于

$$A=-\int_{\infty}^{h}\boldsymbol{F}\cdot\boldsymbol{e}_y\mathrm{d}y=-\int_{\infty}^{h}\frac{3\mu_0 m_0^2}{32\pi y^4}\mathrm{d}y=\frac{\mu_0 m_0^2}{32\pi h^3}=\frac{\mu_0 S^2 I^2}{32\pi h^3}$$

对于线圈平面与导体平面交角为 45° 的情况，有

$$\boldsymbol{m}_1=\frac{m_0}{2}\sqrt{2}\ (\boldsymbol{e}_x+\boldsymbol{e}_y),\quad \boldsymbol{m}_2=\frac{m_0}{2}\sqrt{2}\ (\boldsymbol{e}_x-\boldsymbol{e}_y),\quad \boldsymbol{F}=\frac{9\mu_0 m_0^2\boldsymbol{e}_y}{128\pi y^4}$$

相应外界克服磁力所做的功等于

$$A=-\int_{\infty}^{h}\frac{9\mu_0 m_0^2}{128\pi y^4}\mathrm{d}y=\frac{3\mu_0 S^2 I^2}{128\pi h^3}$$

3.11　两个共轴的圆形电流线圈，半径分别为 a 和 b，电流强度分别为 I_a 和 I_b，电流方向如习题 3.11 图所示. 两线圈平面相互平行，其圆心之间的距离为 d，$d\gg b$. 求两线圈的相互作用能、互感系数和相互作用力.

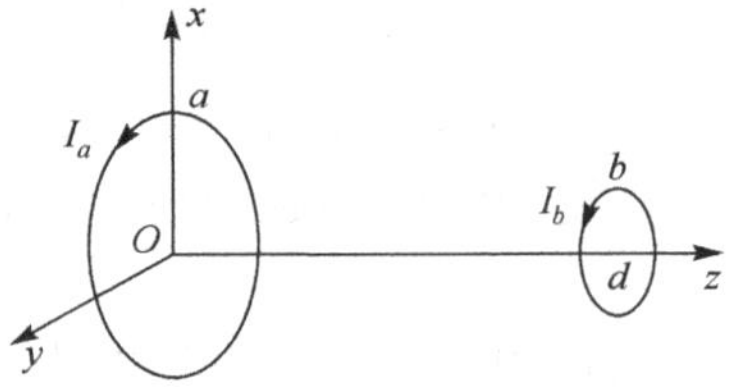

习题 3.11 图

解　由条件 $d\gg b$，可视小线圈为磁矩 $\boldsymbol{m}=\pi b^2 I_b$ 的磁偶极子，它在大线圈电流产生的磁场 $\boldsymbol{B}$ 中的磁能 $W=\boldsymbol{m}\cdot\boldsymbol{B}$，即为两个线圈的相互作用能. 由圆线圈电流在轴线上的磁场公式

$$B=B_z=\frac{\mu_0 I_a a^2}{2(a^2+z^2)^{3/2}}$$

取 $z=d$，求得两线圈相互作用能为

$$W=\boldsymbol{m}\cdot\boldsymbol{B}=\frac{\mu_0\pi I_a I_b a^2 b^2}{2(a^2+d^2)^{3/2}}$$

由 $W=MI_aI_b$，求得互感系数为

$$M=\frac{\mu_0\pi a^2 b^2}{2(a^2+d^2)^{3/2}}$$

由 $\boldsymbol{F}=\nabla W=\partial W/\partial d$，求得小线圈受力为

$$\boldsymbol{F}=-\frac{3\mu_0\pi I_a I_b a^2 b^2 d}{2(a^2+d^2)^{5/2}}\boldsymbol{e}_z$$

第 4 章　电磁波的传播

4.1　设两平面电磁波的电矢量分别表示为如下复数形式：

$$\boldsymbol{E}_1 = E_0(\boldsymbol{e}_x + \mathrm{i}\boldsymbol{e}_y)\mathrm{e}^{\mathrm{i}(kz-\omega t)},\quad \boldsymbol{E}_2 = E_0(\boldsymbol{e}_x - \mathrm{i}\boldsymbol{e}_y)\mathrm{e}^{\mathrm{i}(kz-\omega t)}$$

分析它们的偏振特性.

解　两平面电磁波的偏振度分别为 $R = \pm\mathrm{i}$，前者为左旋圆偏振波，后者为右旋圆偏振波.

***4.2**　两相距为 d 的无限平面将介质 1、2 和 3 分开，磁导率同为 μ_0，折射率分别为 n_1、n_2 和 n_3. 频率为 ω 的平面电磁波从介质 1 垂直入射，依次进入介质 2 和 3，并在两个界面上发生反射和折射.

（1）计算反射系数（针对 1 侧的反射波）和透射系数（针对 3 侧的透射波），验证二者之和为 1.（提示：分别写下介质 1 中的入射波和反射波，介质 2 中的透射波和反射波，以及介质 3 中的透射波的复数形式，列出两个界面上的边值关系并求解各反射波和透射波）

（2）设介质 1 为某光学系统（如透镜），介质 2 为系统表面一层镀膜，介质 3 为空气（$n_3 = 1$）. 为保证电磁波在光学系统和镀膜间的界面上不出现任何反射，d 和 n_2 应满足什么条件？

解　按习题 4.2 图标出介质 1 和 2 中的入射波和反射波，介质 3 中的透射波，图中规定电场的正向垂直指向纸面，磁场的正向由（$\boldsymbol{E},\boldsymbol{H},\boldsymbol{k}$）的右手正交关系确定，各区电场和磁场的复数形式规定如下

$$(E_{1i}, H_{1i}) = (E_{1i0}, H_{1i0})\mathrm{e}^{\mathrm{i}(k_1 z-\omega t)}$$

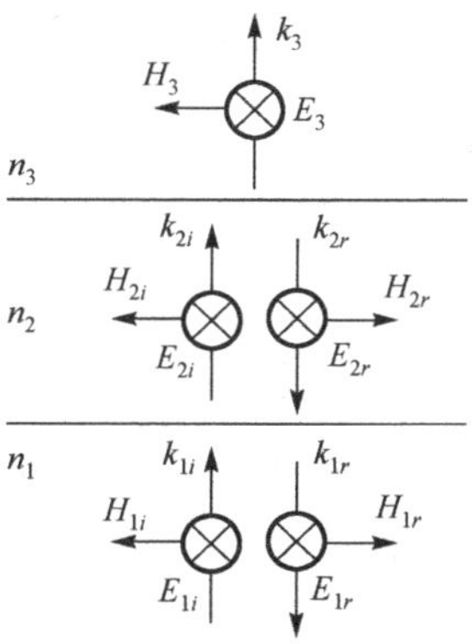

习题 4.2 图

$$(E_{1r},H_{1r})=(E_{1r0},H_{1r0})\mathrm{e}^{-\mathrm{i}(k_1z+\omega t)}$$

$$(E_{2i},H_{2i})=(E_{2i0},H_{2i0})\mathrm{e}^{\mathrm{i}(k_2z-\omega t)}$$

$$(E_{2r},H_{2r})=(E_{2r0},H_{2r0})\mathrm{e}^{-\mathrm{i}(k_2z+\omega t)}$$

$$(E_3,H_3)=(E_{30},H_{30})\mathrm{e}^{\mathrm{i}(k_3z-\omega t)}$$

式中

$$k_1=\frac{1}{c}n_1\omega,\quad k_2=\frac{1}{c}n_2\omega,\quad k_3=\frac{1}{c}n_3\omega$$

$$H_{1i}=\varepsilon_0cn_1E_{1i},\quad H_{1r}=\varepsilon_0cn_1E_{1r}$$

$$H_{2i}=\varepsilon_0cn_2E_{2i},\quad H_{2r}=\varepsilon_0cn_2E_{2r},\quad H_3=\varepsilon_0cn_3E_3$$

按题意，介质 1 中的入射波给定，下面根据边值关系确定其他波的振幅. 设介质 1、2 的界面位于 $z=0$，则介质 2、3 的界面位于 $z=d$. 在这两个界面上的边值关系分别为

$$E_{1i0}+E_{1r0}=E_{2i0}+E_{2r0}\tag{1}$$

$$H_{1i0}-H_{1r0}=H_{2i0}-H_{2r0}$$

$$E_{2i0}\mathrm{e}^{\mathrm{i}k_2d}+E_{2r0}\mathrm{e}^{-\mathrm{i}k_2d}=E_3\mathrm{e}^{\mathrm{i}k_3d}\tag{2}$$

$$H_{2i0}\mathrm{e}^{\mathrm{i}k_2d}-H_{2r0}\mathrm{e}^{-\mathrm{i}k_2d}=H_3\mathrm{e}^{\mathrm{i}k_3d}$$

其中，关于磁场强度切向分量连续的式子可转化为

$$E_{1i0}-E_{1r0}=\frac{n_2}{n_1}(E_{2i0}-E_{2r0})\tag{3}$$

$$E_{2i0}\mathrm{e}^{\mathrm{i}k_2d}-E_{2r0}\mathrm{e}^{-\mathrm{i}k_2d}=\frac{n_3}{n_2}E_3\mathrm{e}^{\mathrm{i}k_3d}\tag{4}$$

以上关于电场切向分量的方程一共 4 个，待求量（$E_{1r0},E_{2i0},E_{2r0},E_3$）也是 4 个，解唯一存在. 求解过程如下. 首先，由式（1）和（3）消去 E_{1r0}，得

$$2E_{1i0}=\left(1+\frac{n_2}{n_1}\right)E_{2i0}+\left(1-\frac{n_2}{n_1}\right)E_{2r0}\tag{5}$$

再由式（1）和（3）消去 E_{1i0} 得

$$2E_{1r0}=\left(1-\frac{n_2}{n_1}\right)E_{2i0}+\left(1+\frac{n_2}{n_1}\right)E_{2r0}\tag{6}$$

然后，由式（2）和（4）消去 E_3 得

$$E_{2r0}=\frac{n_2-n_3}{n_2+n_3}E_{2i0}\mathrm{e}^{2\mathrm{i}k_2d}\tag{7}$$

将式（7）代入式（5），经化简得

$$\frac{E_{2i0}}{E_{1i0}}=\frac{n_1(n_2+n_3)\mathrm{e}^{-\mathrm{i}k_2d}}{n_2(n_1+n_3)\cos(k_2d)-\mathrm{i}(n_2^2+n_1n_3)\sin(k_2d)} \tag{8}$$

将式（7）代入式（8）解得

$$\frac{E_{2r0}}{E_{1i0}}=\frac{n_1(n_2-n_3)\mathrm{e}^{\mathrm{i}k_2d}}{n_2(n_1+n_3)\cos(k_2d)-\mathrm{i}(n_2^2+n_1n_3)\sin(k_2d)} \tag{9}$$

最后，将式（8）和（9）代入式（6）解得

$$\frac{E_{1r0}}{E_{1i0}}=\frac{n_2(n_1-n_3)\cos(k_2d)+\mathrm{i}(n_2^2-n_1n_3)\sin(k_2d)}{n_2(n_1+n_3)\cos(k_2d)-\mathrm{i}(n_2^2+n_1n_3)\sin(k_2d)} \tag{10}$$

将式（8）和（9）代入式（2）解得

$$\frac{E_3}{E_{1i0}}=\frac{2n_1n_2\mathrm{e}^{-\mathrm{i}k_3d}}{n_2(n_1+n_3)\cos(k_2d)-\mathrm{i}(n_2^2+n_1n_3)\sin(k_2d)} \tag{11}$$

解毕.

（1）由上述结果立刻求得反射系数 R 和透射系数 T：

$$R=\frac{|E_{1r0}|^2}{|E_{1i0}|^2}=\frac{n_2^2(n_1-n_3)^2\cos^2(k_2d)+(n_2^2-n_1n_3)^2\sin^2(k_2d)}{n_2^2(n_1+n_3)^2\cos^2(k_2d)+(n_2^2+n_1n_3)^2\sin^2(k_2d)}$$

$$T=\frac{n_3|E_3|^2}{n_1|E_{1i0}|^2}=\frac{4n_2^2n_1n_3}{n_2^2(n_1+n_3)^2\cos^2(k_2d)+(n_2^2+n_1n_3)^2\sin^2(k_2d)}$$

容易验证 $R+T=1$.

（2）为使 $R=0$，要求 R 表达式的分子中的两项分别为零，即

$$n_2^2(n_1-n_3)^2\cos^2(k_2d)=n_2^2(n_1-1)^2\cos^2(k_2d)=0$$
$$(n_2^2-n_1n_3)^2\sin^2(k_2d)=(n_2^2-n_1)^2\sin^2(k_2d)=0$$

由第一个等式，要求 $k_2d=(2m+1)\pi/2$，或 $d=(2m+1)\lambda_2/4$，m 为非负整数；由第二个等式，要求 $n_2=\sqrt{n_1}$.

4.3　一无限平面（$z=0$）将真空（$z<0$）和理想导体隔开，平面电磁波从真空一侧垂直入射并发生全反射. 设入射波电场的表达式为 $\boldsymbol{E}=E_0\exp(\mathrm{i}kz-\mathrm{i}\omega t)\,\boldsymbol{e}_x$，求反射波的电场和导体表面感应电流面密度的矢量复数表达式.

解　由入射波电场表达式可求得其磁场强度的表达式如下：

$$\boldsymbol{H}=\frac{1}{\omega\mu_0}\boldsymbol{k}\times\boldsymbol{E}=\frac{kE_0}{\omega\mu_0}\mathrm{e}^{\mathrm{i}(kz-\omega t)}\boldsymbol{e}_y$$

在理想导体表面，入射波被全反射，仅存在反射波，其电场表达式设为

$$\boldsymbol{E}'=E_0'\mathrm{e}^{-\mathrm{i}(kz+\omega t)}\boldsymbol{e}_x$$

由界面两侧电场强度切向分量连续的条件得

$$E_0 + E_0' = 0, \quad E_0' = -E_0，\text{即 } \boldsymbol{E}' = -E_0 \mathrm{e}^{-\mathrm{i}(kz+\omega t)} \boldsymbol{e}_x$$

相应求得反射波的磁场表达式如下：

$$\boldsymbol{H}' = -\frac{1}{\omega\mu_0}\boldsymbol{k}\times\boldsymbol{E}' = \frac{kE_0}{\omega\mu_0}\mathrm{e}^{-\mathrm{i}(kz+\omega t)}\boldsymbol{e}_y$$

界面上的感应电流面密度为

$$\boldsymbol{i} = \boldsymbol{n}\times(\boldsymbol{H}_2 - \boldsymbol{H}_1) = \boldsymbol{e}_z \times(-\boldsymbol{H} - \boldsymbol{H}')_{z=0}$$

$$= \frac{2kE_0}{\omega\mu_0}\mathrm{e}^{-\mathrm{i}\omega t}\boldsymbol{e}_x = 2E_0\sqrt{\frac{\varepsilon_0}{\mu_0}}\mathrm{e}^{-\mathrm{i}\omega t}\boldsymbol{e}_x$$

4.4 对无限电介质平面的电磁波的反射和折射问题，当入射波电场与入射面垂直时，成立

$$\frac{E'}{E} = \frac{\sqrt{\varepsilon_1}\cos\theta - \sqrt{\varepsilon_2}\cos\theta''}{\sqrt{\varepsilon_1}\cos\theta + \sqrt{\varepsilon_2}\cos\theta''}$$

$$\frac{E''}{E} = \frac{2\sqrt{\varepsilon_1}\cos\theta}{\sqrt{\varepsilon_1}\cos\theta + \sqrt{\varepsilon_2}\cos\theta''}$$

式中，E、E' 和 E'' 分别为入射波、反射波和折射波的电场强度，ε_1 和 ε_2 为介电常量，θ 和 θ'' 为入射角和折射角．电磁波从一侧入射，两侧介质的磁导率均设为 μ_0．

（1）计算能流密度 $\boldsymbol{S}$ 、 $\boldsymbol{S}'$ 和 $\boldsymbol{S}''$ ，证明 $\boldsymbol{n}\cdot\boldsymbol{S} + \boldsymbol{n}\cdot\boldsymbol{S}' = \boldsymbol{n}\cdot\boldsymbol{S}''$ ，$\boldsymbol{n}$ 为界面法向矢量．

（2）确定反射系数．

解　（1）能流密度分别为

$$\boldsymbol{S} = \boldsymbol{E}\times\boldsymbol{H} = EH(\cos\theta\,\boldsymbol{n} + \sin\theta\,\boldsymbol{\tau})$$

$$\boldsymbol{S}' = E'H'(-\cos\theta\,\boldsymbol{n} + \sin\theta\,\boldsymbol{\tau})$$

$$\boldsymbol{S}'' = E''H''(\cos\theta''\,\boldsymbol{n} + \sin\theta''\,\boldsymbol{\tau})$$

式中，$\boldsymbol{\tau}$ 为切向单位矢量．于是有

$$\boldsymbol{n}\cdot(\boldsymbol{S} + \boldsymbol{S}') = (EH - E'H')\cos\theta = \sqrt{\varepsilon_1/\mu_0}(E^2 - E'^2)\cos\theta$$

$$= \sqrt{\frac{\varepsilon_1}{\mu_0}}E^2\left[1 - \left(\frac{\sqrt{\varepsilon_1}\cos\theta - \sqrt{\varepsilon_2}\cos\theta''}{\sqrt{\varepsilon_1}\cos\theta + \sqrt{\varepsilon_2}\cos\theta''}\right)^2\right]\cos\theta$$

$$= \sqrt{\frac{1}{\mu_0}}E^2\frac{4\varepsilon_1\sqrt{\varepsilon_2}\cos^2\theta\cos\theta''}{(\sqrt{\varepsilon_1}\cos\theta + \sqrt{\varepsilon_2}\cos\theta'')^2}$$

$$\boldsymbol{n}\cdot\boldsymbol{S}'' = E''H''\cos\theta'' = \sqrt{\varepsilon_2/\mu_0}E''^2\cos\theta''$$

$$= \sqrt{\frac{1}{\mu_0}}E^2\frac{4\varepsilon_1\sqrt{\varepsilon_2}\cos^2\theta\cos\theta''}{(\sqrt{\varepsilon_1}\cos\theta + \sqrt{\varepsilon_2}\cos\theta'')^2} = \boldsymbol{n}\cdot(\boldsymbol{S} + \boldsymbol{S}')$$

证毕．

（2）反射系数为

$$R=\left|\frac{E'}{E}\right|^2=\left(\frac{\sqrt{\varepsilon_1}\cos\theta-\sqrt{\varepsilon_2}\cos\theta''}{\sqrt{\varepsilon_1}\cos\theta+\sqrt{\varepsilon_2}\cos\theta''}\right)^2$$

***4.5**　证明

$$\boldsymbol{n}\cdot(\boldsymbol{E}'\times\boldsymbol{H}+\boldsymbol{E}\times\boldsymbol{H}')=0$$

式中，$\boldsymbol{E}$ 和 $\boldsymbol{H}$ 为入射波电磁场，$\boldsymbol{E}'$ 和 $\boldsymbol{H}'$ 为反射波电磁场，$\boldsymbol{n}$ 为介质界面法向矢量（见 4.2 节提示）.

证　利用

$$\boldsymbol{H}=\frac{1}{\omega\mu_1}\boldsymbol{k}\times\boldsymbol{E},\quad \boldsymbol{H}'=\frac{1}{\omega\mu_1}\boldsymbol{k}'\times\boldsymbol{E}'$$

$$\boldsymbol{k}\cdot\boldsymbol{E}=0,\quad \boldsymbol{k}'\cdot\boldsymbol{E}'=0,\quad k_z=-k_z',\quad \boldsymbol{k}_\tau=\boldsymbol{k}_\tau'$$

得

$$\begin{aligned}\boldsymbol{n}\cdot(\boldsymbol{E}'\times\boldsymbol{H})&=\frac{1}{\omega\mu_1}\boldsymbol{n}\cdot[\boldsymbol{E}'\times(\boldsymbol{k}\times\boldsymbol{E})]=\frac{1}{\omega\mu_1}\boldsymbol{n}\cdot[(\boldsymbol{E}'\cdot\boldsymbol{E})\boldsymbol{k}-(\boldsymbol{k}\cdot\boldsymbol{E}')\boldsymbol{E}]\\&=\frac{1}{\omega\mu_1}[k_z(\boldsymbol{E}'\cdot\boldsymbol{E})-k_zE_zE_z'-\boldsymbol{k}_\tau\cdot\boldsymbol{E}_\tau'E_z]\\\boldsymbol{n}\cdot(\boldsymbol{E}\times\boldsymbol{H}')&=\frac{1}{\omega\mu_1}\boldsymbol{n}\cdot[\boldsymbol{E}\times(\boldsymbol{k}'\times\boldsymbol{E}')]=\frac{1}{\omega\mu_1}\boldsymbol{n}\cdot[(\boldsymbol{E}'\cdot\boldsymbol{E})\boldsymbol{k}'-(\boldsymbol{k}'\cdot\boldsymbol{E})\boldsymbol{E}']\\&=\frac{1}{\omega\mu_1}[k_z'(\boldsymbol{E}'\cdot\boldsymbol{E})-k_z'E_zE_z'-\boldsymbol{k}_\tau'\cdot\boldsymbol{E}_\tau E_z']\end{aligned}$$

上述两式右边括弧中的头两项相加，因 $k_z=-k_z'$ 互相抵消. 至于第三项，由

$$\boldsymbol{k}_\tau\cdot\boldsymbol{E}_\tau'E_z=\boldsymbol{k}_\tau'\cdot\boldsymbol{E}_\tau'E_z=(\boldsymbol{k}'\cdot\boldsymbol{E}'-k_z'E_z')E_z=k_zE_zE'$$

$$\boldsymbol{k}_\tau'\cdot\boldsymbol{E}_\tau E_z'=\boldsymbol{k}_\tau\cdot\boldsymbol{E}_\tau E_z'=(\boldsymbol{k}\cdot\boldsymbol{E}-k_zE_z)E_z'=-k_zE_zE'$$

相加之后也互相抵消，以至有 $\boldsymbol{n}\cdot(\boldsymbol{E}'\times\boldsymbol{H}+\boldsymbol{E}\times\boldsymbol{H}')=0$，证毕.

***4.6**　对线性各向同性介质，证明

$$\boldsymbol{nn}:\frac{1}{2}(\boldsymbol{D}\cdot\boldsymbol{E}'+\boldsymbol{D}'\cdot\boldsymbol{E}+\boldsymbol{B}\cdot\boldsymbol{H}'+\boldsymbol{B}'\cdot\boldsymbol{H})\vec{\boldsymbol{I}}-\boldsymbol{nn}:(\boldsymbol{DE}'+\boldsymbol{D}'\boldsymbol{E}+\boldsymbol{BH}'+\boldsymbol{B}'\boldsymbol{H})=0$$

式中，$\boldsymbol{E}$ 和 $\boldsymbol{H}$ 为入射波电磁场，$\boldsymbol{E}'$ 和 $\boldsymbol{H}'$ 为反射波电磁场，$\boldsymbol{n}$ 为介质界面法向矢量（见 4.2 节提示）.

证　容易推得

$$\begin{aligned}&\boldsymbol{nn}:\frac{1}{2}(\boldsymbol{D}\cdot\boldsymbol{E}'+\boldsymbol{D}'\cdot\boldsymbol{E}+\boldsymbol{B}\cdot\boldsymbol{H}'+\boldsymbol{B}'\cdot\boldsymbol{H})\vec{\boldsymbol{I}}\\&=\frac{1}{2}(\boldsymbol{n}\cdot\boldsymbol{n})[\varepsilon_1(\boldsymbol{E}\cdot\boldsymbol{E}'+\boldsymbol{E}'\cdot\boldsymbol{E})+\mu_1(\boldsymbol{H}\cdot\boldsymbol{H}'+\boldsymbol{H}'\cdot\boldsymbol{H})]\\&=\varepsilon_1\boldsymbol{E}\cdot\boldsymbol{E}'+\mu_1\boldsymbol{H}\cdot\boldsymbol{H}'\end{aligned}$$

式中，ε_1 和 μ_1 分别为入射波一侧介质的介电常量和磁导率，

$$\begin{aligned}&\boldsymbol{nn}:(\boldsymbol{DE}'+\boldsymbol{D}'\boldsymbol{E}+\boldsymbol{BH}'+\boldsymbol{B}'\boldsymbol{H})\\&=D_nE_n'+D_n'E_n+B_nH_n'+B_n'H_n=2\varepsilon_1E_nE_n'+2\mu_1H_nH_n'\end{aligned}$$

以下取直角坐标系（x, y, z），z 轴沿法向方向，xz 平面为入射面，则

$$\boldsymbol{k}=k_x\boldsymbol{e}_x+k_z\boldsymbol{e}_z,\quad \boldsymbol{k}'=k_x'\boldsymbol{e}_x+k_z'\boldsymbol{e}_z=k_x\boldsymbol{e}_x-k_z\boldsymbol{e}_z$$

$$\boldsymbol{E}=E_x\boldsymbol{e}_x+E_y\boldsymbol{e}_y+E_z\boldsymbol{e}_z,\quad \boldsymbol{E}'=E_x'\boldsymbol{e}_x+E_y'\boldsymbol{e}_y+E_z'\boldsymbol{e}_z$$

$$\boldsymbol{H}=H_x\boldsymbol{e}_x+H_y\boldsymbol{e}_y+H_z\boldsymbol{e}_z,\quad \boldsymbol{H}'=H_x'\boldsymbol{e}_x+H_y'\boldsymbol{e}_y+H_z'\boldsymbol{e}_z$$

原问题归结为证明

$$\begin{aligned}&\varepsilon_1\boldsymbol{E}\cdot\boldsymbol{E}'+\mu_1\boldsymbol{H}\cdot\boldsymbol{H}'-2\varepsilon_1E_zE_z'-2\mu_1H_zH_z'\\&=\varepsilon_1(E_xE_x'+E_yE_y'-E_zE_z')+\mu_1(H_xH_x'+H_yH_y'-H_zH_z')=0\end{aligned}$$

或

$$[\varepsilon_1E_yE_y'-\mu_1(H_zH_z'-H_xH_x')]+[\mu_1H_yH_y'-\varepsilon_1(E_zE_z'-E_xE_x')]=0$$

以下将证明上式左边两项分别为零，即

$$\varepsilon_1E_yE_y'-\mu_1(H_zH_z'-H_xH_x')=\mu_1H_yH_y'-\varepsilon_1(E_zE_z'-E_xE_x')=0$$

从而完成证明. 为此，由

$$H_x=\frac{1}{\omega\mu_1}\boldsymbol{e}_x\cdot(\boldsymbol{k}\times\boldsymbol{E})=-\frac{1}{\omega\mu_1}k_zE_y$$

$$H_x'=-\frac{1}{\omega\mu_1}k_z'E_y'=\frac{1}{\omega\mu_1}k_zE_y'$$

$$H_z=\frac{1}{\omega\mu_1}\boldsymbol{e}_z\cdot(\boldsymbol{k}\times\boldsymbol{E})=\frac{1}{\omega\mu_1}k_xE_y$$

$$H_z'=\frac{1}{\omega\mu_1}k_x'E_y'=\frac{1}{\omega\mu_1}k_xE_y'$$

得

$$\mu_1(H_zH_z'-H_xH_x')=\frac{1}{\omega^2\mu_1}(k_x^2+k_z^2)E_yE_y'=\varepsilon_1E_yE_y'$$

再由

$$E_x=-\frac{1}{\omega\varepsilon_1}\boldsymbol{e}_x\cdot(\boldsymbol{k}\times\boldsymbol{H})=\frac{1}{\omega\varepsilon_1}k_zH_y$$

$$E_x'=\frac{1}{\omega\varepsilon_1}k_z'H_y'=-\frac{1}{\omega\varepsilon_1}k_zH_y'$$

$$E_z=-\frac{1}{\omega\varepsilon_1}\boldsymbol{e}_z\cdot(\boldsymbol{k}\times\boldsymbol{H})=-\frac{1}{\omega\varepsilon_1}k_xH_y$$

$$E'_z = -\frac{1}{\omega\varepsilon_1}k'_x H'_y = -\frac{1}{\omega\varepsilon_1}k_x H'_y$$

得

$$\varepsilon_1(E_z E'_z - E_x E'_x) = \frac{1}{\omega^2\varepsilon_1}(k_x^2 + k_z^2)H_y H'_y = \mu_1 H_y H'_y$$

证毕.

4.7　已知海水介电常量为 $\varepsilon = 10\varepsilon_0$，磁导率为 μ_0，电导率为 $1\text{S}\cdot\text{m}^{-1}$. 对频率为 50Hz 的电磁波，证明良导体近似满足，并计算该电磁波在海水中的透入深度.

解　由题给海水电磁性能参数得

$$\frac{\sigma}{\varepsilon\omega} = \frac{1\times 36\pi\times 10^9}{10\times 2\pi\times 50} = 3.6\times 10^7 \gg 1$$

满足良导体近似. 此时电磁波在海水中的透入深度为

$$\delta = [2/(\omega\mu_0\sigma)]^{1/2} = [2/(2\pi\times 50\times 4\pi\times 10^{-7}\times 1)]^{1/2} = 71(\text{m})$$

4.8　设微波炉使用的电磁波频率为 2.5GHz（1GHz=10^9Hz），食品的介电常量为 $\varepsilon = 50\varepsilon_0$，电导率为 $\sigma = 2\text{S}\cdot\text{m}^{-1}$，计算比值 $\sigma/(\varepsilon\omega)$，回答是否可使用良导体近似并确定电磁波透入食品的深度.

解　由题给食品电磁性能参数，得

$$\frac{\sigma}{\varepsilon\omega} = \frac{2\times 36\pi\times 10^9}{50\times 2\pi\times 2.5\times 10^9} = 0.288$$

不满足良导体近似. 电磁波在食品中的透入深度为 $\delta = \alpha^{-1}$，

$$\alpha = \omega\sqrt{\frac{\mu_0\varepsilon}{2}}\left[\sqrt{1+\frac{\sigma^2}{\omega^2\varepsilon^2}} - 1\right]^{1/2}$$

$$= \frac{2\pi\times 2.5\times 10^9}{3\times 10^8}\sqrt{50/2}(\sqrt{1+0.288^2} - 1)^{1/2} = 52.78$$

据此求得 $\delta = \alpha^{-1} = 0.019\text{m} = 1.9\text{cm}$.

4.9　证明电磁波透入良导体表面单位面积的能流等于导体表面单位面积的平均损耗功率.

证　设金属导体占据 $z > 0$ 半空间. 在良导体近似下，进入金属中的电磁波的电矢量近似为（ $\beta_x \approx 0, \boldsymbol{\beta} \approx \beta\,\boldsymbol{e}_z$ ）

$$\boldsymbol{E} = \boldsymbol{E}_0 \text{e}^{-\alpha z}\text{e}^{\text{i}(\beta z - \omega t)}, \quad \alpha \approx \beta \approx \sqrt{\frac{1}{2}\omega\mu_0\sigma}$$

由表面进入金属的能流为

$$\overline{S}=\frac{1}{2}\mathrm{Re}(\boldsymbol{E}\times\boldsymbol{H}^*)_{z=0}=\frac{1}{2}\mathrm{Re}\left[\boldsymbol{E}\times\left(\frac{\boldsymbol{\beta}+\mathrm{i}\boldsymbol{\alpha}}{\omega\mu_0}\times\boldsymbol{E}\right)^*\right]_{z=0}$$

$$=\frac{|\boldsymbol{E}_0|^2}{2\omega\mu_0}\mathrm{Re}(\boldsymbol{\beta}-\mathrm{i}\boldsymbol{\alpha})=\frac{\alpha}{2\omega\mu_0}|\boldsymbol{E}_0|^2\,\boldsymbol{e}_z$$

金属的焦耳功率密度为

$$\overline{p}=\frac{1}{2}\mathrm{Re}(\boldsymbol{E}\cdot\boldsymbol{j}^*)=\frac{1}{2}\sigma|\boldsymbol{E}_0|^2\,\mathrm{e}^{-2\alpha z}$$

因此，导体表面单位面积的平均损耗功率为

$$\int_0^\infty\overline{p}\mathrm{d}z=\frac{1}{2}\sigma|\boldsymbol{E}_0|^2\int_0^\infty\mathrm{e}^{-2\alpha z}\mathrm{d}z=\frac{\sigma}{4\alpha}|\boldsymbol{E}_0|^2=\frac{\alpha}{2\omega\mu_0}|\boldsymbol{E}_0|^2$$

正好等于由表面进入金属的能流，证毕.

4.10　给出波长为 4.5cm 的微波在 4cm×3cm 的波导管中传播的波模.

解　（m,n）波模的下截止频率为

$$\omega_\mathrm{c}=c\pi[(m/a)^2+(n/b)^2]^{1/2}$$

式中，$a=4\mathrm{cm}$，$b=3\mathrm{cm}$；据此求得（m,n）波模的最大波长为

$$\lambda_{mn}=\frac{2\pi c}{\omega_\mathrm{c}}=\frac{2}{\sqrt{(m/a)^2+(n/b)^2}}$$

只有波长短于 λ_{mn} 的微波才能以（m, n）波模形式沿波导管传播. 按上式分别算得 $\lambda_{10}=8\mathrm{cm}$，$\lambda_{01}=6\mathrm{cm}$，$\lambda_{11}=4.8\mathrm{cm}$，$\lambda_{21}=3.33\mathrm{cm}$，$\lambda_{12}=2.81\mathrm{cm}$. 前三种波模的最大波长大于 4.5cm，因而是允许的；后面的波模的最大波长小于 4.5cm，相应的波模无法传播. 故可以传播的波模限于 TE_{10}，TE_{01}，TE_{11}，TM_{11}.

***4.11**　如习题 4.11 图所示的波导管，截面为直角三角形，两直角边边长同为 a，管壁可视为理想导体. 确定可能传播的波模及下截止频率.

解　采用直角坐标下的分离变数法求解，取

$$\boldsymbol{E}=\boldsymbol{E}_0(x,y)\mathrm{e}^{\mathrm{i}(k_3z-\omega t)}$$

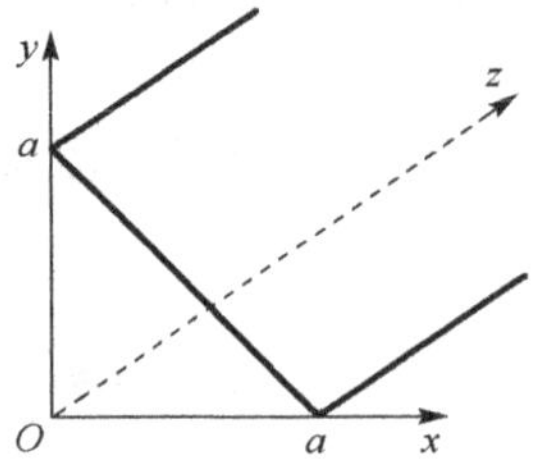

习题 4.11 图

其中，幅度因子 $\boldsymbol{E}_0(x,y)$ 的任一个分量 u 存在如下形式的分离变数解：

$$u=(a_1\cos k_1x+b_1\sin k_1x)(a_2\cos k_2y+b_2\sin k_2y)$$

$$k_1^2+k_2^2+k_3^2=k^2=\frac{\omega^2}{c^2}$$

需要满足的边界条件（切向电场分量为零）如下：

$$E_x\big|_{y=0}=E_y\big|_{x=0}=0,\quad E_z\big|_{x=0}=E_z\big|_{y=0}=0 \tag{1}$$

$$(E_x-E_y)\big|_{y=a-x}=0,\quad E_z\big|_{y=a-x}=0 \tag{2}$$

注意，我们没有列出边界上 $\partial E_n/\partial n=0$ 的条件，该条件系方程 $\nabla\cdot\boldsymbol{E}=0$ 对边界条件附加的约束条件（参见 4.4.1 节）. 很多情况下，使用该条件于求解过程，属于一种处理技巧. 可是对于本题来说，没有必要这样做. 从条件式（1）出发，可将电场的表达式写为

$$E_{0x}=A_1\cos(k_1x)\sin(k_2y)$$
$$E_{0y}=A_2\sin(k_1x)\cos(k_2y)$$
$$E_{0z}=A_3\sin(k_1x)\sin(k_2y)$$

为满足式（2）中的第一个条件，要求

$$A_1\cos(k_1x)\sin[k_2(a-x)]=A_2\sin(k_1x)\cos[k_2(a-x)]$$

据此推出

$$A_1=-A_2\equiv A,\quad k_1=k_2=\frac{n\pi}{a},\ n\text{ 为正整数}$$

由条件 $\nabla\cdot\boldsymbol{E}=0$ 进一步推得 $A_3=0$，即 $E_{0z}=0$，电磁波为横电波，波模为 TE_n，电场表达式为

$$E_{0x}=A\cos(n\pi x/a)\sin(n\pi y/a)$$
$$E_{0y}=-A\sin(n\pi x/a)\cos(n\pi y/a)$$
$$E_{0z}=0$$

上述电场表达式自动满足边界 $y=a-x$ 上 $B_z=0$、所有边界上 $\partial E_n/\partial n=0$ 的条件，尽管在求解过程中未曾用过这些条件. 相应的磁场表达式可由 $\boldsymbol{H}=-\mathrm{i}\nabla\times\boldsymbol{E}/(\omega\mu_0)$ 求得，其幅度因子表达式为

$$H_{0x}=\frac{k_3A}{\omega\mu_0}\sin(n\pi x/a)\cos(n\pi y/a)$$

$$H_{0y}=\frac{k_3A}{\omega\mu_0}\cos(n\pi x/a)\sin(n\pi y/a)$$

$$H_{0z}=\frac{2\mathrm{i}\,n\pi A}{\omega\mu_0 a}\cos(n\pi x/a)\cos(n\pi y/a)$$

对给定的波频率 ω 和正整数 n，波数为

$$k_3=\left[\frac{\omega^2}{c^2}-2\left(\frac{n\pi}{a}\right)^2\right]^{1/2}$$

为保证 k_3 为实数，要求 $\omega>\sqrt{2}n\pi c/a$；取 $n=1$，求得波导管的下截止频率为 $\omega_{\min}=\sqrt{2}\pi c/a$.

***4.12**　设有一长方形导体盒，其尺寸如习题 4.12 图所示. (a)分析波长位于 $(4/\sqrt{5},\ 8/\sqrt{13})$ cm 之间的电磁波有多少个模式？(b)求出每个波模的波长. (c)求每个波模的电场.（d）波长位于 $(0.01,\ 0.011)$ cm 之间的电磁波有多少个模式？

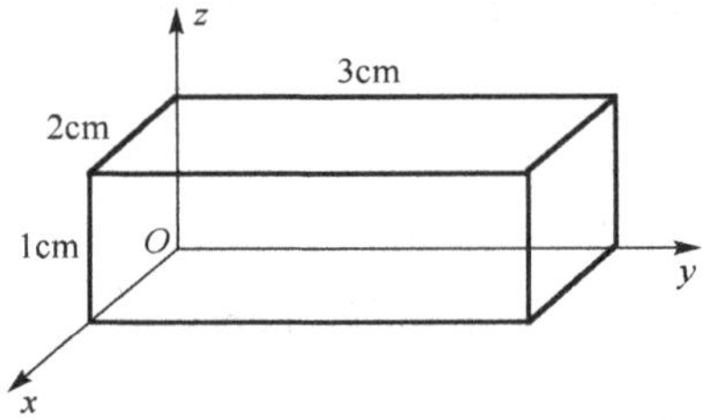

习题 4.12 图

解　（a）在该谐振腔中，驻波模式（m,n,l）的波长（cm）为

$$\lambda_{m,n,l}=\frac{2}{[(m/2)^2+(n/3)^2+l^2]^{1/2}}=\frac{2}{(m^2/4+n^2/9+l^2)^{1/2}}$$

由 $4/\sqrt{5}\leqslant\lambda\leqslant 8/\sqrt{13}$ 得

$$\frac{13}{16}\leqslant\frac{m^2}{4}+\frac{n^2}{9}+l^2\leqslant\frac{5}{4}$$

因为 m,n,l 为零或正整数，且其中至少有两个不等于零，满足上述不等式的波动模式只能是

（1）当 $l=0$ 时，$m=1,\ n=3$ 或 $m=2,\ n=1$；

（2）当 $m=0$ 时，$n=1,\ l=1$；

（3）当 $n=0$ 时，$m=1,\ l=1$；

即允许存在四种波动模式：$(1,3,0),\ (2,1,0),\ (0,1,1),\ (1,0,1)$.

（b）四种波模的波长依次为 $4/\sqrt{5}$cm，$6/\sqrt{10}$cm，$6/\sqrt{10}$cm 和 $4/\sqrt{5}$ cm，实际上只有两种波长.

（c）可将上述四种波模的电场强度分量统一表示为

$$E_x=A_1\cos(k_x x)\sin(k_y y)\sin(k_z z)$$

$$E_y=A_2\sin(k_x x)\cos(k_y y)\sin(k_z z)$$

$$E_z = A_3 \sin(k_x x)\sin(k_y y)\cos(k_z z)$$

式中

$$k_x = m\pi / 2,\quad k_y = n\pi / 3,\quad k_z = l\pi$$

对模式 (1,3,0)，有 $E_z = A_3 \sin(\pi x / 2)\sin(\pi y),\quad E_x = E_y = 0$；

对模式 (2,1,0)，有 $E_z = A_3 \sin(\pi x)\sin(\pi y / 3),\quad E_x = E_y = 0$；

对模式 (0,1,1)，有 $E_x = A_1 \sin(\pi y / 3)\sin(\pi z),\quad E_y = E_z = 0$；

对模式 (1,0,1)，有 $E_y = A_2 \sin(\pi x / 2)\sin(\pi z),\quad E_x = E_z = 0$.

（d）由 $0.01 \leqslant \lambda \leqslant 0.011$，得

$$(181.8)^2 \leqslant m^2 / 4 + n^2 / 9 + l^2 \leqslant (200)^2$$

上式要求模式代表点（m, n, l）位于下述两个椭球面

$$\frac{m^2}{(2\times 181.8)^2} + \frac{n^2}{(3\times 181.8)^2} + \frac{l^2}{(1\times 181.8)} = 1$$

$$\frac{m^2}{(2\times 200)^2} + \frac{n^2}{(3\times 200)^2} + \frac{l^2}{(1\times 200)} = 1$$

之间，其“体积”等于两椭球面围成的椭球壳的体积的 1/8，即

$$V = (1/8)\times 4\pi \times 2\times 3\times 1\times (200^3 - 181.8^3)/3 \approx 6.3\times 10^6$$

在 (m,n,l) 空间中，单个模式占的“体积”为 $\Delta m \cdot \Delta n \cdot \Delta l = 1$，故在给定的波长范围内，约有 6.3×10^6 个波动模式.

4.13　对边长为 a 和 b 的矩形截面波导管，频率为 ω（大于截止频率）、幅度为 E_0 的 TE_{10} 波沿波导管传播，管壁材料的电导率为 σ，求单位长度波导管的平均耗散功率.

解　对 TE_{10} 波有

$$E_x = E_z = 0,\quad E_y = E_0 \sin\left(\frac{\pi x}{a}\right)\mathrm{e}^{\mathrm{i}(kz-\omega t)},\quad k^2 = \frac{\omega^2}{c^2} - \frac{\pi^2}{a^2}$$

$$H_x = -\frac{kE_0}{\omega\mu_0}\sin\left(\frac{\pi x}{a}\right)\mathrm{e}^{\mathrm{i}(kz-\omega t)},\quad H_y = 0$$

$$H_z = -\frac{\mathrm{i}\,\pi E_0}{\omega\mu_0 a}\cos\left(\frac{\pi x}{a}\right)\mathrm{e}^{\mathrm{i}(kz-\omega t)}$$

良导体单位面积表面平均耗散功率为

$$\frac{\mathrm{d}\bar{P}}{\mathrm{d}A} = \frac{1}{2\sigma\delta}|\boldsymbol{H}|^2,\quad \delta = \sqrt{\frac{2}{\omega\mu_0\sigma}}$$

式中，$\boldsymbol{H}$ 为表面外侧切向磁场强度. 在 $y = 0$ 和 b 两壁，成立

$$|\boldsymbol{H}|^2=\frac{E_0^2}{\omega^2\mu_0^2}\left[k^2\sin^2\left(\frac{\pi x}{a}\right)+\frac{\pi^2}{a^2}\cos^2\left(\frac{\pi x}{a}\right)\right]$$

过（0, a）对 x 积分，然后加倍，求得上述两壁单位长度的耗散功率为

$$P_1=\frac{aE_0^2}{2\mu_0^2c^2\sigma\delta}=\frac{\pi^2E_0^2}{2\omega^2\mu_0^2a\sigma\delta}\left(\frac{\omega a}{\pi c}\right)^2$$

在 $x=0$ 和 a 两壁，成立

$$|\boldsymbol{H}|^2=\frac{\pi^2E_0^2}{\omega^2\mu_0^2a^2}$$

过（0, b）对 y 积分，然后加倍，求得上述两壁单位长度的耗散功率为

$$P_2=\frac{\pi^2E_0^2b}{\omega^2\mu_0^2a^2\sigma\delta}$$

最终求得单位长度波导管的平均耗散功率为

$$P=P_1+P_2=\frac{\pi^2E_0^2}{\omega^2\mu_0^2a^2\sigma\delta}\left[b+\frac{a}{2}\left(\frac{\omega a}{\pi c}\right)^2\right]$$

$$=\frac{\pi^2E_0^2}{(2\omega^3\mu_0^3\sigma)^{1/2}a^2}\left[b+\frac{a}{2}\left(\frac{\omega a}{\pi c}\right)^2\right]$$

第 5 章　电磁波的辐射

5.1　考虑麦克斯韦方程组的一个可能解 $\boldsymbol{A}(\boldsymbol{r},t)=\boldsymbol{A}_0\mathrm{e}^{\mathrm{i}(\boldsymbol{k}\cdot\boldsymbol{r}-\omega t)}$，$\phi(\boldsymbol{r},t)=0$，$\boldsymbol{A}$ 和 φ 分别为矢势和标势. 设 $\boldsymbol{A}_0$ 、$\boldsymbol{k}$ 和 ω 为常量，试给出真空中的麦克斯韦方程组对 $\boldsymbol{A}_0$ 、$\boldsymbol{k}$ 和 ω 的约束条件.

解　由题目给定的 $\boldsymbol{A}$ 和 φ 求得

$$\boldsymbol{B}=\nabla\times\boldsymbol{A}=\mathrm{i}\,\boldsymbol{k}\times\boldsymbol{A}_0\mathrm{e}^{\mathrm{i}(\boldsymbol{k}\cdot\boldsymbol{r}-\omega t)},\quad \boldsymbol{E}=-\nabla\varphi-\frac{\partial\boldsymbol{A}}{\partial t}=\mathrm{i}\,\omega\boldsymbol{A}_0\mathrm{e}^{\mathrm{i}(\boldsymbol{k}\cdot\boldsymbol{r}-\omega t)}$$

真空中的麦克斯韦方程组为

$$\nabla\cdot\boldsymbol{B}=0,\quad \nabla\times\boldsymbol{B}-\mu_0\varepsilon_0\frac{\partial\boldsymbol{E}}{\partial t}=0$$

$$\nabla\cdot\boldsymbol{E}=0,\quad \nabla\times\boldsymbol{E}+\frac{\partial\boldsymbol{B}}{\partial t}=0$$

易证第一个和第四个方程自动满足. 将 $\boldsymbol{B}$ 、 $\boldsymbol{E}$ 代入第二、三两个方程，依次求得

$$(k^2-\omega^2/c^2)\boldsymbol{A}_0-(\boldsymbol{k}\cdot\boldsymbol{A}_0)\boldsymbol{k}=0,\quad \boldsymbol{k}\cdot\boldsymbol{A}_0=0$$

故对 $\boldsymbol{A}_0$、$\boldsymbol{k}$ 和 ω 的约束条件为

$$\boldsymbol{k}\cdot\boldsymbol{A}_0=0,\quad k=\omega/c$$

5.2　对时谐场（$\sim\mathrm{e}^{-\mathrm{i}\omega t}$），证明电场的计算公式 $\boldsymbol{E}=\mathrm{i}\,\omega\boldsymbol{A}-\nabla\varphi$ 和 $\boldsymbol{E}=\mathrm{i}c^2(\nabla\times\boldsymbol{B}-\mu_0\boldsymbol{j})/\omega$ 等效.

证　由 $\boldsymbol{B}=\nabla\times\boldsymbol{A}$ 得

$$\begin{aligned}\boldsymbol{E}&=\mathrm{i}\,c^2[\nabla\times(\nabla\times\boldsymbol{A})-\mu_0\boldsymbol{j}]/\omega=\mathrm{i}\,c^2[\nabla(\nabla\cdot\boldsymbol{A})-\nabla^2\boldsymbol{A}-\mu_0\boldsymbol{j}]/\omega\\&=\frac{\mathrm{i}\,c^2}{\omega}\left[\nabla\left(-\frac{1}{c^2}\frac{\partial\varphi}{\partial t}\right)-\frac{1}{c^2}\frac{\partial^2\boldsymbol{A}}{\partial t^2}\right]=\mathrm{i}\,\omega\boldsymbol{A}-\nabla\varphi\end{aligned}$$

证毕.

***5.3**　从三维波动方程

$$\nabla^2\psi-\frac{1}{c^2}\frac{\partial^2\psi}{\partial t^2}=-4\pi f(\boldsymbol{r},t)$$

的推迟势解

$$\psi(\boldsymbol{r},t)=\int\frac{f(\boldsymbol{r}',t')}{|\boldsymbol{r}-\boldsymbol{r}'|}\mathrm{d}V',\quad t'=t-\frac{|\boldsymbol{r}-\boldsymbol{r}'|}{c}$$

出发，计算脉冲式点激发源 $f(\boldsymbol{r}',t')=\delta(x')\delta(y')\delta(z')\delta(t')$、无穷长直线脉冲式激发源 $f(\boldsymbol{r}',t')=\delta(x')\delta(y')\delta(t')$ 和无限大平面脉冲式激发源 $f(\boldsymbol{r}',t')=\delta(x')\delta(t')$ 的推迟势解. 你会发现，三维推迟势解的扰动仅限于半径为 ct 的球面，而二维和一维解则在波前下游长期维持扰动状态. 试对此作出物理解释.

解　对脉冲式点激发源有

$$\psi=\int\frac{\delta(x')\delta(y')\delta(z')\delta(t')}{|\boldsymbol{r}-\boldsymbol{r}'|}\mathrm{d}x'\mathrm{d}y'\mathrm{d}z'=\frac{1}{r}\delta\left(t-\frac{r}{c}\right)$$

迟势解的扰动仅限于半径为 ct 的球面.

对长直线脉冲式激发源有

$$\begin{aligned}\psi&=\int\frac{\delta(x')\delta(y')\delta(t')}{|\boldsymbol{r}-\boldsymbol{r}'|}\mathrm{d}V'\\&=\int_{-\infty}^{\infty}\frac{\delta\{t-[x^2+y^2+(z-z')^2]^{1/2}/c\}}{[x^2+y^2+(z-z')^2]^{1/2}}\mathrm{d}z'\end{aligned}$$

利用 δ 函数的如下性质

$$\delta(f(z'))=\sum_i\left|(\mathrm{d}f/\mathrm{d}z')_{z'=z_i'}\right|^{-1}\delta(z'-z_i')$$

可将上述积分化为

$$\psi=\sum_i\int_{-\infty}^{\infty}\left|\frac{\mathrm{d}f(z')}{\mathrm{d}z'}\right|_{z'=z_i'}^{-1}\frac{\delta(z'-z_i')\mathrm{d}z'}{[x^2+y^2+(z-z')^2]^{1/2}}$$

式中

$$f(z')=t-[x^2+y^2+(z-z')^2]^{1/2}/c$$

$$f(z_i')=t-[x^2+y^2+(z-z_i')^2]^{1/2}/c=0$$

$$\left|\frac{\mathrm{d}f}{\mathrm{d}z'}\right|_{z'=z_i'}=\frac{|z-z_i'|}{c[x^2+y^2+(z-z_i')^2]^{1/2}}=\frac{[c^2t^2-x^2-y^2]^{1/2}}{c^2t}$$

注意，$f(z')$ 存在两个零点：$z_i'=z\pm[c^2t^2-(x^2+y^2)]^{1/2}$，对积分的贡献相同，总贡献为

$$\psi=\frac{c^2t\Theta(ct-\sqrt{x^2+y^2})}{(c^2t^2-x^2-y^2)^{1/2}}\cdot\frac{2}{ct}=\frac{2c\Theta(ct-\rho)}{(c^2t^2-\rho^2)^{1/2}}$$

式中，Θ 为单位阶跃函数，$\rho=(x^2+y^2)^{1/2}$. 阶跃函数的出现同如下物理事实一致：当 $\rho>ct$ 时，信号尚未抵达，必有 $\psi=0$. 从数学角度，当 $\rho>ct$ 时，$f(z')$ 将不存在实零点，所对应的 δ 函数积分等于零.

对无限面脉冲式激发源有

$$\begin{aligned}\psi &= \int \frac{\delta(x')\delta(t')}{|\boldsymbol{r}-\boldsymbol{r}'|}\mathrm{d}V' \\ &= \int_{-\infty}^{\infty}\mathrm{d}y'\int_{-\infty}^{\infty}\frac{\delta\{t-[x^2+(y-y')^2+(z-z')^2]^{1/2}/c\}}{[x^2+(y-y')^2+(z-z')^2]^{1/2}}\mathrm{d}z'\end{aligned}$$

式中，对 z' 的积分，可仿照前述对长直线源的步骤进行计算，从而获得如下结果：

$$\psi = \int_{-\infty}^{\infty}\frac{2c\Theta(ct-\sqrt{x^2+(y-y')^2})}{[c^2t^2-x^2-(y-y')^2]^{1/2}}\mathrm{d}y'$$

作积分元替换 $u=y'-y$，被积式中阶跃函数限制 u 的积分区间为 $(-\sqrt{c^2t^2-x^2},\sqrt{c^2t^2-x^2})$，得

$$\begin{aligned}\psi &= \int_{-\infty}^{\infty}\frac{2c\Theta(ct-\sqrt{x^2+u^2})}{[c^2t^2-x^2-u^2]^{1/2}}\mathrm{d}u \\ &= 2c\Theta(ct-|x|)\int_{-\sqrt{c^2t^2-x^2}}^{\sqrt{c^2t^2-x^2}}\frac{\mathrm{d}u}{[c^2t^2-x^2-u^2]^{1/2}} = 2\pi c\Theta(ct-|x|)\end{aligned}$$

式中，右边的阶跃函数同下述物理事实一致：当 $|x|>ct$ 时，信号尚未抵达，必有 $\psi=0$. 从数学角度，当 $|x|>ct$ 时，被积式将不存在实零点，所对应的 δ 函数积分等于零.

由线源和面源的结果可见，线源的波前为以源为轴、半径为 ct 的圆柱面，面源的波前为与源面平行、距离为 ct 的平面. 对于这两种情况，波前下游长期维持扰动状态. 理由在于，源的尺寸无限，在任意时刻 t，总会有扰动信号抵达波前下游的任意位置.

5.4　从电偶极辐射功率角分布 $\mathrm{d}P/\mathrm{d}\Omega=\mu_0|\ddot{\boldsymbol{p}}\times\boldsymbol{e}_r|^2/(32\pi^2c)$ 出发，就电偶极矩 $\boldsymbol{p}$ 非定向的一般情况证明辐射功率 $P=\mu_0|\ddot{\boldsymbol{p}}|^2/(12\pi c)$（见 5.4 节提示）.

解　由

$$\begin{aligned}|\boldsymbol{p}\times\boldsymbol{e}_r|^2 &= (\boldsymbol{p}^*\times\boldsymbol{e}_r)\cdot(\boldsymbol{p}\times\boldsymbol{e}_r) = \boldsymbol{p}^*\cdot[\boldsymbol{e}_r\times(\boldsymbol{p}\times\boldsymbol{e}_r)] \\ &= \boldsymbol{p}^*\cdot\boldsymbol{p}-(\boldsymbol{e}_r\cdot\boldsymbol{p}^*)\cdot(\boldsymbol{e}_r\cdot\boldsymbol{p}) = |\boldsymbol{p}|^2-\boldsymbol{p}^*\boldsymbol{p}:\boldsymbol{e}_r\boldsymbol{e}_r\end{aligned}$$

当对立体角积分，上式右边第一项的贡献为 $4\pi|\boldsymbol{p}|^2$，第二项的贡献由

$$\iint\boldsymbol{e}_r\boldsymbol{e}_r\mathrm{d}\Omega = \iint\boldsymbol{e}_r\boldsymbol{e}_r\sin\theta\mathrm{d}\theta\mathrm{d}\phi = \frac{4\pi}{3}\boldsymbol{I}$$

求得，结果为 $(-4\pi/3)|\boldsymbol{p}|^2$. 二项之和为 $(8\pi/3)|\boldsymbol{p}|^2$，从而推得

$$P = \iint\frac{\mathrm{d}P}{\mathrm{d}\Omega}\mathrm{d}\Omega = \frac{\mu_0\omega^4}{32\pi^2c}\iint|\boldsymbol{p}\times\boldsymbol{e}_r|^2\,\mathrm{d}\Omega = \frac{\mu_0\omega^4}{12\pi c}|\boldsymbol{p}|^2 = \frac{\mu_0}{12\pi c}|\ddot{p}|^2$$

5.5　半径为 R 的理想导电球壳，为过球心的平面切成两半，分别加上交变电势 $\pm V\cos\omega t$. 在小场源近似（$R\ll\lambda$ 或 $\omega R\ll c$）下，求辐射功率角分布和辐射功率.（提示：利用 2.3 节例 2.5 的结果）

解　在小场源近似下，只需给出系统最低阶矩对辐射场的贡献. 由 2.3 节例 2.5 之结果，系统的最低阶非零矩为偶极矩，且

$$\boldsymbol{p} = 6\pi\varepsilon_0 a^2 V\cos\omega t\ \boldsymbol{e}_z$$

式中，$\boldsymbol{e}_z$ 为垂直于切割面的单位矢量. 经写成复数形式有

$$\boldsymbol{p} = 6\pi\varepsilon_0 a^2 V \mathrm{e}^{-\mathrm{i}\omega t}\ \boldsymbol{e}_z$$

将上述偶极矩代入偶极子辐射功率角分布和辐射功率公式得

$$\frac{\mathrm{d}P}{\mathrm{d}\Omega} = \frac{\mu_0 |\ddot{\boldsymbol{p}}|^2}{32\pi^2 c}\sin^2\theta = \frac{9\varepsilon_0\omega^4 a^4 V^2}{8c^3}\sin^2\theta$$

$$P = \frac{|\ddot{\boldsymbol{p}}|^2}{12\pi\varepsilon_0 c^3} = \frac{3\pi\varepsilon_0\omega^4 a^4 V^2}{c^3}$$

***5.6**　在小场源近似（场源尺度远小于波长和考察距离）下，位于坐标原点、电偶极矩为 $\boldsymbol{p}(t)$ 的电荷系统的矢势为

$$\boldsymbol{A}(\boldsymbol{r},t) = \frac{\mu_0\dot{\boldsymbol{p}}(t-r/c)}{4\pi r},\quad \dot{\boldsymbol{p}}(t-r/c) = \frac{\partial \boldsymbol{p}(t-r/c)}{\partial t}$$

（1）证明在坐标原点之外（$\boldsymbol{r}\neq 0$）$\boldsymbol{A}$ 满足波动方程

$$\nabla^2\boldsymbol{A} - \partial^2\boldsymbol{A}/c^2\partial t^2 = 0$$

（2）由洛伦兹规范条件求对应的标势 φ（不作任何近似）；

（3）计算对应的磁场和电场（不作任何近似）；

（4）求时谐偶极子 $\boldsymbol{p}(t) = \boldsymbol{p}_0\mathrm{e}^{-\mathrm{i}\omega t}$ 的矢势、磁场和电场表达式.

解　（1）证明在坐标原点之外（$\boldsymbol{r}\neq 0$）$\boldsymbol{A}$ 满足波动方程.

考察 x 分量 $A_x = \mu_0\dot{p}_x(t-r/c)/(4\pi r)$，要求证明的公式为

$$\nabla^2 A_x - \frac{1}{c^2}\frac{\partial^2 A_x}{\partial t^2} = 0 \tag{1}$$

证明如下

$$\nabla^2 A_x = \nabla^2\left(\frac{\mu_0}{4\pi r}\dot{p}_x\right)$$

$$= \frac{\mu_0\dot{p}_x}{4\pi}\nabla^2\frac{1}{r} + \frac{\mu_0}{2\pi}\left(\nabla\frac{1}{r}\right)\cdot\nabla(\dot{p}_x) + \frac{\mu_0}{4\pi r}\nabla^2\dot{p}_x$$

$$\frac{\mu_0\dot{p}_x}{4\pi}\nabla^2\frac{1}{r} = -4\pi\mu_0\dot{p}_x\delta(\boldsymbol{r}) = 0\quad(\boldsymbol{r}\neq 0)$$

$$\frac{\mu_0}{2\pi}\left(\nabla\frac{1}{r}\right)\cdot\nabla(\dot{p}_x) = \frac{\mu_0}{2\pi}\left(-\frac{\boldsymbol{r}}{r^3}\right)\cdot\left(-\ddot{p}_x\frac{\boldsymbol{r}}{cr}\right) = \frac{\mu_0\ddot{p}_x}{2\pi c r^2}$$

$$\frac{\mu_0}{4\pi r}\nabla^2\dot{p}_x = \frac{\mu_0}{4\pi r}\nabla\cdot\left(-\ddot{p}_x\frac{\boldsymbol{r}}{cr}\right) = -\frac{\mu_0\ddot{p}_x}{2\pi c r^2} + \frac{\mu_0\dddot{p}_x}{4\pi c^2 r}$$

$$\frac{\mu_0}{4\pi c^2 r}\frac{\partial^2 \dot{p}_x}{\partial t^2}=\frac{\mu_0 \dddot{p}_x}{4\pi c^2 r}$$

将上述结果代入式（1），易证该式成立，即 A_x 满足波动方程. 采取类似步骤可证 A_y 和 A_z 也满足波动方程，即矢势 $\boldsymbol{A}$ 满足波动方程，证毕.

（2）由洛伦兹规范条件求标势

$$\frac{\partial \varphi}{\partial t}=-c^2\nabla\cdot\boldsymbol{A}=-\frac{\mu_0 c^2}{4\pi}\left[\left(\nabla\frac{1}{r}\right)\cdot\dot{\boldsymbol{p}}\left(t-\frac{r}{c}\right)+\frac{1}{r}\nabla\cdot\dot{\boldsymbol{p}}\left(t-\frac{r}{c}\right)\right]$$
$$=\frac{1}{4\pi\varepsilon_0}\boldsymbol{e}_r\cdot\left[\frac{1}{r^2}\dot{\boldsymbol{p}}\left(t-\frac{r}{c}\right)+\frac{1}{cr}\ddot{\boldsymbol{p}}\left(t-\frac{r}{c}\right)\right]$$

将上式对时间积分得

$$\varphi=\frac{1}{4\pi\varepsilon_0}\boldsymbol{e}_r\cdot\left[\frac{1}{r^2}\boldsymbol{p}\left(t-\frac{r}{c}\right)+\frac{1}{cr}\dot{\boldsymbol{p}}\left(t-\frac{r}{c}\right)\right]$$

（3）由电磁势求电场和磁场

$$\nabla\varphi=\frac{1}{4\pi\varepsilon_0}\left[\left(\nabla\frac{\boldsymbol{r}}{r^3}\right)\cdot\boldsymbol{p}+(\nabla\boldsymbol{p})\cdot\frac{\boldsymbol{r}}{r^3}+\left(\nabla\frac{\boldsymbol{r}}{cr^2}\right)\cdot\dot{\boldsymbol{p}}+(\nabla\dot{\boldsymbol{p}})\cdot\frac{\boldsymbol{r}}{cr^2}\right]$$
$$=\frac{1}{4\pi\varepsilon_0}\left[\frac{\boldsymbol{p}-3(\boldsymbol{e}_r\cdot\boldsymbol{p})\cdot\boldsymbol{e}_r}{r^3}+\frac{\dot{\boldsymbol{p}}-3(\boldsymbol{e}_r\cdot\dot{\boldsymbol{p}})\cdot\boldsymbol{e}_r}{cr^2}-\frac{1}{c^2 r}(\boldsymbol{e}_r\cdot\ddot{\boldsymbol{p}})\boldsymbol{e}_r\right]$$

$$\frac{\partial\boldsymbol{A}}{\partial t}=\frac{\mu_0}{4\pi r}\ddot{\boldsymbol{p}}=\frac{1}{4\pi\varepsilon_0 c^2 r}\ddot{\boldsymbol{p}}$$

$$\boldsymbol{E}=-\nabla\varphi-\frac{\partial\boldsymbol{A}}{\partial t}$$
$$=\frac{1}{4\pi\varepsilon_0}\left[\left(1+\frac{r}{c}\frac{\partial}{\partial t}\right)\frac{3(\boldsymbol{e}_r\cdot\boldsymbol{p})\cdot\boldsymbol{e}_r-\boldsymbol{p}}{r^3}+\frac{1}{c^2 r}\boldsymbol{e}_r\times(\boldsymbol{e}_r\times\ddot{\boldsymbol{p}})\right]$$
$$\boldsymbol{B}=\nabla\times\boldsymbol{A}=\frac{\mu_0}{4\pi}\left[\nabla\frac{1}{r}\times\dot{\boldsymbol{p}}+\frac{1}{r}\nabla\times\dot{\boldsymbol{p}}\right]=\frac{\mu_0}{4\pi}\left[\frac{\dot{\boldsymbol{p}}}{r^2}+\frac{\ddot{\boldsymbol{p}}}{cr}\right]\times\boldsymbol{e}_r$$

上述诸式中，$\boldsymbol{p}(t-r/c)$ 被略写为 $\boldsymbol{p}$.

（4）求时谐偶极子 $\boldsymbol{p}(t)=\boldsymbol{p}_0\mathrm{e}^{-\mathrm{i}\omega t}$ 的矢势、磁场和电场表达式.

对时谐偶极子，前面求得的电磁势和电磁场表达式中的 $\boldsymbol{p}$ 应代之以 $\boldsymbol{p}_0\exp[-\mathrm{i}\omega(t-r/c)]=\boldsymbol{p}_0\exp[\mathrm{i}(kr-\omega t)]$，或 $\boldsymbol{p}(t)\mathrm{e}^{\mathrm{i}kr}$，对时间的导数替换成乘子 $-\mathrm{i}\omega$ 从而写出相关表达式如下

$$\boldsymbol{A}(\boldsymbol{r},t)=\frac{-\mathrm{i}\omega\mu_0\mathrm{e}^{\mathrm{i}kr}}{4\pi r}\boldsymbol{p}$$
$$\boldsymbol{B}=\frac{\mu_0 ck^2\mathrm{e}^{\mathrm{i}kr}}{4\pi r}(\boldsymbol{e}_r\times\boldsymbol{p})\left(1-\frac{1}{\mathrm{i}kr}\right)$$

$$\boldsymbol{E}=\frac{\mathrm{e}^{\mathrm{i}kr}}{4\pi\varepsilon_0}\left[(1-\mathrm{i}kr)\frac{3(\boldsymbol{e}_r\cdot\boldsymbol{p})\boldsymbol{e}_r-\boldsymbol{p}}{r^3}-\frac{k^2}{r}\boldsymbol{e}_r\times(\boldsymbol{e}_r\times\boldsymbol{p})\right]$$

***5.7**　利用 5.6 题的结果，证明时谐偶极子的电磁角动量的平均辐射率为

$$\frac{\mathrm{d}\boldsymbol{L}}{\mathrm{d}t}=\frac{k^3}{12\pi\varepsilon_0}\mathrm{Im}(\boldsymbol{p}^*\times\boldsymbol{p})$$

式中，$k=\omega/c$，Im 表示虚部，“*”号表示共轭.（提示：利用恒等式

$$\int_0^{2\pi}\mathrm{d}\phi\int_0^{\pi}\boldsymbol{nn}\sin\theta\mathrm{d}\theta=\frac{4\pi}{3}\vec{\boldsymbol{I}}$$

式中，$\boldsymbol{n}=\boldsymbol{e}_r=\boldsymbol{r}/r$，$\vec{\boldsymbol{I}}$ 为单位张量；电场应保留 r^{-2} 级项）

证　电磁角动量平均辐射率由下式表示

$$\frac{\mathrm{d}\boldsymbol{L}}{\mathrm{d}t}=\oiint\mathrm{d}\boldsymbol{\sigma}\cdot(-\vec{\boldsymbol{T}}\times\boldsymbol{r})=-\oiint\mathrm{d}\sigma[\boldsymbol{n}\cdot(\vec{\boldsymbol{T}}\times\boldsymbol{r})]$$

式中，$-\vec{\boldsymbol{T}}\times\boldsymbol{r}$ 为平均电磁角动量流密度，

$$\vec{\boldsymbol{T}}=\frac{1}{2}\mathrm{Re}(w\vec{\boldsymbol{I}}-\varepsilon_0\boldsymbol{E}^*\boldsymbol{E}-\boldsymbol{B}^*\boldsymbol{B}/\mu_0)$$

w 为平均电磁能量密度. 被积式可化为

$$\boldsymbol{n}\cdot\vec{\boldsymbol{T}}\times\boldsymbol{r}=\mathrm{Re}\left\{\frac{1}{2}r\varepsilon_0(\boldsymbol{n}\cdot\boldsymbol{E}^*)\boldsymbol{n}\times\boldsymbol{E}+\frac{1}{2\mu_0}r(\boldsymbol{n}\cdot\boldsymbol{B}^*)\boldsymbol{n}\times\boldsymbol{B}\right\}$$

对时谐电偶极子场来说成立 $\boldsymbol{n}\cdot\boldsymbol{B}^*=0$，上式右边第二项为零. 由时谐偶极子的电场表达式（见习题 5.6）

$$\boldsymbol{E}=\frac{\mathrm{e}^{\mathrm{i}kr}}{4\pi\varepsilon_0}\left[(1-\mathrm{i}kr)\frac{3(\boldsymbol{n}\cdot\boldsymbol{p})\boldsymbol{n}-\boldsymbol{p}}{r^3}-\frac{k^2}{r}\boldsymbol{n}\times(\boldsymbol{n}\times\boldsymbol{p})\right]$$

得

$$\boldsymbol{n}\cdot\boldsymbol{E}^*=\frac{(1+\mathrm{i}kr)\mathrm{e}^{-\mathrm{i}kr}}{4\pi\varepsilon_0}\frac{2(\boldsymbol{n}\cdot\boldsymbol{p}^*)}{r^3}\approx\frac{\mathrm{i}k\mathrm{e}^{-\mathrm{i}kr}}{2\pi\varepsilon_0}\frac{\boldsymbol{n}\cdot\boldsymbol{p}^*}{r^2}$$

$$\boldsymbol{n}\times\boldsymbol{E}=\frac{\mathrm{e}^{\mathrm{i}kr}}{4\pi\varepsilon_0}\left[(1-\mathrm{i}kr)\frac{-\boldsymbol{n}\times\boldsymbol{p}}{r^3}+\frac{k^2}{r}\boldsymbol{n}\times\boldsymbol{p}\right]\approx\frac{k^2\mathrm{e}^{\mathrm{i}kr}}{4\pi\varepsilon_0 r}\boldsymbol{n}\times\boldsymbol{p}$$

以上用到远场近似 $kr\gg 1$. 代入平均辐射率公式，过半径 r 的大球面积分，得

$$\begin{aligned}\frac{\mathrm{d}\boldsymbol{L}}{\mathrm{d}t}&=\mathrm{Re}\oiint\frac{\mathrm{i}k^3}{16\pi^2\varepsilon_0}(\boldsymbol{n}\cdot\boldsymbol{p}^*)\boldsymbol{p}\times\boldsymbol{n}\sin\theta\mathrm{d}\theta\mathrm{d}\phi\\&=\mathrm{Re}\left[\frac{\mathrm{i}k^3}{16\pi^2\varepsilon_0}\boldsymbol{p}\times\left(\int_0^{2\pi}\mathrm{d}\phi\int_0^{\pi}\boldsymbol{nn}\sin\theta\mathrm{d}\theta\right)\cdot\boldsymbol{p}^*\right]\\&=\frac{k^3}{12\pi\varepsilon_0}\mathrm{Im}(\boldsymbol{p}^*\times\boldsymbol{p})\end{aligned}$$

证毕.

5.8　绕 z 轴做匀速圆周运动电荷的电偶极矩可表为如下复数形式：

$$\boldsymbol{p}=qa_0(\boldsymbol{e}_x+\mathrm{i}\boldsymbol{e}_y)\mathrm{e}^{-\mathrm{i}\omega t}$$

式中，q 为粒子电量，a_0 为轨道半径，ω 为转动角频率. 由习题 5.7 的结果，计算电磁角动量的平均辐射率，证明它的数值与平均辐射功率之比为 $1/\omega$.

解　由习题 5.7 结果得

$$\begin{aligned}\frac{\mathrm{d}\boldsymbol{L}}{\mathrm{d}t}&=\frac{k^3}{12\pi\varepsilon_0}\mathrm{Im}(\boldsymbol{p}^*\times\boldsymbol{p})=\frac{k^3q^2a_0^2}{12\pi\varepsilon_0}\mathrm{Im}[(\boldsymbol{e}_x-\mathrm{i}\boldsymbol{e}_y)\times(\boldsymbol{e}_x+\mathrm{i}\boldsymbol{e}_y)]\\&=\frac{k^3q^2a_0^2}{6\pi\varepsilon_0}\boldsymbol{e}_z=\frac{\mu_0\omega^3q^2a_0^2}{6\pi c}\boldsymbol{e}_z\end{aligned}$$

其数值与平均辐射功率（见 5.4 节例 5.2）

$$P=\frac{\mu_0\omega^4q^2a_0^2}{6\pi c}$$

之比为 $1/\omega$.

5.9　载有恒定电流的圆线圈绕其直径匀速旋转，半径为 a，电流强度为 I，角速度为 ω，满足 $\omega a\ll c$，求辐射场和辐射功率.

解　设 $t=0$ 时圆线圈的磁矩指向 $\boldsymbol{e}_x$ 方向，则圆线圈的磁矩为

$$\boldsymbol{m}=\pi Ia^2(\cos\omega t\ \boldsymbol{e}_x+\sin\omega t\ \boldsymbol{e}_y)=\mathrm{Re}[\pi Ia^2(\boldsymbol{e}_x+\mathrm{i}\boldsymbol{e}_y)\mathrm{e}^{-\mathrm{i}\omega t}]$$

代入磁偶极子辐射场和辐射功率公式求得如下结果：

$$\begin{aligned}\boldsymbol{B}&=\frac{\mu_0\mathrm{e}^{\mathrm{i}kr}}{4\pi c^2r}(\ddot{\boldsymbol{m}}\times\boldsymbol{e}_r)\times\boldsymbol{e}_r\\&=-\frac{\mu_0\omega^2Ia^2}{4c^2r}\mathrm{e}^{\mathrm{i}(kr-\omega t)}[(\boldsymbol{e}_x+\mathrm{i}\boldsymbol{e}_y)\times\boldsymbol{e}_r]\times\boldsymbol{e}_r\end{aligned}$$

$$\boldsymbol{E}=c\boldsymbol{B}\times\boldsymbol{e}_r=\frac{\mu_0\omega^2Ia^2}{4cr}\mathrm{e}^{\mathrm{i}(kr-\omega t)}(\boldsymbol{e}_x+\mathrm{i}\boldsymbol{e}_y)\times\boldsymbol{e}_r$$

$$\boldsymbol{S}=\frac{\mu_0}{32\pi^2c^3r^2}|\ddot{\boldsymbol{m}}\times\boldsymbol{e}_r|^2\boldsymbol{e}_r=\frac{\mu_0\omega^4I^2a^4}{32c^3r^2}|(\boldsymbol{e}_x+\mathrm{i}\boldsymbol{e}_y)\times\boldsymbol{e}_r|^2\boldsymbol{e}_r$$

由

$$\boldsymbol{e}_x+\mathrm{i}\boldsymbol{e}_y=\mathrm{e}^{\mathrm{i}\phi}\sin\theta\ \boldsymbol{e}_r+\mathrm{e}^{\mathrm{i}\phi}\cos\theta\ \boldsymbol{e}_\theta+\mathrm{i}\mathrm{e}^{\mathrm{i}\phi}\ \boldsymbol{e}_\phi$$

得

$$(\boldsymbol{e}_x+\mathrm{i}\boldsymbol{e}_y)\times\boldsymbol{e}_r=\mathrm{e}^{\mathrm{i}\phi}(-\cos\theta\ \boldsymbol{e}_\phi+\mathrm{i}\boldsymbol{e}_\theta)$$

$$[(\boldsymbol{e}_x+\mathrm{i}\boldsymbol{e}_y)\times\boldsymbol{e}_r]\times\boldsymbol{e}_r=-\mathrm{e}^{\mathrm{i}\phi}(\cos\theta\ \boldsymbol{e}_\theta+\mathrm{i}\boldsymbol{e}_\phi)$$

代回上述公式，最终求得

$$\boldsymbol{B}=\frac{\mu_0\omega^2 I a^2}{4c^2 r}\mathrm{e}^{\mathrm{i}(kr-\omega t+\phi)}(\cos\theta\,\boldsymbol{e}_\theta+\mathrm{i}\,\boldsymbol{e}_\phi)$$

$$\boldsymbol{E}=\frac{\mu_0\omega^2 I a^2}{4cr}\mathrm{e}^{\mathrm{i}(kr-\omega t+\phi)}(\mathrm{i}\,\boldsymbol{e}_\theta-\cos\theta\,\boldsymbol{e}_\phi)$$

$$\boldsymbol{S}=\frac{\mu_0\omega^4 I^2 a^4}{32c^3 r^2}(1+\cos^2\theta)\,\boldsymbol{e}_r,\quad P=\oiint\boldsymbol{S}\cdot\mathrm{d}\boldsymbol{\sigma}=\frac{\mu_0\pi\omega^4 I^2 a^4}{6c^3}$$

5.10　如习题 5.10 图两个偶极矩 $\boldsymbol{p}=\pm p_0\mathrm{e}^{-\mathrm{i}\omega t}\boldsymbol{e}_z$ 的时谐电偶极子分别位于 $x=\pm a$，a 远小于波长，求辐射电磁场和辐射功率.（提示：分别计算各电偶极子的矢势后叠加）

解　由电偶极子辐射场矢势公式

$$\boldsymbol{A}=\frac{\mu_0\mathrm{e}^{\mathrm{i}kr}}{4\pi r}\dot{\boldsymbol{p}}$$

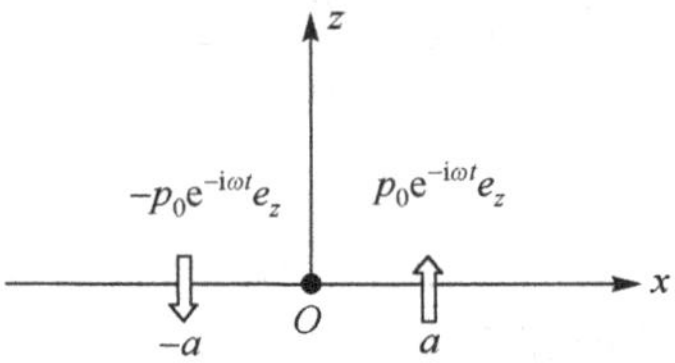

习题 5.10 图

求得系统的辐射场矢势为

$$\boldsymbol{A}=\frac{-\mathrm{i}\,\mu_0\omega}{4\pi r}(\mathrm{e}^{\mathrm{i}kr_+}-\mathrm{e}^{\mathrm{i}kr_-})p_0\mathrm{e}^{-\mathrm{i}\omega t}\boldsymbol{e}_z$$

式中

$$r_+=[(x-a)^2+y^2+z^2]^{1/2}\approx r-xa/r=r-a\sin\theta\cos\phi$$

$$r_-=[(x+a)^2+y^2+z^2]^{1/2}\approx r+xa/r=r+a\sin\theta\cos\phi$$

$$\mathrm{e}^{\mathrm{i}kr_+}-\mathrm{e}^{\mathrm{i}kr_-}=\mathrm{e}^{\mathrm{i}kr}(\mathrm{e}^{-\mathrm{i}ka\sin\theta\cos\phi}-\mathrm{e}^{\mathrm{i}ka\sin\theta\cos\phi})\approx-2\mathrm{i}ka\mathrm{e}^{\mathrm{i}kr}\sin\theta\cos\phi$$

代入矢势的表达式求得

$$\boldsymbol{A}=-\frac{\mu_0\omega kap_0}{2\pi r}\sin\theta\cos\phi\,\mathrm{e}^{\mathrm{i}(kr-\omega t)}\boldsymbol{e}_z$$

据此求得辐射电磁场为

$$\boldsymbol{B}=\mathrm{i}\,\boldsymbol{k}\times\boldsymbol{A}=\frac{\mathrm{i}\,\mu_0 ka\omega^2 p_0}{2\pi cr}\sin^2\theta\cos\phi\,\mathrm{e}^{\mathrm{i}(kr-\omega t)}\,\boldsymbol{e}_\phi$$

$$\boldsymbol{E}=c\boldsymbol{B}\times\boldsymbol{e}_r=\frac{\mathrm{i}\,\mu_0 ka\omega^2 p_0}{2\pi r}\sin^2\theta\cos\phi\,\mathrm{e}^{\mathrm{i}(kr-\omega t)}\,\boldsymbol{e}_\theta$$

系统的辐射功率为

$$P=\frac{c}{2\mu_0}\oiint|\boldsymbol{B}|^2 r^2\mathrm{d}\Omega=\frac{\mu_0 k^2 a^2\omega^4 p_0^2}{4\pi^2 c^2}\int_0^{2\pi}\cos^2\phi\mathrm{d}\phi\int_0^{\pi}\sin^5\theta\mathrm{d}\theta$$

$$=\frac{2\mu_0\omega^6 a^2 p_0^2}{15\pi c^3}$$

***5.11** 证明电四极子的平均辐射功率为

$$P=\frac{\mu_0\omega^6}{1440\pi c^3}\overset{\leftrightarrow}{\boldsymbol{D}}^*:\overset{\leftrightarrow}{\boldsymbol{D}}$$

式中，$\overset{\leftrightarrow}{\boldsymbol{D}}$ 为四极矩（见 5.4 节提示）.

证 ①方法 1

从电四极子辐射功率的角分布出发：

$$\frac{\mathrm{d}P}{\mathrm{d}\Omega}=\frac{\mu_0\omega^6}{1152\pi^2 c^3}|(\boldsymbol{e}_r\cdot\overset{\leftrightarrow}{\boldsymbol{D}})\times\boldsymbol{e}_r|^2$$

将 $\boldsymbol{e}_r$ 和 $\overset{\leftrightarrow}{\boldsymbol{D}}$ 相对直角坐标下的基矢 $\boldsymbol{e}_i$ 和并基矢 $\boldsymbol{e}_i\boldsymbol{e}_j$ 进行展开（$\boldsymbol{e}_1=\boldsymbol{e}_x, \boldsymbol{e}_2=\boldsymbol{e}_y, \boldsymbol{e}_3=\boldsymbol{e}_z$），即（同下标求和，下同）

$$\boldsymbol{e}_r=\alpha_i\boldsymbol{e}_i,\quad \overset{\leftrightarrow}{\boldsymbol{D}}=D_{ij}\boldsymbol{e}_i\boldsymbol{e}_j$$

式中

$$\alpha_1=\sin\theta\cos\phi,\quad \alpha_2=\sin\theta\sin\phi,\quad \alpha_3=\cos\theta$$

$$D_{ij}=D_{ji},\quad \mathrm{Tr}(\overset{\leftrightarrow}{\boldsymbol{D}})=D_{11}+D_{22}+D_{33}=0$$

于是有

$$(\boldsymbol{e}_r\cdot\overset{\leftrightarrow}{\boldsymbol{D}}^*)\times\boldsymbol{e}_r=\alpha_i D_{ij}^*\boldsymbol{e}_j\times\alpha_k\boldsymbol{e}_k=\alpha_i\alpha_k D_{ij}^*\varepsilon_{\mu jk}\boldsymbol{e}_\mu$$

$$(\boldsymbol{e}_r\cdot\overset{\leftrightarrow}{\boldsymbol{D}})\times\boldsymbol{e}_r=\alpha_m D_{mn}\boldsymbol{e}_n\times\alpha_l\boldsymbol{e}_l=\alpha_m\alpha_l D_{mn}\varepsilon_{\nu nl}\boldsymbol{e}_\nu$$

两式点乘，只有下标 $\mu=\nu$ 的项有贡献，得

$$\left|(\boldsymbol{e}_r\cdot\overset{\leftrightarrow}{\boldsymbol{D}})\times\boldsymbol{e}_r\right|^2=[(\boldsymbol{e}_r\cdot\overset{\leftrightarrow}{\boldsymbol{D}}^*)\times\boldsymbol{e}_r]\cdot[(\boldsymbol{e}_r\cdot\overset{\leftrightarrow}{\boldsymbol{D}})\times\boldsymbol{e}_r]$$

$$=\alpha_i\alpha_k\alpha_m\alpha_l D_{ij}^* D_{mn}\varepsilon_{\nu jk}\varepsilon_{\nu nl}$$

上式右边对立体角积分，归结为对四次项 $\alpha_i\alpha_k\alpha_m\alpha_l$ 的积分. 通过直接积分可以证明：

$$\iint\alpha_1^2\alpha_2^2\mathrm{d}\Omega=\int_0^{2\pi}\mathrm{d}\phi\int_0^{\pi}\sin^5\theta\sin^2\phi\cos^2\phi\mathrm{d}\theta=\frac{4\pi}{15}$$

$$\iint\alpha_1^2\alpha_3^2\mathrm{d}\Omega=\int_0^{2\pi}\mathrm{d}\phi\int_0^{\pi}\sin^3\theta\cos^2\theta\cos^2\phi\mathrm{d}\theta=\frac{4\pi}{15}$$

$$\iint\alpha_2^2\alpha_3^2\mathrm{d}\Omega=\int_0^{2\pi}\mathrm{d}\phi\int_0^{\pi}\sin^3\theta\cos^2\theta\sin^2\phi\mathrm{d}\theta=\frac{4\pi}{15}$$

$$\iint \alpha_1^4 \mathrm{d}\Omega = \int_0^{2\pi} \mathrm{d}\phi \int_0^{\pi} \sin^5\theta \cos^4\phi \mathrm{d}\theta = \frac{4\pi}{5}$$

$$\iint \alpha_2^4 \mathrm{d}\Omega = \int_0^{2\pi} \mathrm{d}\phi \int_0^{\pi} \sin^5\theta \sin^4\phi \mathrm{d}\theta = \frac{4\pi}{5}$$

$$\iint \alpha_3^4 \mathrm{d}\Omega = \int_0^{2\pi} \mathrm{d}\phi \int_0^{\pi} \sin\theta \cos^4\theta \mathrm{d}\theta = \frac{4\pi}{5}$$

所有其他由 α_i（$i=1,2,3$）构成的四次项对立体角的积分为零. 上述结论可以用下式定量表述:

$$\iint \alpha_i \alpha_k \alpha_m \alpha_l \mathrm{d}\Omega = \frac{4\pi}{15}(\delta_{ik}\delta_{ml} + \delta_{im}\delta_{kl} + \delta_{il}\delta_{mk})$$

解释如下:按上式,当4个指标为全同指标即 $i=k=m=l$ 时,结果为 $4\pi\cdot 3/15 = 4\pi/5$；当4个指标不全同，其中有一对指标相同，另一对指标也相同，结果为 $4\pi/15$；对于其他（3个或4个不同指标）情况，结果为零. 于是，可以写下

$$\begin{aligned}\iint |(\boldsymbol{e}_r \cdot \vec{\boldsymbol{D}}) \times \boldsymbol{e}_r|^2 \mathrm{d}\Omega &= \iint \alpha_i \alpha_k \alpha_m \alpha_l D_{ij}^* D_{mn} \varepsilon_{\nu jk} \varepsilon_{\nu nl} \mathrm{d}\Omega \\ &= \frac{4\pi}{15} D_{ij}^* D_{mn} \varepsilon_{\nu jk} \varepsilon_{\nu nl} (\delta_{ik}\delta_{ml} + \delta_{im}\delta_{kl} + \delta_{il}\delta_{mk})\end{aligned}$$

进一步推导要用到下述恒等式（参见下册教材 1.1.4 和 1.1.1 节）:

$$\varepsilon_{\nu jk}\varepsilon_{\nu nl} = \delta_{jn}\delta_{kl} - \delta_{jl}\delta_{kn}, \quad \delta_{kl}\delta_{ml} = \delta_{kl}\delta_{lm} = \delta_{km}, \quad \delta_{kl}\delta_{kl} = \delta_{kk} = 3$$

据此可以导出

$$\begin{aligned}&\varepsilon_{\nu jk}\varepsilon_{\nu nl}(\delta_{ik}\delta_{ml} + \delta_{im}\delta_{kl} + \delta_{il}\delta_{mk}) \\ &= (\delta_{jn}\delta_{kl} - \delta_{jl}\delta_{kn})(\delta_{ik}\delta_{ml} + \delta_{im}\delta_{kl} + \delta_{il}\delta_{mk}) \\ &= \delta_{jn}\delta_{kl}\delta_{ik}\delta_{ml} + \delta_{jn}\delta_{kl}\delta_{im}\delta_{kl} + \delta_{jn}\delta_{kl}\delta_{il}\delta_{mk} \\ &\quad - \delta_{jl}\delta_{kn}\delta_{ik}\delta_{ml} - \delta_{jl}\delta_{kn}\delta_{im}\delta_{kl} - \delta_{jl}\delta_{kn}\delta_{il}\delta_{mk} \\ &= \delta_{jn}\delta_{im} + 3\delta_{jn}\delta_{im} + \delta_{jn}\delta_{im} - \delta_{jm}\delta_{in} - \delta_{jn}\delta_{im} - \delta_{ji}\delta_{nm} \\ &= 4\delta_{jn}\delta_{im} - \delta_{jm}\delta_{in} - \delta_{ji}\delta_{nm}\end{aligned}$$

代回原式得

$$\begin{aligned}&\iint |(\boldsymbol{e}_r \cdot \vec{\boldsymbol{D}}) \times \boldsymbol{e}_r|^2 \mathrm{d}\Omega \\ &= \frac{4\pi}{15} D_{ij}^* D_{mn} \varepsilon_{\nu jk}\varepsilon_{\nu nl}(\delta_{ik}\delta_{ml} + \delta_{im}\delta_{kl} + \delta_{il}\delta_{mk}) \\ &= \frac{4\pi}{15} D_{ij}^* D_{mn}(4\delta_{jn}\delta_{im} - \delta_{jm}\delta_{in} - \delta_{ji}\delta_{nm}) \\ &= \frac{4\pi}{15}(4D_{in}^* D_{in} - D_{ij}^* D_{ji} - D_{ii}^* D_{mm}) = \frac{4\pi}{5} \vec{\boldsymbol{D}}^* : \vec{\boldsymbol{D}}\end{aligned}$$

推导中用到电四极矩为对称张量（$D_{ij}=D_{ji}$）以及其迹为零（$D_{ii}=0$）的性质. 最终结果为

$$P=\frac{\mu_0\omega^6}{1152\pi^2c^3}\cdot\frac{4\pi}{5}\vec{\boldsymbol{D}}^*:\vec{\boldsymbol{D}}=\frac{\mu_0\omega^6}{1440\pi c^3}\vec{\boldsymbol{D}}^*:\vec{\boldsymbol{D}}$$

证毕.

② 方法 2

本题用“符号法”显得更为简便，步骤如下. 先对四极矩采用“并矢”表示，即令 $\vec{\boldsymbol{D}}=\boldsymbol{fg}$，则

$$\begin{aligned}|(\boldsymbol{e}_r\cdot\vec{\boldsymbol{D}})\times\boldsymbol{e}_r|^2&=[(\boldsymbol{e}_r\cdot\boldsymbol{f}^*\boldsymbol{g}^*)\times\boldsymbol{e}_r]\cdot[(\boldsymbol{e}_r\cdot\boldsymbol{fg})\times\boldsymbol{e}_r]\\&=(\boldsymbol{e}_r\cdot\boldsymbol{f}^*)\ (\boldsymbol{e}_r\cdot\boldsymbol{f})[\ (\boldsymbol{g}^*\times\boldsymbol{e}_r)\cdot(\boldsymbol{g}\times\boldsymbol{e}_r)]\\&=(\boldsymbol{e}_r\boldsymbol{e}_r:\boldsymbol{f}^*\boldsymbol{f})[(\boldsymbol{g}^*\times\boldsymbol{e}_r)\times\boldsymbol{g}]\cdot\boldsymbol{e}_r\\&=(\boldsymbol{e}_r\boldsymbol{e}_r:\boldsymbol{f}^*\boldsymbol{f})[(\boldsymbol{g}^*\cdot\boldsymbol{g})\boldsymbol{e}_r-\boldsymbol{g}^*(\boldsymbol{e}_r\cdot\boldsymbol{g})]\cdot\boldsymbol{e}_r\\&=(\boldsymbol{e}_r\boldsymbol{e}_r:\boldsymbol{f}^*\boldsymbol{f})[\boldsymbol{g}^*\cdot\boldsymbol{g}-(\boldsymbol{e}_r\boldsymbol{e}_r:\boldsymbol{g}^*\boldsymbol{g})]\end{aligned}$$

成立如下恒等式：

$$\begin{aligned}\iint\boldsymbol{e}_r\boldsymbol{e}_r\mathrm{d}\Omega&=\iint\alpha_i\alpha_j\boldsymbol{e}_i\boldsymbol{e}_j\sin\theta\mathrm{d}\theta\mathrm{d}\phi\\&=\iint(\alpha_1^2\boldsymbol{e}_1\boldsymbol{e}_1+\alpha_2^2\boldsymbol{e}_2\boldsymbol{e}_2+\alpha_3^2\boldsymbol{e}_3\boldsymbol{e}_3)\sin\theta\mathrm{d}\theta\mathrm{d}\phi=\frac{4\pi}{3}\vec{\boldsymbol{I}}\end{aligned}$$

$$\begin{aligned}\iint\boldsymbol{e}_r\boldsymbol{e}_r\boldsymbol{e}_r\boldsymbol{e}_r\mathrm{d}\Omega&=\iint\alpha_i\alpha_k\alpha_m\alpha_l\boldsymbol{e}_i\boldsymbol{e}_k\boldsymbol{e}_m\boldsymbol{e}_l\sin\theta\mathrm{d}\theta\mathrm{d}\phi\\&=\frac{4\pi}{15}\boldsymbol{e}_i\boldsymbol{e}_k\boldsymbol{e}_m\boldsymbol{e}_l(\delta_{ik}\delta_{ml}+\delta_{im}\delta_{kl}+\delta_{il}\delta_{mk})\end{aligned}$$

于是

$$\begin{aligned}&\iint|(\boldsymbol{e}_r\cdot\vec{\boldsymbol{D}})\times\boldsymbol{e}_r|^2\,\mathrm{d}\Omega=\iint(\boldsymbol{e}_r\boldsymbol{e}_r:\boldsymbol{f}^*\boldsymbol{f})[\boldsymbol{g}^*\cdot\boldsymbol{g}-\boldsymbol{e}_r\boldsymbol{e}_r:\boldsymbol{g}^*\boldsymbol{g})\mathrm{d}\Omega\\&=(\boldsymbol{g}^*\cdot\boldsymbol{g})\boldsymbol{f}^*\boldsymbol{f}:\iint\boldsymbol{e}_r\boldsymbol{e}_r\mathrm{d}\Omega-\boldsymbol{f}^*\boldsymbol{f}:\iint\boldsymbol{e}_r\boldsymbol{e}_r\boldsymbol{e}_r\boldsymbol{e}_r\mathrm{d}\Omega:\boldsymbol{g}^*\boldsymbol{g}\\&=\frac{4\pi}{3}(\boldsymbol{g}^*\cdot\boldsymbol{g})\boldsymbol{f}^*\boldsymbol{f}:\vec{\boldsymbol{I}}-\frac{4\pi}{15}(\delta_{ik}\delta_{ml}+\delta_{im}\delta_{kl}+\delta_{il}\delta_{mk})\boldsymbol{f}^*\boldsymbol{f}:\boldsymbol{e}_i\boldsymbol{e}_k\boldsymbol{e}_m\boldsymbol{e}_l:\boldsymbol{g}^*\boldsymbol{g}\\&=\frac{4\pi}{3}(\boldsymbol{g}^*\cdot\boldsymbol{g})(\boldsymbol{f}^*\cdot\boldsymbol{f})-\frac{4\pi}{15}f_k^*f_ig_l^*g_m(\delta_{ik}\delta_{ml}+\delta_{im}\delta_{kl}+\delta_{il}\delta_{mk})\\&=\frac{4\pi}{3}(\boldsymbol{f}^*\boldsymbol{g}^*:\boldsymbol{gf})-\frac{4\pi}{15}(\boldsymbol{f}^*\cdot\boldsymbol{f})(\boldsymbol{g}^*\cdot\boldsymbol{g})-\frac{4\pi}{15}(\boldsymbol{f}\cdot\boldsymbol{g})(\boldsymbol{f}^*\cdot\boldsymbol{g}^*)-\frac{4\pi}{15}(\boldsymbol{f}\cdot\boldsymbol{g}^*)(\boldsymbol{f}^*\cdot\boldsymbol{g})\\&=\frac{4\pi}{3}(\boldsymbol{f}^*\boldsymbol{g}^*:\boldsymbol{gf})-\frac{4\pi}{15}(\boldsymbol{f}^*\boldsymbol{g}^*:\boldsymbol{gf})-\frac{4\pi}{15}(\boldsymbol{f}\cdot\boldsymbol{g})(\boldsymbol{f}^*\cdot\boldsymbol{g}^*)-\frac{4\pi}{15}(\boldsymbol{f}^*\boldsymbol{g}^*:\boldsymbol{fg})\end{aligned}$$

上式右边第三项，因由并矢 $\boldsymbol{fg}$ 取代的四极矩为无迹张量，而 $\boldsymbol{f}\cdot\boldsymbol{g}$ 恰好表示张量的迹，故该项为零. 再根据四极矩张量的对称性，可知 $\boldsymbol{gf}=\boldsymbol{fg}\to\vec{\boldsymbol{D}}$. 于是有

$$\iint |(\boldsymbol{e}_r\cdot\vec{\boldsymbol{D}})\times\boldsymbol{e}_r|^2\,\mathrm{d}\Omega=\frac{4\pi}{3}\vec{\boldsymbol{D}}^*:\vec{\boldsymbol{D}}-\frac{4\pi}{15}\vec{\boldsymbol{D}}^*:\vec{\boldsymbol{D}}-\frac{4\pi}{15}\vec{\boldsymbol{D}}^*:\vec{\boldsymbol{D}}=\frac{4\pi}{5}\vec{\boldsymbol{D}}^*:\vec{\boldsymbol{D}}$$

$$P=\frac{\mu_0\omega^6}{1152\pi^2c^3}\cdot\frac{4\pi}{5}\vec{\boldsymbol{D}}^*:\vec{\boldsymbol{D}}=\frac{\mu_0\omega^6}{1440\pi c^3}\vec{\boldsymbol{D}}^*:\vec{\boldsymbol{D}}$$

③ 方法 3

本题还有另一种更为简便的方法，那就是选取坐标系，使电四极矩在该坐标系下化为对角张量．既然张量及其运算与坐标系选择无关，人们总是通过坐标系的合适选择来简化推导．对于电四极矩为对角张量的情况，有

$$\boldsymbol{e}_r=\alpha_1\boldsymbol{e}_1+\alpha_2\boldsymbol{e}_2+\alpha_3\boldsymbol{e}_3,\quad \vec{\boldsymbol{D}}=D_{11}\boldsymbol{e}_1\boldsymbol{e}_1+D_{22}\boldsymbol{e}_2\boldsymbol{e}_2+D_{33}\boldsymbol{e}_3\boldsymbol{e}_3$$

$$\begin{aligned}&(\boldsymbol{e}_r\cdot\vec{\boldsymbol{D}})\times\boldsymbol{e}_r\\&=(\alpha_1D_{11}\boldsymbol{e}_1+\alpha_2D_{22}\boldsymbol{e}_2+\alpha_3D_{33}\boldsymbol{e}_3)\times(\alpha_1\boldsymbol{e}_1+\alpha_2\boldsymbol{e}_2+\alpha_3\boldsymbol{e}_3)\\&=\alpha_2\alpha_3(D_{22}-D_{33})\boldsymbol{e}_1+\alpha_1\alpha_3(D_{33}-D_{11})\boldsymbol{e}_2+\alpha_1\alpha_2(D_{11}-D_{22})\boldsymbol{e}_3\end{aligned}$$

$$\begin{aligned}|(\boldsymbol{e}_r\cdot\vec{\boldsymbol{D}})\times\boldsymbol{e}_r|^2&=[(\boldsymbol{e}_r\cdot\vec{\boldsymbol{D}}^*)\times\boldsymbol{e}_r]\cdot[(\boldsymbol{e}_r\cdot\vec{\boldsymbol{D}})\times\boldsymbol{e}_r]\\&=\alpha_2^2\alpha_3^2(D_{22}^*-D_{33}^*)(D_{22}-D_{33})+\alpha_1^2\alpha_3^2(D_{33}^*-D_{11}^*)(D_{33}-D_{11})\\&\quad+\alpha_1^2\alpha_2^2(D_{11}^*-D_{22}^*)(D_{11}-D_{22})\end{aligned}$$

$$\begin{aligned}\iint |(\boldsymbol{e}_r\cdot\vec{\boldsymbol{D}})\times\boldsymbol{e}_r|^2\,\mathrm{d}\Omega=\frac{4\pi}{15}\big\{&D_{22}^*D_{22}+D_{33}^*D_{33}-D_{22}^*D_{33}-D_{33}^*D_{22}\\&+D_{33}^*D_{33}+D_{11}^*D_{11}-D_{33}^*D_{11}-D_{11}^*D_{33}\\&+D_{11}^*D_{11}+D_{22}^*D_{22}-D_{11}^*D_{22}-D_{22}^*D_{11}\big\}\end{aligned}$$

由

$$\begin{aligned}&(D_{11}^*+D_{22}^*+D_{33}^*)(D_{11}+D_{22}+D_{33})\\&=D_{11}^*D_{11}+D_{22}^*D_{22}+D_{33}^*D_{33}+D_{22}^*D_{33}+D_{33}^*D_{22}+D_{33}^*D_{11}+D_{11}^*D_{33}+D_{11}^*D_{22}+D_{22}^*D_{11}=0\end{aligned}$$

推得

$$\begin{aligned}\iint |(\boldsymbol{e}_r\cdot\vec{\boldsymbol{D}})\times\boldsymbol{e}_r|^2\,\mathrm{d}\Omega&=\frac{4\pi}{15}\cdot3(D_{11}^*D_{11}+D_{22}^*D_{22}+D_{33}^*D_{33})\\&=\frac{4\pi}{5}\vec{\boldsymbol{D}}^*:\vec{\boldsymbol{D}}\end{aligned}$$

$$P=\frac{\mu_0\omega^6}{1152\pi^2c^3}\cdot\frac{4\pi}{5}\vec{\boldsymbol{D}}^*:\vec{\boldsymbol{D}}=\frac{\mu_0\omega^6}{1440\pi c^3}\vec{\boldsymbol{D}}^*:\vec{\boldsymbol{D}}$$

5.12　对时谐变化（$\sim \mathrm{e}^{-\mathrm{i}\omega t}$）的电偶极子丛，证明磁矩的表达式为

$$\boldsymbol{m}=\frac{1}{2}\sum_i\boldsymbol{r}_i\times\dot{\boldsymbol{p}}_i$$

式中，$\boldsymbol{p}_i$ 和 $\boldsymbol{r}_i$ 为第 i 个电偶极子的偶极矩和位置矢量，$\dot{\boldsymbol{p}}_i = \mathrm{d}\boldsymbol{p}_i / \mathrm{d}t$．（提示：利用式（5.4.8））

证　设第 i 个电偶极子所在体积为 V_i，则

$$\boldsymbol{m} = \frac{1}{2}\iiint \boldsymbol{r}\times\boldsymbol{j}\mathrm{d}V = \frac{1}{2}\sum_i \iiint_{V_i}\boldsymbol{r}\times\boldsymbol{j}\mathrm{d}V$$

$$\approx \frac{1}{2}\sum_i \boldsymbol{r}_i \times \iiint_{V_i}\boldsymbol{j}\mathrm{d}V = \frac{1}{2}\sum_i \boldsymbol{r}_i\times\dot{\boldsymbol{p}}_i$$

其中用到式（5.4.8），证毕.

***5.13**　利用习题 5.12 和 2.13 的结果，计算习题 5.10 给定的时谐电偶极子系统的磁矩和电二阶矩，以及二者产生的合成电磁矢势，并验证所得到的结果与习题 5.10 的答案一致. 分别计算磁矩和电四极矩各自的辐射功率，证明二者之和等于系统的总辐射功率.

解　习题 5.10 给定的两个电偶极子的偶极矩和位置矢量分别为

$$\boldsymbol{p}_1 = -p_0\mathrm{e}^{-\mathrm{i}\omega t}\boldsymbol{e}_z,\quad \boldsymbol{p}_2 = p_0\mathrm{e}^{-\mathrm{i}\omega t}\boldsymbol{e}_z,\quad \boldsymbol{r}_1 = -\boldsymbol{r}_2 = -a\boldsymbol{e}_x$$

代入习题 5.12 和 2.13 的公式

$$\boldsymbol{m} = \frac{1}{2}\sum_i \boldsymbol{r}_i\times\dot{\boldsymbol{p}}_i,\quad \vec{\boldsymbol{D}}' = \sum_i(\boldsymbol{r}_i\boldsymbol{p}_i + \boldsymbol{p}_i\boldsymbol{r}_i)$$

得

$$\boldsymbol{m} = -\mathrm{i}\,\omega a(\boldsymbol{e}_x\times\boldsymbol{e}_z)p_0\mathrm{e}^{-\mathrm{i}\omega t} = \mathrm{i}\,\omega a p_0\mathrm{e}^{-\mathrm{i}\omega t}\boldsymbol{e}_y$$

$$\vec{\boldsymbol{D}}' = 2a(\boldsymbol{e}_x\boldsymbol{e}_z + \boldsymbol{e}_z\boldsymbol{e}_x)p_0\mathrm{e}^{-\mathrm{i}\omega t}$$

$$\vec{\boldsymbol{D}} = 3\vec{\boldsymbol{D}}' - \mathrm{Tr}(\vec{\boldsymbol{D}}')\boldsymbol{I} = 6a(\boldsymbol{e}_x\boldsymbol{e}_z + \boldsymbol{e}_z\boldsymbol{e}_x)p_0\mathrm{e}^{-\mathrm{i}\omega t}$$

二者的合成电磁矢势为

$$\begin{aligned}\boldsymbol{A} &= \frac{\mu_0\mathrm{e}^{\mathrm{i}kr}}{4\pi cr}\dot{\boldsymbol{m}}\times\boldsymbol{e}_r + \frac{\mu_0\mathrm{e}^{\mathrm{i}kr}}{8\pi cr}\boldsymbol{e}_r\cdot\ddot{\vec{\boldsymbol{D}}}\\ &= \frac{\mu_0\mathrm{e}^{\mathrm{i}kr}}{4\pi cr}[\omega^2 a p_0\mathrm{e}^{-\mathrm{i}\omega t}\boldsymbol{e}_y\times\boldsymbol{e}_r - \omega^2 a p_0\mathrm{e}^{-\mathrm{i}\omega t}\boldsymbol{e}_r\cdot(\boldsymbol{e}_x\boldsymbol{e}_z + \boldsymbol{e}_z\boldsymbol{e}_x)]\\ &= -\frac{\mu_0\omega^2 a p_0\mathrm{e}^{\mathrm{i}(kr-\omega t)}}{4\pi cr}[\sin\theta\cos\phi\ \boldsymbol{e}_z - \cos\theta\ \boldsymbol{e}_x + \sin\theta\cos\phi\ \boldsymbol{e}_z + \cos\theta\ \boldsymbol{e}_x]\\ &= -\frac{\mu_0\omega^2 a p_0}{2\pi cr}\sin\theta\cos\phi\ \mathrm{e}^{\mathrm{i}(kr-\omega t)}\boldsymbol{e}_z\end{aligned}$$

上述结果与习题 5.10 通过将两个电偶极子的矢势叠加得到的答案一致. 本题的求解过程表明，对于电偶极矩为零的时谐场源，必须同时计算磁偶极矩和电二阶矩. 当二者都不为零时，辐射电磁场应当等于二者贡献之和. 如果只计入其中之一的贡献，将会导致错误的结果.

下面分别计算磁矩的辐射功率和电四极子的辐射功率，结果为

$$P_m = \frac{\mu_0\omega^4 |\boldsymbol{m}|^2}{12\pi c^3} = \frac{\mu_0\omega^6 a^2 p_0^2}{12\pi c^3}, \quad P_D = \frac{\mu_0\omega^6 |\boldsymbol{D}|^2}{1440\pi c^3} = \frac{\mu_0\omega^6 a^2 p_0^2}{20\pi c^3}$$

二者之和为

$$P = P_m + P_D = \frac{\mu_0\omega^6 a^2 p_0^2}{12\pi c^3} + \frac{\mu_0\omega^6 a^2 p_0^2}{20\pi c^3} = \frac{2\mu_0\omega^6 a^2 p_0^2}{15\pi c^3}$$

它正好等于习题 5.10 算得的电偶极子系统的总辐射功率.

5.14　如习题 5.14 图所示，一长为 d 的线状细天线，以下述方式被激发：其内部通以全波正弦电流，频率为 $\omega = 2\pi c/d$，电流分布为

$$I = I_0 \sin(2\pi z/d) e^{-i\omega t}$$

求辐射功率的角分布.（提示：首先求推迟势 $\boldsymbol{A}$）

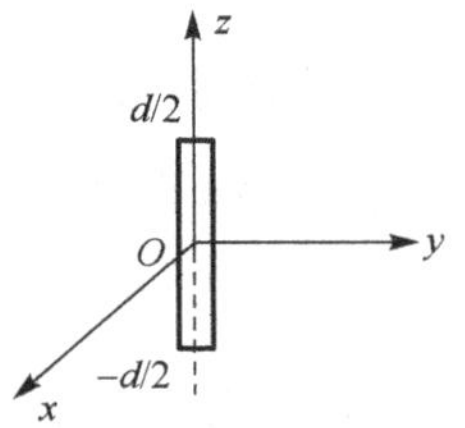

习题 5.14 图

解　推迟势为

$$\begin{aligned}
\boldsymbol{A} &= \frac{\mu_0 e^{ikr}}{4\pi r}\int_{-d/2}^{d/2} I_0 \sin(2\pi z'/d) e^{-i\omega t} e^{-i\boldsymbol{k}\cdot\boldsymbol{r}'} dz' \boldsymbol{e}_z \\
&= \frac{\mu_0 I_0 e^{i(kr-\omega t)}}{4\pi r}\int_{-d/2}^{d/2} \sin(2\pi z'/d) e^{-ikz'\cos\theta} dz' \boldsymbol{e}_z \\
&= -\frac{i\mu_0 I_0 e^{i(kr-\omega t)}}{4\pi r}\int_{-d/2}^{d/2} \sin(2\pi z'/d)\sin(kz'\cos\theta) dz' \boldsymbol{e}_z \\
&= -\frac{i\mu_0 I_0 e^{i(kr-\omega t)}}{4\pi r}\int_{0}^{\lambda/2} 2\sin(kz')\sin(kz'\cos\theta) dz' \boldsymbol{e}_z
\end{aligned}$$

式中，$k = 2\pi/\lambda,\ \lambda = d$，积分可按下述步骤获得解析结果

$$\begin{aligned}
&\int_0^{\lambda/2} 2\sin(kz')\sin(kz'\cos\theta) dz' \\
&= \int_0^{\lambda/2} \{\cos[kz'(1-\cos\theta)] - \cos[kz'(1+\cos\theta)]\} dz' \\
&= \left\{\frac{\sin[kz'(1-\cos\theta)]}{k(1-\cos\theta)} - \frac{\sin[kz'(1+\cos\theta)]}{k(1+\cos\theta)}\right\}_{z'=0}^{z'=\lambda/2} \\
&= \frac{\sin[\pi(1-\cos\theta)]}{k(1-\cos\theta)} - \frac{\sin[\pi(1+\cos\theta)]}{k(1+\cos\theta)} = \frac{2\sin(\pi\cos\theta)}{k\sin^2\theta}
\end{aligned}$$

将上述结果代回 $\boldsymbol{A}$ 的表达式得

$$\boldsymbol{A}=-\frac{\mathrm{i}\,\mu_0 I_0 \mathrm{e}^{\mathrm{i}(kr-\omega t)}}{2k\pi r}\frac{\sin(\pi\cos\theta)}{\sin^2\theta}\boldsymbol{e}_z$$

据此求得

$$\boldsymbol{B}=\mathrm{i}\boldsymbol{k}\times\boldsymbol{A}=-\frac{\mu_0 I_0\sin(\pi\cos\theta)}{2\pi r\sin\theta}\mathrm{e}^{\mathrm{i}(kr-\omega t)}\boldsymbol{e}_\phi$$

$$\boldsymbol{E}=c\boldsymbol{B}\times\boldsymbol{e}_r=-\frac{c\mu_0 I_0\sin(\pi\cos\theta)}{2\pi r\sin\theta}\mathrm{e}^{\mathrm{i}(kr-\omega t)}\boldsymbol{e}_\theta$$

$$\overline{\boldsymbol{S}}=\frac{c}{2\mu_0}|\boldsymbol{B}|^2\,\boldsymbol{e}_r=\frac{c\mu_0 I_0^2}{8\pi^2 r^2}\left[\frac{\sin(\pi\cos\theta)}{\sin\theta}\right]^2\boldsymbol{e}_r$$

辐射功率的角分布为

$$\frac{\mathrm{d}P}{\mathrm{d}\Omega}=\frac{c\mu_0 I_0^2\sin^2(\pi\cos\theta)}{8\pi^2\sin^2\theta}$$

5.15　给定半波天线电流强度分布 $I=I_0\sin[k(0.25\lambda-|z|)]\mathrm{e}^{-\mathrm{i}\omega t}$，计算它的电偶极矩及电偶极辐射总功率. 将得到的结果与半波天线的辐射功率 $P=2.44\mu_0 c I_0^2/(8\pi)$ 比较并作出解释.

解　电偶极矩和辐射总功率分别为

$$\boldsymbol{p}=\frac{\mathrm{i}}{\omega}\int_{-\lambda/4}^{\lambda/4}I_0\sin[k(0.25\lambda-|z|)]\mathrm{e}^{-\mathrm{i}\omega t}\mathrm{d}z\,\boldsymbol{e}_z=\frac{2\mathrm{i}cI_0}{\omega^2}\mathrm{e}^{-\mathrm{i}\omega t}\,\boldsymbol{e}_z$$

$$P=\frac{\mu_0|\ddot{\boldsymbol{p}}|^2}{12\pi c}=\frac{\mu_0 c I_0^2}{3\pi}\approx\frac{2.67\mu_0 c I_0^2}{8\pi}$$

电偶极矩辐射功率略大于半波天线的辐射功率，这是因为半波天线的四极矩和更高阶矩被忽略，它们的辐射场与电偶极辐射场之间存在复杂的相位关系，叠加之后反而导致实际辐射功率小于单考虑电偶极矩成分得到的辐射功率.

第 6 章　运动电荷的辐射

6.1　电子速度为 v，静止能量为 $m_0c^2=0.511\text{MeV}$，动能等于总能 mc^2 与静能之差，$m=m_0[1-(v/c)^2]^{-1/2}$ 为电子的运动质量. 一个大气压的氢气在 20℃时，折射率为 $n=1+1.35\times10^{-4}$. 为使电子穿过这样的氢气能发出切连科夫辐射，问所需的最小动能是多少（以 MeV 表示）？

解　切连科夫辐射的阈值条件是 $v\geqslant c/n$，即

$$\beta=\frac{v}{c}\geqslant\beta_\text{c}=\frac{1}{n}=\frac{1}{1+1.35\times10^{-4}}\approx1-1.35\times10^{-4}$$

$$\gamma=\frac{1}{\sqrt{1-\beta_\text{c}^2}}\approx\frac{1}{\sqrt{2\times1.35\times10^{-4}}}=60.86$$

$$T=(m-m_0)c^2=(\gamma-1)m_0c^2=59.86\times0.511=30.6(\text{MeV})$$

6.2　从运动电荷的辐射场公式（与加速度相关项）出发，证明：

（1）$\boldsymbol{E}=c\boldsymbol{B}\times\boldsymbol{n}$，式中 $\boldsymbol{n}=\boldsymbol{R}^*/R^*$；

（2）在非相对论近似下，运动电荷的辐射场可表为

$$\boldsymbol{B}=\frac{\mu_0e}{4\pi cR^*}\boldsymbol{a}^*\times\boldsymbol{n},\quad\boldsymbol{E}=c\boldsymbol{B}\times\boldsymbol{n}$$

证　（1）运动电荷的辐射场为

$$\boldsymbol{E}=\frac{e}{4\pi\varepsilon_0S^{*3}c^2}\boldsymbol{R}^*\times\left[\left(\boldsymbol{R}^*-\frac{1}{c}R^*\boldsymbol{v}^*\right)\times\boldsymbol{a}^*\right],\quad\boldsymbol{B}=\frac{\boldsymbol{R}^*}{cR^*}\times\boldsymbol{E}$$

注意，$\boldsymbol{n}\cdot\boldsymbol{E}=0$，于是有

$$c\boldsymbol{B}\times\boldsymbol{n}=(\boldsymbol{n}\times\boldsymbol{E})\times\boldsymbol{n}=\boldsymbol{E}-(\boldsymbol{n}\cdot\boldsymbol{E})\boldsymbol{n}=\boldsymbol{E}$$

（2）在非相对论近似下有

$$\boldsymbol{E}\approx\frac{e}{4\pi\varepsilon_0R^{*3}c^2}\boldsymbol{R}^*\times(\boldsymbol{R}^*\times\boldsymbol{a}^*)=\frac{\mu_0e}{4\pi R^*}\boldsymbol{n}\times(\boldsymbol{n}\times\boldsymbol{a}^*)$$

$$\boldsymbol{B}=\frac{1}{c}\boldsymbol{n}\times\boldsymbol{E}\approx\frac{e}{4\pi\varepsilon_0R^*c^3}\boldsymbol{n}\times[\boldsymbol{n}\times(\boldsymbol{n}\times\boldsymbol{a}^*)]=\frac{\mu_0e}{4\pi cR^*}\boldsymbol{a}^*\times\boldsymbol{n}$$

$$\boldsymbol{E}=c\boldsymbol{B}\times\boldsymbol{n}$$

证毕.

***6.3**　电荷为 q、质量为 m 的非相对论粒子，在势为 $V(r)$ 的有心排斥力场中做

径向运动，自无穷远出发，运动至 $r_{\min}$（该处粒子速度为零）发生反射，再返回至无穷远处.

（1）证明在上述过程中，粒子发出的总辐射能为

$$W=\frac{q^2}{3\pi\varepsilon_0 m^2c^3}\sqrt{\frac{m}{2}}\int_{r_{\min}}^{\infty}\left(\frac{\mathrm{d}V}{\mathrm{d}r}\right)^2\frac{\mathrm{d}r}{\sqrt{V(r_{\min})-V(r)}}$$

（提示：利用有心力场中粒子运动方程和能量守恒关系计算粒子的加速度和速度）

（2）设有心排斥力场为库仑场，其势为 $V(r)=qQ/(4\pi\varepsilon_0 r)$，证明总辐射能为 $W=8qmv_0^5/(45Qc^3)$，式中 v_0 为无穷远处粒子速度.（提示：用到不定积分公式

$$\int\frac{x^2\mathrm{d}x}{\sqrt{1-x}}=-\frac{2}{15}(8+4x+3x^2)\sqrt{1-x}$$

计算定积分）

证　（1）由能量守恒，粒子的初始动能应等于 $r_{\min}$ 处的势能，即

$$\frac{1}{2}mv_0^2=V(r_{\min})$$

设粒子抵达 r 处的速度为 v，同样由能量守恒得

$$V(r)+\frac{1}{2}mv^2=V(r_{\min}),\qquad 或\qquad v=\sqrt{2/m}\sqrt{V(r_{\min})-V(r)}$$

粒子的加速度为 $a=-m^{-1}\mathrm{d}V/\mathrm{d}r$，据此求得粒子的总辐射能量为

$$W=2\int_{r_{\min}}^{\infty}\frac{q^2a^2\mathrm{d}r}{6\pi\varepsilon_0c^3v}=\frac{q^2}{3\pi\varepsilon_0m^2c^3}\sqrt{\frac{m}{2}}\int_{r_{\min}}^{\infty}\left|\frac{\mathrm{d}V}{\mathrm{d}r}\right|^2\frac{\mathrm{d}r}{\sqrt{V(r_{\min})-V(r)}}$$

（2）对库仑场，有

$$V(r)=\frac{qQ}{4\pi\varepsilon_0 r},\quad \frac{\mathrm{d}V}{\mathrm{d}r}=-\frac{qQ}{4\pi\varepsilon_0 r^2}$$

代入上述辐射能量公式得

$$\begin{aligned}W&=\frac{q^2}{3\pi\varepsilon_0m^2c^3}\sqrt{\frac{m}{2}}\int_{r_{\min}}^{\infty}\left(-\frac{qQ}{4\pi\varepsilon_0r^2}\right)^2\sqrt{\frac{4\pi\varepsilon_0r_{\min}}{qQ}}\frac{\mathrm{d}r}{\sqrt{1-r_{\min}/r}}\\&=\frac{qmv_0^5}{6Qc^3}\int_1^{\infty}\frac{\mathrm{d}R}{R^4\sqrt{1-R^{-1}}}=\frac{qmv_0^5}{6Qc^3}\int_0^1\frac{x^2\mathrm{d}x}{\sqrt{1-x}}=\frac{qmv_0^5}{6Qc^3}\frac{16}{15}=\frac{8qmv_0^5}{45Qc^3}\end{aligned}$$

证毕.

***6.4**　质量为 m、电量为 q 的粒子，受到简谐力 $-m\omega_0^2\boldsymbol{r}$ 和均匀外磁场的磁力 $q\boldsymbol{v}\times\boldsymbol{B}$. 取 z 轴与 $\boldsymbol{B}$ 平行，在低速（$v\ll c$）和粒子回旋频率 $\omega_{\mathrm{c}}=qB/m$ 远小于粒子固有频率 ω_0 的近似下，给出粒子的运动规律，确定沿磁场和垂直磁场方向上的辐射

场的频率和偏振特性.（提示：求粒子运动方程形如（ x,y,z ）$\sim e^{-i\omega t}$ 的强迫振荡解，由非零解条件确定振荡频率和振幅）

解　粒子的运动方程为

$$\ddot{x}=-\omega_0^2x+\frac{qB}{m}\dot{y},\quad \ddot{y}=-\omega_0^2y-\frac{qB}{m}\dot{x},\quad \ddot{z}=-\omega_0^2z$$

求 $\sim e^{-i\omega t}$ 时谐运动解，上述方程化为

$$(\omega^2-\omega_0^2)x-\frac{i\omega qB}{m}y=0,\quad (\omega^2-\omega_0^2)y+\frac{i\omega qB}{m}x=0$$

$$(\omega^2-\omega_0^2)z=0$$

上述代数方程组存在非零解的充分必要条件是系数行列式为零，即

$$\det\begin{pmatrix}\omega^2-\omega_0^2 & -i\omega qB/m & 0\\ i\omega qB/m & \omega^2-\omega_0^2 & 0\\ 0 & 0 & \omega^2-\omega_0^2\end{pmatrix}=0$$

据此求得关于 ω 满足的代数方程

$$(\omega^2-\omega_0^2)[(\omega^2-\omega_0^2)^2-\omega^2\omega_c^2]=0$$

式中，$\omega_c=qB/m$ 为粒子在磁场中做圆周运动的回旋频率. 由上式可解得（限于取正根）

$$\omega^2=\omega_0^2\quad\Rightarrow\quad\omega=\omega_0$$

$$(\omega^2-\omega_0^2)^2=\omega^2\omega_c^2\quad\Rightarrow\quad\omega=\frac{1}{2}(\sqrt{4\omega_0^2+\omega_c^2}\pm\omega_c)$$

当 $\omega_c\ll\omega_0$ 时，后两个根近似为 $\omega=\omega_0\pm\dfrac{1}{2}\omega_c$. 将这些根分别代回粒子运动方程，可求得三组特解（求解中同样采用 $\omega_c\ll\omega_0$ 近似）：

$$\omega=\omega_0:\quad x=y=0,\quad z=C_1e^{-i\omega_0t}$$

$$\omega=\omega_0+\frac{1}{2}\omega_c:\quad x=C_2e^{-i(\omega+0.5\omega_c)t},\quad y=-iC_2e^{-i(\omega+0.5\omega_c)t},\quad z=0$$

$$\omega=\omega_0-\frac{1}{2}\omega_c:\quad x=C_3e^{-i(\omega-0.5\omega_c)t},\quad y=iC_3e^{-i(\omega-0.5\omega_c)t},\quad z=0$$

将上述三个特解叠加，求得粒子运动方程的通解：

$$\boldsymbol{r}=C_1e^{-i\omega_0t}\boldsymbol{e}_z+C_2(\boldsymbol{e}_x-i\boldsymbol{e}_y)e^{-i(\omega_0+0.5\omega_c)t}+C_3(\boldsymbol{e}_x+i\boldsymbol{e}_y)e^{-i(\omega_0-0.5\omega_c)t}$$

沿平行于磁场即 z 轴方向观测，仅 x 和 y 方向的粒子运动对辐射场有贡献，频率分别为 $\omega_0+0.5\omega_c$ 和 $\omega_0-0.5\omega_c$，前者为右旋圆偏振波，后者为左旋圆偏振波. 沿垂直于磁场方向观测，三种粒子运动均会产生贡献，但粒子的视运动均为直线运动，对应线偏振波，频率为 ω_0、$\omega_0+0.5\omega_c$ 和 $\omega_0-0.5\omega_c$.

6.5　如习题 6.5 图所示，质量为 m、电荷为 q 的粒子以速度 v 从静止电荷 q_1 的旁边飞过，瞄准距离为 a. 设运动粒子的速度很大（但仍远低于光速），可以认为粒子近似沿 x 轴方向做直线运动，其速度大小近似不变. 试计算运动粒子在整个飞行过程中因电磁辐射损失的能量.

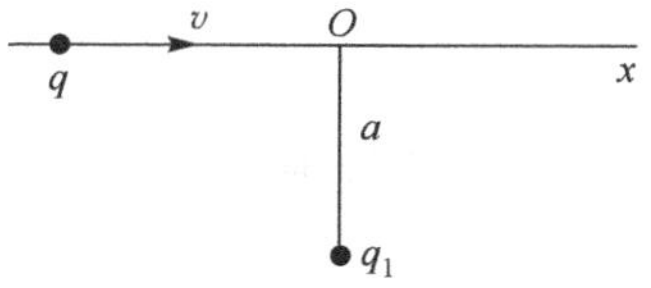

习题 6.5 图

解　电荷 q 的加速度 $a' = qq_1/(4\pi\varepsilon_0 mr^2)$，辐射功率为

$$P = \frac{q^2 a'^2}{6\pi\varepsilon_0 c^3} = \frac{q^2}{6\pi\varepsilon_0 c^3}\left(\frac{qq_1}{4\pi\varepsilon_0 mr^2}\right)^2 = \frac{q^4 q_1^2}{96\pi^3\varepsilon_0^3 m^2 c^3 r^4}$$

设粒子沿 x 轴的位置为 $x(t) = vt$，则 $r^2 = a^2 + v^2t^2$，粒子在整个飞行过程中（$-\infty < t < \infty$）因电磁辐射损失的能量为

$$\begin{aligned} W &= \int_{-\infty}^{\infty} P\mathrm{d}t = \int_{-\infty}^{\infty} \frac{q^4 q_1^2}{96\pi^3\varepsilon_0^3 m^2 c^3 (a^2+v^2t^2)^2}\mathrm{d}t \\ &= \frac{q^4 q_1^2}{96\pi^3\varepsilon_0^3 m^2 c^3}\int_{-\infty}^{\infty}\frac{\mathrm{d}t}{(a^2+v^2t^2)^2} \\ &= \frac{q^4 q_1^2}{96\pi^3\varepsilon_0^3 m^2 c^3}\left[\frac{t}{2a^2(a^2+v^2t^2)} + \frac{1}{2a^3 v}\arctan\left(\frac{vt}{a}\right)\right]_{t=-\infty}^{t=\infty} \\ &= \frac{q^4 q_1^2}{192\pi^2\varepsilon_0^3 m^2 c^3 a^3 v} \end{aligned}$$

***6.6**　两带电粒子电荷同号，电量和质量分别为 e_1、e_2 和 m_1、m_2，从较远的距离相互靠近，至某个最近距离相对速度为零，然后在斥力的作用下远离. 设初始相对速度为 v_0（$\ll c$），沿粒子的连线方向. 证明在上述过程中，两粒子发出的总辐射能为

$$W = \frac{8\bar{m}^3 v_0^5}{45c^3 e_1 e_2}\left(\frac{e_1}{m_1} - \frac{e_2}{m_2}\right)^2,\qquad 其中\ \bar{m} = \frac{m_1 m_2}{m_1 + m_2}$$

（提示：解题思路与习题 6.3 类似，需利用经典力学有心力场中两体问题的分析结果，在质心参考系中进行计算比较方便）

证　在质心参考系中，两粒子的位置矢量分别设为 $\boldsymbol{r}_1$ 和 $\boldsymbol{r}_2$，成立

$$\bar{m}\ddot{\boldsymbol{r}} = -\frac{\mathrm{d}V}{\mathrm{d}r}\frac{\boldsymbol{r}}{r} = \frac{e_1 e_2}{4\pi\varepsilon_0 r^3}\boldsymbol{r}$$

式中

$$\boldsymbol{r}=\boldsymbol{r}_1-\boldsymbol{r}_2,\quad \boldsymbol{r}_1=\frac{m_2\boldsymbol{r}}{m_1+m_2},\quad \boldsymbol{r}_2=-\frac{m_1\boldsymbol{r}}{m_1+m_2},\quad \bar{m}=\frac{m_1m_2}{m_1+m_2}$$

系统的电偶极矩为

$$\boldsymbol{p}=e_1\boldsymbol{r}_1+e_2\boldsymbol{r}_2=\frac{e_1m_2\boldsymbol{r}-e_2m_1\boldsymbol{r}}{m_1+m_2}=\bar{m}\left(\frac{e_1}{m_1}-\frac{e_2}{m_2}\right)\boldsymbol{r}$$

按电偶极子辐射功率公式，求得系统的辐射功率为

$$P=\frac{|\ddot{\boldsymbol{p}}|^2}{6\pi\varepsilon_0c^3}=\frac{\bar{m}^2}{6\pi\varepsilon_0c^3}\left(\frac{e_1}{m_1}-\frac{e_2}{m_2}\right)^2|\ddot{\boldsymbol{r}}|^2$$

$$=\frac{1}{6\pi\varepsilon_0c^3}\left(\frac{e_1}{m_1}-\frac{e_2}{m_2}\right)^2\left|\frac{\mathrm{d}V}{\mathrm{d}r}\right|^2$$

式中，$V=e_1e_2/(4\pi\varepsilon_0r)$, $|\mathrm{d}V/\mathrm{d}r|=e_1e_2/(4\pi\varepsilon_0r^2)$．总辐射能量为

$$W=\int P\mathrm{d}t=\frac{1}{3\pi\varepsilon_0c^3}\left(\frac{e_1}{m_1}-\frac{e_2}{m_2}\right)^2\sqrt{\frac{\bar{m}}{2}}\int_{r_{\min}}^{\infty}\left|\frac{\mathrm{d}V}{\mathrm{d}r}\right|^2\frac{\mathrm{d}r}{\sqrt{V(r_{\min})-V(r)}}$$

遵循与习题 6.3 几乎完全类似的步骤，可算得

$$\sqrt{\frac{\bar{m}}{2}}\int_{r_{\min}}^{\infty}\left|\frac{\mathrm{d}V}{\mathrm{d}r}\right|^2\frac{\mathrm{d}r}{\sqrt{V(r_{\min})-V(r)}}=\frac{8\pi\varepsilon_0\bar{m}^3v_0^5}{15e_1e_2}$$

从而求得最终结果如下：

$$W=\frac{1}{3\pi\varepsilon_0c^3}\left(\frac{e_1}{m_1}-\frac{e_2}{m_2}\right)^2\cdot\frac{8\pi\varepsilon_0\bar{m}^3v_0^5}{15e_1e_2}=\frac{8\bar{m}^3v_0^5}{45c^3e_1e_2}\left(\frac{e_1}{m_1}-\frac{e_2}{m_2}\right)^2$$

证毕．顺便指出，当两带电粒子的荷质比相等时，由它们构成的系统的电偶极矩等于零．对于这种情况，必须考虑电四极矩，重算系统的辐射功率．

6.7　对于运动电荷的加速度与速度平行的情况，证明最强辐射方向与粒子运动方向的夹角为

$$\theta_{\max}=\arccos[(\sqrt{1+15\beta^2}-1)/(3\beta)]$$

式中，$\beta=v/c$，v 为粒子速度．进一步，对相对论粒子（$\beta\approx1$），证明 $\theta_{\max}\approx1/(2\gamma)$，其中 $\gamma=(1-\beta^2)^{-1/2}$．

证　当粒子加速度与速度平行时，辐射功率角分布为

$$\frac{\mathrm{d}P}{\mathrm{d}\Omega}=\frac{e^2a^2\sin^2\theta}{16\pi^2\varepsilon_0c^3(1-\beta\cos\theta)^5}$$

最强辐射方向满足

$$\frac{\mathrm{d}}{\mathrm{d}\theta}\left[\frac{\sin^2\theta}{(1-\beta\cos\theta)^5}\right]_{\theta=\theta_{\max}}=0$$

据此求得

$$3\beta\cos^2\theta_{\max}+2\cos\theta_{\max}-5\beta=0$$

从中解得

$$\cos\theta_{\max}=\frac{1}{3\beta}(-1\pm\sqrt{1+15\beta^2})$$

当取正号时，上式右边取值位于 0～1；若取负号，则上式右边取值小于–5/3（绝对值大于 1）. 显然，应当取正号，即

$$\cos\theta_{\max}=\frac{1}{3\beta}(\sqrt{1+15\beta^2}-1)$$

上式即题目给出的答案. 对于相对论粒子，将上式改写为

$$\cos\theta_{\max}=\frac{1}{3(1-1/\gamma^2)^{1/2}}\left[\sqrt{1+15\left(1-\frac{1}{\gamma^2}\right)}-1\right]$$
$$\approx\frac{1}{3}\left(1+\frac{1}{2\gamma^2}\right)\left(4-\frac{15}{8\gamma^2}-1\right)\approx1+\frac{1}{2\gamma^2}-\frac{5}{8\gamma^2}=1-\frac{1}{8\gamma^2}$$

对比 $\cos\theta_{\max}\approx1-0.5\theta_{\max}^2$，得 $\theta_{\max}\approx1/(2\gamma)$，证毕.

6.8　静止质量为 m、电荷为 q、速度为 v 的粒子在垂直于均匀磁场 B 的平面中运动.

（1）计算辐射功率，将其表为 m、q、$\gamma(=(1-v^2/c^2)^{-1/2})$ 和 B 的函数. （提示：外磁场中粒子的回旋频率为 $qB/(\gamma m)$）

（2）对于相对论粒子，如果粒子的初始能量为 $E_0=\gamma_0 mc^2$，证明能量通过辐射损失衰减至 $E=\gamma mc^2<E_0$ 所需要的时间为

$$t\approx\frac{6\pi\varepsilon_0 m^3c^3}{q^4B^2}\left(\frac{1}{\gamma}-\frac{1}{\gamma_0}\right)$$

（3）对于非相对论粒子（$v\ll c$），零时刻粒子动能为 T_0，计算粒子动能降至 T 所花费的时间.

（4）如果粒子被捕获在地磁场中，沿着某条磁力线旋转，并在南北两个磁镜点之间来回振荡，试比较在磁镜点处（粒子在该处反射）和赤道处粒子的辐射功率的相对大小.（提示：利用在随空间缓慢变化的磁场中粒子磁矩 $mv_\perp^2/(2B)$ 守恒的条件）

解　（1）粒子绕磁场做圆周运动，其回旋频率为 $\omega=qB/(\gamma m)$，加速度为 $a=\omega v=qBv/(\gamma m)$，与速度垂直，从而辐射功率为

$$P=\frac{\gamma^4 q^2 a^2}{6\pi\varepsilon_0 c^3}=\frac{\gamma^2 q^4 B^2 v^2}{6\pi\varepsilon_0 m^2 c^3}=\frac{\gamma^2 q^4 B^2}{6\pi\varepsilon_0 m^2 c}\left(1-\frac{1}{\gamma^2}\right)$$

（2）对于相对论粒子，其能量为γmc^2，因辐射损失而衰减，满足

$$\frac{\mathrm{d}(\gamma mc^2)}{\mathrm{d}t}=-P=-\frac{\gamma^2 q^4 B^2}{6\pi\varepsilon_0 m^2 c}\left(1-\frac{1}{\gamma^2}\right)$$

即

$$\frac{\mathrm{d}\gamma}{\mathrm{d}t}=-\frac{\gamma^2 q^4 B^2}{6\pi\varepsilon_0 m^3 c^3}\left(1-\frac{1}{\gamma^2}\right)\approx-\frac{\gamma^2 q^4 B^2}{6\pi\varepsilon_0 m^3 c^3}$$

由上式积分，求得粒子能量衰减至$E=\gamma mc^2$所需要的时间为

$$t\approx-\int_{\gamma_0}^{\gamma}\frac{6\pi\varepsilon_0 m^3 c^3 \mathrm{d}\gamma}{\gamma^2 q^4 B^2}=\frac{6\pi\varepsilon_0 m^3 c^3}{q^4 B^2}\left(\frac{1}{\gamma}-\frac{1}{\gamma_0}\right)$$

（3）对于非相对论粒子，同样设γ的始、末值为γ_0和γ，则经历的时间为

$$t=-\int_{\gamma_0}^{\gamma}\frac{6\pi\varepsilon_0 m^3 c^3\,\mathrm{d}\gamma}{q^4 B^2(\gamma^2-1)}=\frac{3\pi\varepsilon_0 m^3 c^3}{q^4 B^2}\ln\left[\frac{(\gamma+1)(\gamma_0-1)}{(\gamma-1)(\gamma_0+1)}\right]$$

题目给的是始、末态粒子动能，成立

$$T=(\gamma-1)mc^2,\quad T_0=(\gamma_0-1)mc^2$$

以至粒子动能由T_0经辐射损失衰减至T所需要的时间为

$$t=\frac{3\pi\varepsilon_0 m^3 c^3}{q^4 B^2}\ln\left[\frac{(\gamma+1)T_0}{(\gamma_0+1)T}\right]\approx\frac{3\pi\varepsilon_0 m^3 c^3}{q^4 B^2}\ln\left(\frac{T_0}{T}\right)$$

其中用到非相对论近似$\gamma\approx 1$.

（4）捕获粒子在沿地磁场磁力线振荡过程中，粒子的磁矩近似守恒，即$mv_\perp^2/(2B)\approx$常数，速度为常数. 被捕获在地磁场中的带电粒子通常为非相对论粒子. 先考虑垂直加速度对辐射功率的贡献，它正比于$a_\perp^2=v_\perp^4/\rho_c^2\propto B^2 v_\perp^2$，即和$B^3$成正比. 因此，在磁镜点处和赤道处粒子的辐射功率之比近似等于两处磁场比的三次方，磁镜点处的辐射功率大. 若进一步考虑平行加速度对辐射功率的贡献，由

$$a_{//}=\frac{\mathrm{d}v_{//}}{\mathrm{d}t}=-\frac{v_\perp}{v_{//}}\frac{\mathrm{d}v_\perp}{\mathrm{d}t}=-\frac{v_\perp^2}{2v_{//}B}\frac{\mathrm{d}B}{\mathrm{d}t}=-\frac{v_\perp^2}{2v_{//}B}v_{//}\frac{\mathrm{d}B}{\mathrm{d}s}=-\frac{v_\perp^2}{2B}\frac{\mathrm{d}B}{\mathrm{d}s}$$

可知，磁镜点附近的平行加速度有限，而赤道处的平行加速度为零（由对称性，赤道处$\mathrm{d}B/\mathrm{d}s=0$）；因此，计入平行加速度对辐射的贡献之后，会进一步增强磁镜点处的辐射功率.

第 7 章　电磁波的散射、吸收和色散

7.1　对于做非相对论性周期运动的带电粒子，证明一个运动周期内辐射阻尼力所做的负功等于辐射电磁能.

证　对于非相对论性的运动带电粒子，辐射功率为

$$P=\frac{e^2\dot{\boldsymbol{v}}^2}{6\pi\varepsilon_0 c^3}$$

故一个运动周期 T 内辐射的总能量为

$$\int_0^T P\mathrm{d}t=\frac{e^2}{6\pi\varepsilon_0 c^3}\int_0^T \dot{\boldsymbol{v}}\cdot\dot{\boldsymbol{v}}\mathrm{d}t=\frac{e^2}{6\pi\varepsilon_0 c^3}(\dot{\boldsymbol{v}}\cdot\boldsymbol{v})_0^T-\frac{e^2}{6\pi\varepsilon_0 c^3}\int_0^T \boldsymbol{v}\cdot\ddot{\boldsymbol{v}}\mathrm{d}t$$

$$=-\frac{e^2}{6\pi\varepsilon_0 c^3}\int_0^T \boldsymbol{v}\cdot\ddot{\boldsymbol{v}}\mathrm{d}t=-\int_0^T \boldsymbol{F}_R\cdot\boldsymbol{v}\mathrm{d}t$$

式中，$\boldsymbol{F}_R=e^2\ddot{\boldsymbol{v}}/(6\pi\varepsilon_0 c^3)$ 为辐射阻尼力，证毕.

7.2　在平面电磁波电场 $\boldsymbol{E}=\boldsymbol{E}_0\mathrm{e}^{-\mathrm{i}\omega t}$ 的作用下，自由电子的运动方程为

$$m\ddot{\boldsymbol{\xi}}=e\boldsymbol{E}_0\mathrm{e}^{-\mathrm{i}\omega t}-\gamma m\dot{\boldsymbol{\xi}},\quad \gamma=\frac{e^2\omega^2}{6\pi\varepsilon_0 mc^3}$$

式中，右边第一项为电场力，第二项为辐射阻尼力. 证明电场力对电子做功的平均功率为正，辐射阻尼力对电子做功的平均功率为负，二者的数值相等；当略去 (γ/ω) 的二级小量时，该功率正好等于电子的平均散射功率.（提示：平均功率的计算公式为 $\overline{P}=\mathrm{Re}(\dot{\boldsymbol{\xi}}^*\cdot\boldsymbol{F})/2$）

证　由运动方程解得

$$\boldsymbol{\xi}=-\frac{e\boldsymbol{E}_0}{m\omega(\omega+\mathrm{i}\gamma)}\mathrm{e}^{-\mathrm{i}\omega t},\quad \dot{\boldsymbol{\xi}}=\frac{\mathrm{i}e\boldsymbol{E}_0}{m(\omega+\mathrm{i}\gamma)}\mathrm{e}^{-\mathrm{i}\omega t}$$

据此求得电场力对电子做功的平均功率

$$\overline{P}=\frac{1}{2}\mathrm{Re}(\dot{\boldsymbol{\xi}}^*\cdot e\boldsymbol{E}_0\mathrm{e}^{-\mathrm{i}\omega t})=\frac{1}{2}\mathrm{Re}\left[-\frac{\mathrm{i}e^2E_0^2}{m(\omega-\mathrm{i}\gamma)}\right]$$

$$=\frac{1}{2}\mathrm{Re}\left[-\frac{\mathrm{i}(\omega+\mathrm{i}\gamma)e^2E_0^2}{m(\omega^2+\gamma^2)}\right]=\frac{\gamma e^2E_0^2}{2m(\omega^2+\gamma^2)}$$

和辐射阻尼力对电子做功的平均功率

$$\overline{P}=\frac{1}{2}\mathrm{Re}[\dot{\boldsymbol{\xi}}^*\cdot(-\gamma m\dot{\boldsymbol{\xi}})]=-\frac{\gamma me^2E_0^2}{2m^2(\omega^2+\gamma^2)}=-\frac{\gamma e^2E_0^2}{2m(\omega^2+\gamma^2)}$$

二者数值相等，前者为正，后者为负. 在略去(γ/ω)的二级小量时，该功率等于

$$\overline{P}=\frac{\gamma e^2E_0^2}{2m(\omega^2+\gamma^2)}\approx\frac{\gamma e^2E_0^2}{2m\omega^2}=\frac{e^4E_0^2}{12\pi\varepsilon_0 m^2c^3}$$

它正好等于电子的平均散射功率.

7.3 在地球大气外的宇宙飞船上看地球和天空，各是什么颜色，为什么？在地球上观看日出，太阳是什么颜色，为什么？

答 从宇宙飞船上看地球，因散射（瑞利散射）截面与频率的 4 次方成正比，蓝光（可见光的高频部分）受到更强的散射，故呈蓝色. 地球大气以外的天空，粒子密度很低，散射光很弱，故呈黑色. 在地球上看日出，观测的是太阳的透射光；因红光（可见光的低频部分）受到较弱的散射，故呈红色.

7.4 椭圆偏振光的电矢量为$\boldsymbol{E}=\boldsymbol{E}_1\cos\omega t+\boldsymbol{E}_2\sin\omega t$，证明自由电子的微分散射截面为

$$\frac{\mathrm{d}\sigma}{\mathrm{d}\Omega}=\frac{e^4}{16\pi^2\varepsilon_0^2m^2c^4}\cdot\frac{|\boldsymbol{E}_1\times\boldsymbol{e}_r|^2+|\boldsymbol{E}_2\times\boldsymbol{e}_r|^2}{E_1^2+E_2^2}$$

证 将题给出的椭圆偏振光写成复数形式

$$\boldsymbol{E}_\mathrm{c}=(\boldsymbol{E}_1+\mathrm{i}\,\boldsymbol{E}_2)\mathrm{e}^{-\mathrm{i}\omega t}$$

相应运动自由电子的偶极矩的二阶时间导数为$\ddot{\boldsymbol{p}}=e^2\boldsymbol{E}_\mathrm{c}/m$，其辐射功率角分布为

$$\frac{\mathrm{d}P}{\mathrm{d}\Omega}=\frac{1}{32\pi^2\varepsilon_0c^3}|\ddot{\boldsymbol{p}}\times\boldsymbol{e}_r|^2=\frac{e^4}{32\pi^2\varepsilon_0c^3m^2}|\boldsymbol{E}_\mathrm{c}\times\boldsymbol{e}_r|^2$$

由

$$\begin{aligned}|\boldsymbol{E}_\mathrm{c}\times\boldsymbol{e}_r|^2&=(\boldsymbol{E}_\mathrm{c}^*\times\boldsymbol{e}_r)\cdot(\boldsymbol{E}_\mathrm{c}\times\boldsymbol{e}_r)\\&=[(\boldsymbol{E}_1-\mathrm{i}\,\boldsymbol{E}_2)\times\boldsymbol{e}_r]\cdot[(\boldsymbol{E}_1+\mathrm{i}\,\boldsymbol{E}_2)\times\boldsymbol{e}_r]\\&=(\boldsymbol{E}_1\times\boldsymbol{e}_r-\mathrm{i}\,\boldsymbol{E}_2\times\boldsymbol{e}_r)\cdot(\boldsymbol{E}_1\times\boldsymbol{e}_r+\mathrm{i}\,\boldsymbol{E}_2\times\boldsymbol{e}_r)\\&=|\boldsymbol{E}_1\times\boldsymbol{e}_r|^2+|\boldsymbol{E}_2\times\boldsymbol{e}_r|^2\end{aligned}$$

及

$$I_0=\varepsilon_0c|\boldsymbol{E}|^2/2=\varepsilon_0c(E_1^2+E_2^2)/2$$

求得自由电子的微分散射截面为

$$\frac{\mathrm{d}\sigma}{\mathrm{d}\Omega}=\frac{1}{I_0}\frac{\mathrm{d}P}{\mathrm{d}\Omega}=\frac{e^4}{16\pi^2\varepsilon_0^2m^2c^4}\cdot\frac{|\boldsymbol{E}_1\times\boldsymbol{e}_r|^2+|\boldsymbol{E}_2\times\boldsymbol{e}_r|^2}{E_1^2+E_2^2}$$

证毕.

7.5 单个无极分子在外电场作用下会出现极化，其偶极矩正比于外电场，比例系数设为$\varepsilon_0\alpha$，ε_0为真空介电常量，α被称为分子极化率（有量纲常数）. 设入射电

磁波为频率 ω 的平面线偏振波，电矢量幅度为 $\boldsymbol{E}_0$，按经典理论计算单个分子发出的散射波的电磁场及单个分子的散射截面.

解 分子的偶极矩为 $\boldsymbol{p}=\varepsilon_0\alpha\boldsymbol{E}_0\mathrm{e}^{-\mathrm{i}\omega t}$，则由偶极子辐射场和辐射功率公式求得单个分子发出的散射波电磁场和散射功率为

$$\boldsymbol{B}=\frac{\mu_0\mathrm{e}^{\mathrm{i}kr}}{4\pi cr}\ddot{\boldsymbol{p}}\times\boldsymbol{e}_r=-\frac{\alpha\omega^2\mathrm{e}^{\mathrm{i}(kr-\omega t)}}{4\pi c^3 r}\boldsymbol{E}_0\times\boldsymbol{e}_r$$

$$\boldsymbol{E}=c\boldsymbol{B}\times\boldsymbol{e}_r=-\frac{\alpha\omega^2\mathrm{e}^{\mathrm{i}(kr-\omega t)}}{4\pi c^2 r}(\boldsymbol{E}_0\times\boldsymbol{e}_r)\times\boldsymbol{e}_r$$

$$P=\frac{\varepsilon_0\alpha^2\omega^4E_0^2}{12\pi c^3}$$

由后者求得散射截面

$$\sigma=\frac{P}{I_0}=\frac{\varepsilon_0\alpha^2\omega^4E_0^2}{12\pi c^3}\cdot\frac{2}{\varepsilon_0E_0^2c}=\frac{\alpha^2\omega^4}{6\pi c^4}$$

7.6 完全电离气体属于等离子体，其正负电荷密度接近相等. 对高频电磁波而言，只需考虑电子的运动. 假定电子的数密度为 N，只考虑电磁波对电子的作用力，求等离子体的等效折射率.

解 由电子运动方程，求得电子的偶极矩 $\boldsymbol{p}=-e^2\boldsymbol{E}/(m\omega^2)$. 设等离子体的电子数密度为 N，则极化强度为

$$\boldsymbol{P}=N\boldsymbol{p}=-\frac{Ne^2\boldsymbol{E}}{m\omega^2}=(\varepsilon-\varepsilon_0)\boldsymbol{E}$$

从而求得等离子体的等效折射率如下：

$$n=\sqrt{\varepsilon/\varepsilon_0}=\sqrt{1-\frac{Ne^2}{\varepsilon_0m\omega^2}}$$

***7.7** 处于外磁场中的等离子体呈现出各向异性，其等效介电常量为张量. 设外磁场均匀，$\boldsymbol{B}=B_0\boldsymbol{e}_z$，仅考虑电子的运动，确定等离子体的等效介电常量张量.

解 写下电子的运动方程如下：

$$\ddot{x}=-\frac{e}{m}E_x-\frac{eB_0}{m}\dot{y},\quad \ddot{y}=-\frac{e}{m}E_y+\frac{eB_0}{m}\dot{x},\quad \ddot{z}=-\frac{e}{m}E_z$$

式中，e 为电子电量的绝对值. 求 $\sim\mathrm{e}^{-\mathrm{i}\omega t}$ 时谐运动解，上述方程化为

$$\omega^2x+\frac{\mathrm{i}\omega eB_0}{m}y=\frac{e}{m}E_x,\quad \omega^2y-\frac{\mathrm{i}\omega eB_0}{m}x=\frac{e}{m}E_y$$

$$\omega^2z=\frac{e}{m}E_z$$

将 $\boldsymbol{P}=-Ne\boldsymbol{r}$ 代入，求得 $\boldsymbol{P}$ 和 $\boldsymbol{E}$ 之间的关系

$$\omega^2 P_x + \mathrm{i}\omega\omega_{\mathrm{c}} P_y = -\varepsilon_0 \omega_{\mathrm{p}}^2 E_x, \quad \omega^2 P_y - \mathrm{i}\omega\omega_{\mathrm{c}} P_x = -\varepsilon_0 \omega_{\mathrm{p}}^2 E_y$$

$$\omega^2 P_z = -\varepsilon_0 \omega_{\mathrm{p}}^2 E_z, \quad \omega_{\mathrm{c}} = \frac{eB_0}{m}, \quad \omega_{\mathrm{p}}^2 = \frac{Ne^2}{\varepsilon_0 m}$$

由上述方程解得

$$P_x = -\frac{\varepsilon_0 \omega_{\mathrm{p}}^2}{\omega^2 - \omega_{\mathrm{c}}^2} E_x + \frac{\mathrm{i}\varepsilon_0 \omega_{\mathrm{p}}^2 \omega_{\mathrm{c}}}{(\omega^2 - \omega_{\mathrm{c}}^2)\omega} E_y$$

$$P_y = -\frac{\mathrm{i}\varepsilon_0 \omega_{\mathrm{p}}^2 \omega_{\mathrm{c}}}{(\omega^2 - \omega_{\mathrm{c}}^2)\omega} E_x - \frac{\varepsilon_0 \omega_{\mathrm{p}}^2}{\omega^2 - \omega_{\mathrm{c}}^2} E_y$$

$$P_z = -\frac{\varepsilon_0 \omega_{\mathrm{p}}^2}{\omega^2} E_z$$

由介电常量张量的定义

$$\boldsymbol{P} = (\stackrel{\leftrightarrow}{\boldsymbol{\varepsilon}} - \varepsilon_0 \stackrel{\leftrightarrow}{\boldsymbol{I}}) \cdot \boldsymbol{E}$$

求得等离子体介电常量张量的表达式如下：

$$\stackrel{\leftrightarrow}{\boldsymbol{\varepsilon}} = \varepsilon_0 \begin{pmatrix} 1 - \dfrac{\omega_{\mathrm{p}}^2}{\omega^2 - \omega_{\mathrm{c}}^2} & \dfrac{\mathrm{i}\omega_{\mathrm{p}}^2 \omega_{\mathrm{c}}}{(\omega^2 - \omega_{\mathrm{c}}^2)\omega} & 0 \\ -\dfrac{\mathrm{i}\omega_{\mathrm{p}}^2 \omega_{\mathrm{c}}}{(\omega^2 - \omega_{\mathrm{c}}^2)\omega} & 1 - \dfrac{\omega_{\mathrm{p}}^2}{\omega^2 - \omega_{\mathrm{c}}^2} & 0 \\ 0 & 0 & 1 - \dfrac{\omega_{\mathrm{p}}^2}{\omega^2} \end{pmatrix}$$

第 8 章　狭义相对论

8.1　一节长为 20m 的列车车厢，以 $0.6c$ 相对地面高速运行. 车厢内一观测者看到运行前方一端的乘客 A 和位于后方一端的乘客 B 彼此朝对方开枪射击，A 开枪在先，领先时间为 10^{-8}s. 在地面观测者看来，是谁先开枪？领先多长时间？

解　在列车坐标系中，A 开枪事件的时空坐标设为（x_2', t_2'），B 开枪事件的时空坐标设为（x_1', t_1'），成立

$$x_2' - x_1' = 20\,\text{m}, \quad t_2' - t_1' = -10^{-8}\,\text{s}$$

由洛伦兹反变换公式，求得地面坐标系中两事件的时间间隔为

$$t_2 - t_1 = \gamma\left[t_2' - t_1' + \frac{v}{c^2}(x_2' - x_1')\right]$$

$$= \frac{1}{\sqrt{1-0.6^2}}\left(-10^{-8} + \frac{0.6\times 20}{3\times 10^8}\right) = \frac{3\times 10^{-8}}{0.8} = 3.75\times 10^{-8}(\text{s})$$

因此，地面观测者认为 B 先开枪，领先时间为 3.75×10^{-8}s.

8.2　静止长度为 l 的车厢，以速度 v 相对地面运行. 一小球以速度 u 相对车厢运动，方向与车厢运动方向一致. 在地面观测者看来，小球自车厢后端到车厢前端经历的时间是多少？

解　在车厢坐标系中，小球位于起点事件的时空坐标设为（x_1', t_1'），小球位于终点事件的时空坐标设为（x_2', t_2'），成立

$$x_2' - x_1' = l, \quad t_2' - t_1' = l/u$$

由洛伦兹反变换公式，求得地面坐标系中两事件的时间间隔为

$$t_2 - t_1 = \gamma\left[t_2' - t_1' + \frac{v}{c^2}(x_2' - x_1')\right]$$

$$= \frac{1}{\sqrt{1-(v/c)^2}}\left(\frac{l}{u} + \frac{vl}{c^2}\right) = \frac{l(c^2 + uv)}{uc^2\sqrt{1-(v/c)^2}}$$

8.3　两条静止长度同为 l_0 的尺子相互平行，各自相对地面以相同速率 v 沿尺子方向运动，运动方向彼此相反. 如果某观测者相对其中一条尺子静止，他测得的另一条尺子的长度等于多少？（提示：先求出两条尺子之间的相对速度）

解　先计算两条尺子（以下分别称为 A 尺和 B 尺）之间的相对速度. 取 x 轴沿尺子方向，相对地面参考系来说，A 尺的速度为 v，B 尺的速度为 $-v$. 设相对 B 尺静止的参考系为 S，地面参考系为 S′，则 S′ 相对 S 的运动速度为 v. 在 S′ 中，A 尺的速度为 $u_x' = v$. 由相对论速度反变换公式，求得 A 尺在 S 中的速度为

$$u_x = \frac{u'_x + v}{1 + vu'_x / c^2} = \frac{2vc^2}{c^2 + v^2}$$

这实际上就是 A 尺相对 B 尺的运动速度. 由动尺缩短的现成结论，可知 S 观测者测得 A 尺的长度为

$$l = l_0\sqrt{1 - u_x^2 / c^2} = \frac{l_0(c^2 - v^2)}{c^2 + v^2}$$

***8.4** 生于 2080 年的一对双生子，其中一位一直留在地球，另一位于 2100 年乘坐火箭离开地球作宇宙旅行. 乘客在火箭内感受到的加速度自始至终为 $g = 10\text{m}\cdot\text{s}^{-1}$，和在地球上的感觉相同. 头 3 年内（用火箭内的静钟计时，下同）火箭做加速运动，第二个 3 年做减速运动；然后反转方向，先做 3 年加速运动，后做 3 年减速运动，最终返回地球与他的同胞兄弟会面. 此时，乘坐火箭的那位的年龄为 32 岁. 试问：

（1）留在地球的那位是多大年龄？

（2）火箭飞离地球的最远距离是多少（用光年作长度单位）？

（提示：由加速度变换公式确定火箭在地面参考系中的加速度）

解 （1）取地面参考系为惯性系 S，x 轴沿火箭运动方向；火箭参考系为 S'，后者为瞬时惯性系. 在 S' 中记录的时间间隔 dt' 为固有时间间隔，相应 S 中记录的时间间隔为

$$dt = \frac{dt'}{\sqrt{1 - \beta^2}}, \quad \beta = \frac{v}{c}$$

式中，v 为 S'（火箭）相对 S（地面）的瞬时速度. 下面分析 v 和 t' 的函数关系. 乘客在 S' 系中的加速度为 $a' = g$，在 S 中的加速度为

$$a = [\gamma(1 + vu'_x / c^2)]^{-3} g$$

在 S' 中，永远有 $u'_x = 0$，于是上式简化为

$$a = \gamma^{-3} g = (1 - \beta^2)^{3/2} g$$

由 $dv = a dt, dt = \gamma dt' = dt'(1 - \beta^2)^{-1/2}$ 得

$$dt' = dt(1 - \beta^2)^{1/2} = \frac{dv(1 - \beta^2)^{1/2}}{a} = \frac{dv}{g(1 - \beta^2)} = \frac{c d\beta}{g(1 - \beta^2)}$$

将上式积分求得火箭时钟记录的时间与火箭速度之间的关系

$$t' = \int dt' = \int_0^\beta \frac{c\,d\beta}{g(1 - \beta^2)} = \frac{c}{g}\tanh^{-1}(\beta), \quad \beta = \tanh(gt' / c)$$

在做加速运动的头 3 年（$= t'$）中，地面时钟记录的时间 t 为

$$t = \int dt = \int_0^{t'} \frac{dt'}{(1 - \beta^2)^{1/2}} = \int_0^{t'} \cosh(gt' / c) dt' = \frac{c}{g}\sinh(gt' / c)$$

将 $g=10\,\mathrm{m\cdot s^{-2}}$ 和 $t'=3$ 年代入，求得 $t=11.12$ 年. 对以后的 3 个 3 年，火箭经减速、反向加速和减速，地面时钟记录的时间相同，总时间为 t 的 4 倍，即 44.5 年. 因此，地面的那位双生子的年龄将为 64.5 岁.

（2）火箭在头 3 年飞离地球的距离由下式计算：

$$l=\int_0^t v\mathrm{d}t=\int_0^{t'}\frac{c\beta}{\sqrt{1-\beta^2}}\mathrm{d}t'=\int_0^{t'}c\sinh(gt'/c)\mathrm{d}t'$$

$$=\frac{c^2}{g}[\cosh(gt'/c)-1]$$

将 $g=10\,\mathrm{m\cdot s^{-2}}$ 和 $t'=3$ 年代入，求得 $l=9.66\times10^{16}\,\mathrm{m}=10.2$ 光年. 火箭飞离地球的最远距离为 $2l$，即 20.4 光年.

8.5　设宇宙飞船以匀速度离开地球，朝着一颗发光的星球飞去. 在地面的观测者，测得星球发出的光波长为 6400Å，而宇航员测得该星球发出的光波长为 6300Å，求飞船相对于地球的速度.

解　由相对论多普勒平移公式 $\omega'=\gamma\omega(1+v/c)$，得

$$\frac{\lambda}{\lambda'}=\gamma(1+v/c)=\frac{1+v/c}{\sqrt{1-(v/c)^2}}=\sqrt{\frac{1+v/c}{1-v/c}}$$

从中解得

$$v=c[(\lambda/\lambda')^2-1]/[(\lambda/\lambda')^2+1]$$

式中，λ 和 λ' 分别为地面观测者和宇航员测得的波长. 将题给数据 $\lambda=6400$Å 和 $\lambda'=6300$Å 代入，求得飞船速度为 $4.72\times10^3\,\mathrm{km\cdot s^{-1}}$.

8.6　狭义相对论的光行差公式为

$$\tan\theta'=\frac{\sin\theta}{\gamma(\cos\theta-\beta)},\quad \gamma=\frac{1}{\sqrt{1-\beta^2}},\quad \beta=\frac{v}{c}$$

式中，v 为地球公转速度，θ 和 θ' 分别为太阳参考系和地球参考系中波矢与地球运动方向之间的夹角.（1）在非相对论近似下，证明 $\alpha\equiv\theta'-\theta=\beta\sin\theta$；（2）设 $\theta=90^\circ$，地球公转速度为 $30\,\mathrm{km\cdot s^{-1}}$，计算 α（以角秒为单位，1°=3600 角秒）.

解　（1）由光行差公式

$$\tan\theta'=\frac{\sin\theta}{\gamma(\cos\theta-\beta)}$$

得

$$\sin^{-2}\theta'=1+\tan^{-2}\theta'=1+\frac{\gamma^2(\cos\theta-\beta)^2}{\sin^2\theta}=\frac{\gamma^2(1-\beta\cos\theta)^2}{\sin^2\theta}$$

$$\sin\theta'=\frac{\sin\theta}{\gamma(1-\beta\cos\theta)}$$

将上式左右两边作泰勒展开，只保留β的一级小项，得

$$\sin\theta' = \sin(\theta+\alpha) \approx \sin\theta + \alpha\cos\theta$$

$$\frac{\sin\theta}{\gamma(1-\beta\cos\theta)} \approx \sin\theta(1+\beta\cos\theta) = \sin\theta + \beta\sin\theta\cos\theta$$

于是有$\alpha = \beta\sin\theta$，证毕.

（2）$\alpha = \beta = v/c = 10^{-4}\,\text{rad} = 20.6$ 角秒.

***8.7** 从相对论速度变换公式和多普勒频移公式出发，证明：在实验室参考系S中，光在运动流体（运动参考系S′）中的光速为（流速$v \ll c$，保留至v/c级小量）

$$u = \frac{c}{n(\omega)} \pm v\left[1 - \frac{1}{n^2} + \frac{\omega}{n^2}\frac{\mathrm{d}n(\omega)}{\mathrm{d}\omega}\right]$$

式中，ω为频率，$n(\omega)$为流体折射率，“±”号对应光传播方向与流体运动方向平行和反平行.（提示：光相对运动流体的传播速度为$c/n(\omega')$，ω'表示运动参考系中的光波频率）

解 相对论速度反变换公式和多普勒频移公式如下

$$u = \frac{u'+v}{1+vu'/c^2},\quad \omega' = \gamma\omega\left(1-\frac{v}{c}\right)$$

式中，$u' = c/n(\omega')$为光在S′中的传播速度，u为待求的光在S中的传播速度. 由多普勒频移公式得

$$\omega' = \gamma\omega\left(1-\frac{v}{c}\right) \approx \omega - \frac{\omega v}{c},\quad \omega' - \omega \approx -\frac{\omega v}{c}$$

$$u' = \frac{c}{n(\omega')} \approx \frac{c}{n(\omega) + (\omega'-\omega)\mathrm{d}n(\omega)/\mathrm{d}\omega} \approx \frac{c}{n(\omega)}\left[1 + \frac{\omega v}{cn}\frac{\mathrm{d}n(\omega)}{\mathrm{d}\omega}\right]$$

代入速度反变换公式得

$$\begin{aligned} u &= \frac{u'+v}{1+vu'/c^2} \approx (u'+v)(1-vu'/c^2) \approx u' + v - vu'^2/c^2 \\ &\approx \frac{c}{n} + \frac{\omega v}{n^2}\frac{\mathrm{d}n}{\mathrm{d}\omega} + v - \frac{v}{n^2} = \frac{c}{n(\omega)} + v\left[1 - \frac{1}{n^2} + \frac{\omega}{n^2}\frac{\mathrm{d}n(\omega)}{\mathrm{d}\omega}\right] \end{aligned}$$

以上结果对应光传播方向与流体运动方向平行的情况；对于反平行情况，只需将v反号即可，证毕.

8.8 S′系相对S系以速度v沿x轴方向运动，一束光的传播方向在S系中的方向余弦为（$\cos\phi,\cos\psi,\cos\chi$），在S′系中的方向余弦为（$\cos\phi',\cos\psi',\cos\chi'$），推导二者之间的变换关系.

解 设该束光在S系中的波矢为$\boldsymbol{k}(k_1,k_2,k_3)$，在S′系中的波矢为$\boldsymbol{k}'(k_1',k_2',k_3')$，则成立

$$\cos\phi = k_1 / k, \quad \cos\psi = k_2 / k, \quad \cos\chi = k_3 / k$$
$$\cos\phi' = k_1' / k', \quad \cos\psi' = k_2' / k', \quad \cos\chi' = k_3' / k'$$

$\boldsymbol{k}'$ 和 $\boldsymbol{k}$ 之间满足如下变换关系

$$k_1' = \gamma(k_1 - v\omega / c^2) = \gamma k(\cos\phi - \beta), \quad k_2' = k_2, \quad k_3' = k_3$$

式中，$\beta = v / c$，$\gamma = (1-\beta^2)^{-1/2}$．由上式得

$$\begin{aligned} k'^2 &= k_1'^2 + k_2'^2 + k_3'^2 = \gamma^2(k_1 - vk / c)^2 + k_2^2 + k_3^2 \\ &= \gamma^2 k_1^2 - 2\gamma^2\beta k_1 k + \gamma^2\beta^2 k^2 + k^2 - k_1^2 \\ &= (\gamma^2 - 1)k_1^2 - 2\gamma^2\beta k_1 k + (\gamma^2\beta^2 + 1)k^2 \\ &= \gamma^2(k - \beta k_1)^2 = \gamma^2 k^2(1 - \beta\cos\phi)^2 \end{aligned}$$
$$k' = \gamma k(1 - \beta\cos\phi)$$

于是有

$$\cos\phi' = \frac{k_1'}{k'} = \frac{\cos\phi - \beta}{1 - \beta\cos\phi} = \frac{c\cos\phi - v}{c - v\cos\phi}$$
$$\cos\psi' = \frac{k_2'}{k'} = \frac{\cos\psi}{\gamma(1 - \beta\cos\phi)} = \frac{c\cos\psi}{\gamma(c - v\cos\phi)}$$
$$\cos\chi' = \frac{k_3'}{k'} = \frac{\cos\chi}{\gamma(1 - \beta\cos\phi)} = \frac{c\cos\chi}{\gamma(c - v\cos\phi)}$$

反变换公式可通过替换 $(\phi,\psi,\chi) \leftrightarrow (\phi',\psi',\chi')$，以及将 v（或 β）反号求得．

***8.9**　一双面镜沿垂直镜面的方向以速率 v 相对 S 系运动．在 S 系中，入射至该镜面的电磁波的入射角为 θ_0，求该参考系测得的反射角 θ．对于从镜子前方和后方入射两种情况，分别进行讨论．（提示：利用习题 8.8 的结果）

解　不妨取镜面法线方向为 x 轴，镜子运动速度沿 x 轴正向，入射面位于 xy 平面．对于前方入射的情况，入射波在 S 系中的方向余弦为（$-\cos\theta_0, \sin\theta_0, 0$）．在相对镜子静止的参考系 S′ 中，该入射波的方向余弦为

$$\cos\phi' = \frac{-c\cos\theta_0 - v}{c + v\cos\theta_0}, \quad \cos\psi' = \frac{c\sin\theta_0}{\gamma(c + v\cos\theta_0)}, \quad \cos\chi' = 0$$

在 S′ 系中，由反射定律得反射波的方向余弦为（$-\cos\phi', \cos\psi', 0$），将其转换至 S 系中，其方向余弦应为（$\cos\theta, \sin\theta, 0$），满足

$$\cos\theta = \frac{-c\cos\phi' + v}{c - v\cos\phi'}, \quad \sin\theta = \frac{c\cos\psi'}{\gamma(c - v\cos\phi')}$$

将 $\cos\phi'$ 和 $\cos\psi'$ 的表达式代入上述两式得

$$\cos\theta = \frac{2\beta + (1+\beta^2)\cos\theta_0}{1 + \beta^2 + 2\beta\cos\theta_0}, \quad \sin\theta = \frac{(1-\beta^2)\sin\theta_0}{1 + \beta^2 + 2\beta\cos\theta_0}$$

对于从镜面后方入射的情况，入射波在S系中的方向余弦为（$\cos\theta_0, \sin\theta_0, 0$）．在S′系中，该入射波的方向余弦为

$$\cos\phi' = \frac{c\cos\theta_0 - v}{c - v\cos\theta_0}, \quad \cos\psi' = \frac{c\sin\theta_0}{\gamma(c - v\cos\theta_0)}, \quad \cos\chi' = 0$$

在S′系中，由反射定律得反射波的方向余弦为（$-\cos\phi', \cos\psi', 0$），将其转换至S系中，其方向余弦应为（$-\cos\theta, \sin\theta, 0$），满足

$$-\cos\theta = \frac{-c\cos\phi' + v}{c - v\cos\phi'}, \quad \sin\theta = \frac{c\cos\psi'}{\gamma(c - v\cos\phi')}$$

将$\cos\phi'$和$\cos\psi'$的表达式代入上述两式得

$$\cos\theta = \frac{(1+\beta^2)\cos\theta_0 - 2\beta}{1+\beta^2 - 2\beta\cos\theta_0}, \quad \sin\theta = \frac{(1-\beta^2)\sin\theta_0}{1+\beta^2 - 2\beta\cos\theta_0}$$

由上述结果可见，两组公式可通过β反号实现相互转换.

8.10　两个非导电的大平行板，彼此相距为d，如习题8.10图所示那样放置. 它们一道以速度v沿 x 轴运动. 在相对平行板静止的参考系中，上、下板面电荷密度均匀，分别为$+\sigma$和$-\sigma$. 求二板之间的电场与磁场的大小和方向（忽略边缘效应）.

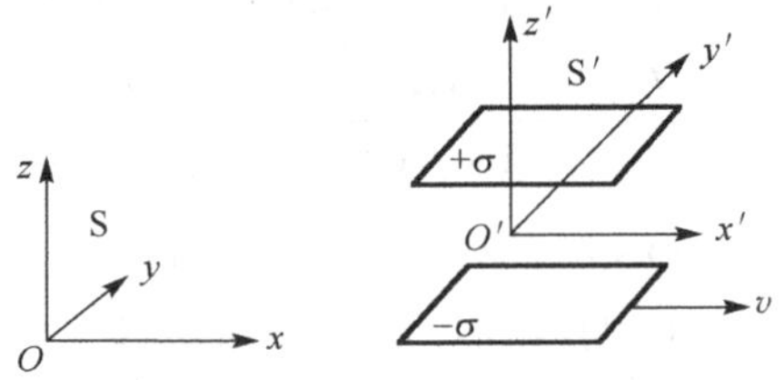

习题 8.10 图

解　取相对平行板静止的参考系S′，电磁场为$\boldsymbol{E}'$和$\boldsymbol{B}'$；实验室参考系S，电磁场为$\boldsymbol{E}$和$\boldsymbol{B}$，成立如下变换关系：

$$\begin{cases} E_x = E'_x, & B_x = B'_x \\ E_y = \gamma(E'_y + vB'_z), & B_y = \gamma(B'_y - vE'_z / c^2) \\ E_z = \gamma(E'_z - vB'_y), & B_z = \gamma(B'_z + vE'_y / c^2) \end{cases}$$

在S′系中有

$$B'_x = B'_y = B'_z = 0, \quad E'_x = E'_y = 0, \quad E'_z = -\sigma / \varepsilon_0$$

代入上述变换关系式得

$$E_x = E_y = 0, \quad E_z = -\gamma\sigma / \varepsilon_0; \quad B_x = B_z = 0, \quad B_y = \mu_0\gamma\sigma v$$

上式表明，在实验室参考系中，电场大小为$\sigma / [\varepsilon_0\sqrt{(1-(v/c)^2}]$，方向指向$z$轴负向；磁场大小为$\mu_0\sigma v / \sqrt{(1-(v/c)^2}$，方向指向$y$轴正向.

8.11　一半径为 R 的理想导体球，以常速度 $\boldsymbol{v}=v\boldsymbol{e}_x$（$v\ll c$）在均匀磁场 $\boldsymbol{B}=B\boldsymbol{e}_y$ 中运动，如习题 8.11 图所示. 在 v/c 的最低阶近似下，在相对导体球静止的参考系中，写出导体球面上的感应面电荷分布.（提示：参考习题 2.5）

解　设随球一起运动的参考系为 S′，原坐标系为 S. 由变换公式求得 S′ 系中 $\boldsymbol{E}'=\gamma vB\boldsymbol{e}_z$, $\boldsymbol{B}'=\gamma B\boldsymbol{e}_y$. 在最低阶近似下有 $\gamma\approx 1$，则

$$\boldsymbol{E}'=vB\boldsymbol{e}_z,\quad \boldsymbol{B}'=B\boldsymbol{e}_y=\boldsymbol{B}$$

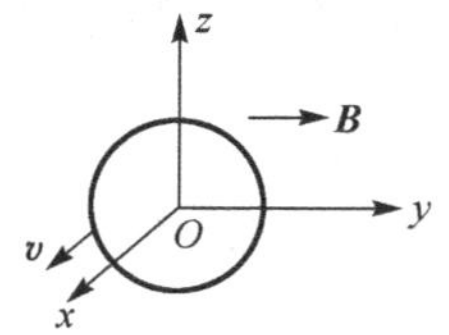

习题 8.11 图

在 S′ 系中，$\boldsymbol{E}'$ 为均匀外场. 由习题 2.5 的结果，令 $Q=0$，求得球外电势分布

$$\varphi'=-r'E'\cos\theta'+\frac{E'R^3}{r'^2}\cos\theta'$$

式中，θ' 为 $\boldsymbol{r}'$ 与 $\boldsymbol{e}_z$ 之间的夹角. 导体球表面上的面电荷密度为

$$\sigma'=-\varepsilon_0(\partial\varphi'/\partial r')_{r'=R}=3\varepsilon_0E'\cos\theta'=3\varepsilon_0 vB\cos\theta'$$

8.12　电偶极子的静止偶极矩为 $\boldsymbol{p}$，以速度 $\boldsymbol{v}$ 做匀速直线运动，求它产生的电磁势和电磁场.（提示：设电偶极子位于运动参考系的坐标原点，初始时刻静止参考系和运动参考系原点重合）

解　设静止参考系为 S，与电偶极子一起运动的参考系为 S′，初始时刻（$t=t'=0$）S 和 S′ 的原点重合，电偶极子始终位于 S′ 的原点. 在 S′ 系中，电磁势和电磁场为

$$\varphi'=\frac{\boldsymbol{p}\cdot\boldsymbol{r}'}{4\pi\varepsilon_0 r'^3},\quad \boldsymbol{A}'=0$$

$$\boldsymbol{E}'=\frac{1}{4\pi\varepsilon_0}\left[\frac{3(\boldsymbol{p}\cdot\boldsymbol{r}')\boldsymbol{r}'}{r'^5}-\frac{\boldsymbol{p}}{r'^3}\right],\quad \boldsymbol{B}'=0$$

由电磁势和电磁场的反变换关系

$$\boldsymbol{A}=\boldsymbol{A}'-(\gamma-1)\frac{\boldsymbol{v}\cdot\boldsymbol{A}'}{v^2}\boldsymbol{v}+\frac{\gamma\varphi}{c^2}\boldsymbol{v}$$

$$\varphi=\gamma(\varphi'+\boldsymbol{v}\cdot\boldsymbol{A}')$$

$$\boldsymbol{E}=\gamma(\boldsymbol{E}'-\boldsymbol{v}\times\boldsymbol{B}')-(\gamma-1)\boldsymbol{E}'_{//}$$

$$\boldsymbol{B}=\gamma\left(\boldsymbol{B}'+\frac{1}{c^2}\boldsymbol{v}\times\boldsymbol{E}'\right)-(\gamma-1)\boldsymbol{B}'_{//}$$

得

$$\varphi=\gamma\varphi',\quad \boldsymbol{A}=\frac{\gamma\varphi'}{c^2}\boldsymbol{v}$$

$$\boldsymbol{E}=\gamma\boldsymbol{E}'-(\gamma-1)\boldsymbol{E}'_{//},\quad \boldsymbol{B}=\frac{\gamma}{c^2}\boldsymbol{v}\times\boldsymbol{E}'$$

由洛伦兹变换公式，可将 $\boldsymbol{r}'$ 和 r' 用 $\boldsymbol{r}$ 和 r 表示

$$\boldsymbol{r}'_{//}=\gamma(\boldsymbol{r}_{//}-\boldsymbol{v}t),\quad \boldsymbol{r}'_{\perp}=\boldsymbol{r}_{\perp},\quad r'=[\gamma^2(\boldsymbol{r}_{//}-\boldsymbol{v}t)^2+r_{\perp}^2]^{1/2}$$

从而最终求得运动偶极子在 S 系中的电磁势和电磁场的表达式.

***8.13** 电量为 e、静止质量为 m_0 的带电粒子在外电场 $\boldsymbol{E}$ 和外磁场 $\boldsymbol{B}$ 中运动. 从运动电荷的辐射功率公式

$$P=\frac{e^2}{6\pi\varepsilon_0c^3}(\gamma^6a_{//}^2+\gamma^4a_{\perp}^2)$$

出发，证明辐射功率为

$$P=\frac{\gamma^2e^4}{6\pi\varepsilon_0m_0^2c^3}[(\boldsymbol{E}+c\boldsymbol{\beta}\times\boldsymbol{B})^2-(\boldsymbol{\beta}\cdot\boldsymbol{E})^2]$$

式中，$\boldsymbol{\beta}=\boldsymbol{v}/c$. 进一步，证明该功率可写成如下四维协变形式：

$$P=\frac{e^4}{6\pi\varepsilon_0m_0^4c^3}F_{\mu\nu}p_\nu F_{\mu\lambda}p_\lambda$$

式中，$F_{\mu\nu}$ 为 4-电磁场张量，p_ν 为 4-动量矢量；同指标求和. 因此，电磁场中运动带电粒子的辐射功率为洛伦兹变换下的不变量.

证 带电粒子的运动方程为

$$\frac{\mathrm{d}(\gamma m_0\boldsymbol{v})}{\mathrm{d}t}=\frac{\gamma^3m_0(\boldsymbol{v}\cdot\boldsymbol{a})}{c^2}\boldsymbol{v}+\gamma m_0\boldsymbol{a}=\gamma^3m_0\boldsymbol{a}_{//}+\gamma m_0\boldsymbol{a}_{\perp}=e(\boldsymbol{E}+\boldsymbol{v}\times\boldsymbol{B})$$

从中求得

$$a_{//}=\frac{eE_{//}}{m_0\gamma^3},\quad \boldsymbol{a}_{\perp}=\frac{e}{m_0\gamma}(\boldsymbol{E}_{\perp}+\boldsymbol{v}\times\boldsymbol{B})$$

代入运动电荷辐射功率公式得

$$\begin{aligned}P&=\frac{e^2}{6\pi\varepsilon_0c^3}\left[\frac{e^2E_{//}^2}{m_0^2}+\frac{\gamma^2e^2(\boldsymbol{E}_{\perp}+\boldsymbol{v}\times\boldsymbol{B})^2}{m_0^2}\right]\\&=\frac{e^4}{6\pi\varepsilon_0m_0^2c^3}[E_{//}^2+\gamma^2(\boldsymbol{E}_{\perp}+c\boldsymbol{\beta}\times\boldsymbol{B})^2]\\&=\frac{\gamma^2e^4}{6\pi\varepsilon_0m_0^2c^3}[(1-\beta^2)E_{//}^2+\boldsymbol{E}_{\perp}^2+2c\boldsymbol{E}\cdot(\boldsymbol{\beta}\times\boldsymbol{B})+(c\boldsymbol{\beta}\times\boldsymbol{B})^2]\\&=\frac{\gamma^2e^4}{6\pi\varepsilon_0m_0^2c^3}[-\beta^2E_{//}^2+\boldsymbol{E}^2+2c\boldsymbol{E}\cdot(\boldsymbol{\beta}\times\boldsymbol{B})+(c\boldsymbol{\beta}\times\boldsymbol{B})^2]\\&=\frac{\gamma^2e^4}{6\pi\varepsilon_0m_0^2c^3}[(\boldsymbol{E}+c\boldsymbol{\beta}\times\boldsymbol{B})^2-(\boldsymbol{\beta}\cdot\boldsymbol{E})^2]\end{aligned}$$

$$F_{\mu\nu}p_\nu=\gamma m_0\begin{pmatrix}0 & B_3 & -B_2 & -\mathrm{i}E_1/c\\ -B_3 & 0 & B_1 & -\mathrm{i}E_2/c\\ B_2 & -B_1 & 0 & -\mathrm{i}E_3/c\\ \mathrm{i}E_1/c & \mathrm{i}E_2/c & \mathrm{i}E_3/c & 0\end{pmatrix}\begin{pmatrix}v_1\\ v_2\\ v_3\\ \mathrm{i}c\end{pmatrix}$$

$$=\gamma m_0(\boldsymbol{E}+\boldsymbol{v}\times\boldsymbol{B},\quad \mathrm{i}\boldsymbol{\beta}\cdot\boldsymbol{E})$$

$$F_{\mu\nu}p_\nu F_{\mu\lambda}p_\lambda=\gamma^2m_0^2[(\boldsymbol{E}+c\boldsymbol{\beta}\times\boldsymbol{B})^2-(\boldsymbol{\beta}\cdot\boldsymbol{E})^2]$$

代回 P 的表达式

$$P=\frac{e^4}{6\pi\varepsilon_0m_0^4c^3}F_{\mu\nu}p_\nu F_{\mu\lambda}p_\lambda$$

即推得题给运动电荷辐射功率公式

$$P=\frac{\gamma^2e^4}{6\pi\varepsilon_0m_0^2c^3}[(\boldsymbol{E}+c\boldsymbol{\beta}\times\boldsymbol{B})^2-(\boldsymbol{\beta}\cdot\boldsymbol{E})^2]$$

证毕.

8.14　如习题 8.14 图所示，位于 x 轴上的两个带电粒子：粒子 1 位于坐标原点，沿 x 向做匀速直线运动，速率为 v_1，电量为 q_1；粒子 2 位于 $x=a$ 处，沿 y 向做匀速直线运动，速率为 v_2，电量为 q_2．求粒子 1 和粒子 2 所受的电磁力.

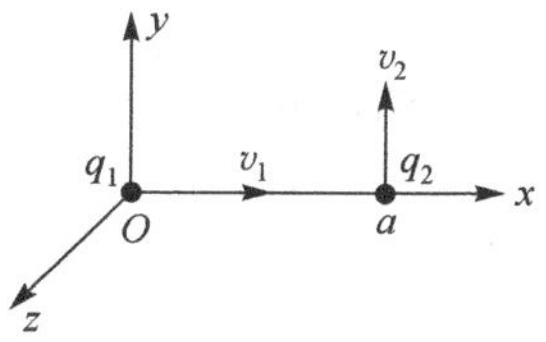

习题 8.14 图

解　① 解法 1

直接运用匀速运动电荷的电磁场公式计算粒子受力. 粒子 1 受的电磁力 $\boldsymbol{F}_1$ 为

$$\boldsymbol{F}_1=q_1(\boldsymbol{E}_2+\boldsymbol{v}_1\times\boldsymbol{B}_2),\quad \boldsymbol{v}_1=v_1\ \boldsymbol{e}_x$$

$$\boldsymbol{E}_2=\frac{\gamma_2q_2\boldsymbol{r}}{4\pi\varepsilon_0(r_\perp^2+\gamma_2^2r_{//}^2)^{3/2}}=\frac{\gamma_2q_2\boldsymbol{r}_\perp}{4\pi\varepsilon_0r_\perp^3}=-\frac{q_2}{4\pi\varepsilon_0a^2\sqrt{1-(v_2/c)^2}}\ \boldsymbol{e}_x$$

$$\boldsymbol{B}_2=\frac{\boldsymbol{v}_2\times\boldsymbol{E}_2}{c^2}=\frac{q_2v_2}{4\pi\varepsilon_0c^2a^2\sqrt{1-(v_2/c)^2}}\boldsymbol{e}_z$$

$$\boldsymbol{F}_1=-\frac{q_1q_2}{4\pi\varepsilon_0a^2\sqrt{1-(v_2/c)^2}}\boldsymbol{e}_x-\frac{q_1q_2v_1v_2}{4\pi\varepsilon_0c^2a^2\sqrt{1-(v_2/c)^2}}\boldsymbol{e}_y$$

粒子 2 受的电磁力 $\boldsymbol{F}_2$ 为

$$\boldsymbol{F}_2=q_2(\boldsymbol{E}_1+\boldsymbol{v}_2\times\boldsymbol{B}_1),\quad \boldsymbol{v}_2=v_2\ \boldsymbol{e}_y$$

$$E_1 = \frac{\gamma_1 q_1 \boldsymbol{r}}{4\pi\varepsilon_0 (r_\perp^2 + \gamma_1^2 r_{//}^2)^{3/2}} = \frac{q_1 \boldsymbol{r}_{//}}{4\pi\varepsilon_0 \gamma_1^2 r_{//}^3} = \frac{q_1[1-(v_1/c)^2]}{4\pi\varepsilon_0 a^2}\,\boldsymbol{e}_x$$

$$\boldsymbol{B}_1 = \frac{\boldsymbol{v}_1 \times \boldsymbol{E}_1}{c^2} = 0$$

$$\boldsymbol{F}_2 = \frac{q_1 q_2[1-(v_1/c)^2]}{4\pi\varepsilon_0 a^2}\,\boldsymbol{e}_x$$

② 解法 2

在相对施力电荷静止的坐标系S′中求力，然后将结果转换到实验室坐标系S. 对施力电荷为 q_1 的情形，与它相对静止的参考系S′的运动速度为 v_1，方向沿 x 轴方向，电荷 q_2 的受力为

$$\boldsymbol{F}_2' = \frac{q_1 q_2}{4\pi\varepsilon_0 a'^2}\boldsymbol{e}_x$$

式中，$a' = \Delta x'$. 由洛伦兹变换公式，利用 $\Delta t = 0$ 和 $\Delta x = a$ 求得

$$a' = \gamma_1(\Delta x - v_1 \Delta t / c) = \gamma_1 a, \qquad \gamma_1 = [1-(v_1/c)^2]^{-1/2} = \gamma_v$$

受力电荷 q_2 在参考系 S 和 S′ 中的速度和相对论因子分别为

$$u_{2x} = u_{2z} = 0,\quad u_{2y} = v_2,\quad \gamma_2 = [1-(v_2/c)^2]^{-1/2}$$

$$u_{2x}' = \frac{u_{2x} - v_1}{1-(v_1 u_{2x}/c^2)} = -v_1,\quad u_{2y}' = \frac{u_{2y}}{\gamma_v} = \frac{v_2}{\gamma_1},\quad u_{2z}' = \frac{u_{2z}}{\gamma_v} = 0$$

$$u_2'^2 = v_1^2 + \frac{v_2^2}{\gamma_1^2},\quad \gamma_2' = (1-u_2'^2/c^2)^{-1/2} = \gamma_1\gamma_2$$

利用力的变换公式求得 S 系中的力为

$$F_{2x} = \frac{\gamma_2'\gamma_v}{\gamma_2}\left(F_{2x}' + \frac{v_1}{c^2}\boldsymbol{F}_2' \cdot \boldsymbol{u}_2'\right) = \frac{\gamma_1\gamma_2\gamma_1}{\gamma_2}(1-v_1^2/c^2)F_{2x}' = F_{2x}'$$

$$F_{2y} = \frac{\gamma_2'}{\gamma_2}F_{2y}' = 0,\quad F_{2z} = \frac{\gamma_2'}{\gamma_2}F_{2z}' = 0$$

$$\boldsymbol{F}_2 = \boldsymbol{F}_2' = \frac{q_1 q_2[1-(v_1/c)^2]}{4\pi\varepsilon_0 a^2}\boldsymbol{e}_x$$

对于施力电荷为 q_2 的情形，与它相对静止的参考系S′的运动速度为 v_2，方向沿 y 轴方向，电荷 q_1 的受力为

$$\boldsymbol{F}_1' = -\frac{q_1 q_2}{4\pi\varepsilon_0 a'^2}\boldsymbol{e}_x = -\frac{q_1 q_2}{4\pi\varepsilon_0 a^2}\boldsymbol{e}_x$$

其中用到垂直空间间隔不变（$a' = a$）的性质. 受力电荷 q_1 在两个参考系中的速度和相对论因子分别为

$$u_{1x}=v_1,\quad u_{1y}=u_{1z}=0,\quad \gamma_1=[1-(v_1/c)^2]^{-1/2}$$

$$u'_{1x}=\frac{u_{1x}}{\gamma_v}=\frac{v_1}{\gamma_2},\quad u'_{1y}=\frac{u_{1y}-v_2}{1-(v_2u_{1y}/c^2)}=-v_2,\quad u'_{1z}=\frac{u_{1z}}{\gamma_v}=0$$

$$u_1'^2=v_2^2+\frac{v_1^2}{\gamma_2^2},\quad \gamma_1'=[1-(u_1'/c)^2]^{-1/2}=\gamma_1\gamma_2$$

利用力的变换公式求得 S 系中的力为（注意此时有 $\gamma_v=\gamma_2$）

$$F_{1y}=\frac{\gamma_1'\gamma_v}{\gamma_1}\left(F'_{1y}+\frac{v_2}{c^2}\boldsymbol{F}_1'\cdot\boldsymbol{u}_1'\right)=\frac{\gamma_1\gamma_2\gamma_2}{\gamma_1}\frac{v_1v_2}{c^2\gamma_2}F'_{1x}=-\frac{\gamma_2q_1q_2v_1v_2}{4\pi\varepsilon_0c^2a^2}$$

$$F_{1x}=\frac{\gamma_1'}{\gamma_1}F'_{1x}=\gamma_2F'_{1x}=-\frac{\gamma_2q_1q_2}{4\pi\varepsilon_0a^2},\quad F_{1z}=\frac{\gamma_1'}{\gamma_1}F'_{1z}=0$$

$$\boldsymbol{F}_1=-\frac{q_1q_2}{4\pi\varepsilon_0a^2[1-(v_2/c)^2]^{1/2}}\boldsymbol{e}_x-\frac{q_1q_2v_1v_2}{4\pi\varepsilon_0c^2a^2[1-(v_2/c)^2]^{1/2}}\boldsymbol{e}_y$$

两种方法求出的答案一致. 显然，解法 2 比解法 1 运算量要大.

8.15　一个静止质量为 m_0、速率为 $0.6c$ 的粒子，与另一个处于静止的相同粒子碰撞形成复合粒子，求该复合粒子的静止质量和速率.

解　对运动粒子有 $\gamma_0=[1-(v_0/c)^2]^{-1/2}=(1-0.6^2)^{-1/2}=5/4$，则系统的初始能量和动量为

$$E_0=m_0c^2(1+\gamma_0)=9m_0c^2/4,\quad p_0=\gamma_0m_0v_0=3m_0c/4$$

设复合粒子的静止质量为 m，速率为 v，则由能量和动量守恒得

$$\gamma mc^2=9m_0c^2/4,\quad \gamma mv=3m_0c/4$$

解得 $v=c/3$，$\gamma=[1-(1/3)^2]^{-1/2}=3/(2\sqrt{2})$，$m=3\sqrt{2}m_0/2$.

8.16　质量为 M 的静止粒子衰变为静止质量分别为 m_1 和 m_2 的两个粒子，求静止质量为 m_1 的粒子的动量和能量.

解　设粒子 1 和 2 的能量和动量分别为 E_1,p_1 和 E_2,p_2，则由能量和动量守恒得

$$E_1+E_2=Mc^2,\quad p_1+p_2=0$$

此外，E_1 和 p_1，以及 E_2 和 p_2 之间成立如下关系：

$$E_1=\sqrt{m_1^2c^4+p_1^2c^2},\quad E_2=\sqrt{m_2^2c^4+p_2^2c^2}$$

将后三个式子代入能量守恒方程，求得关于 p_1 的代数方程

$$\sqrt{m_1^2c^4+p_1^2c^2}+\sqrt{m_2^2c^4+p_1^2c^2}=Mc^2$$

$$m_1^2c^4+p_1^2c^2+m_2^2c^4+p_1^2c^2+2\sqrt{(m_1^2c^4+p_1^2c^2)(m_2^2c^4+p_1^2c^2)}=M^2c^4$$

$$4(m_1^2c^4+p_1^2c^2)(m_2^2c^4+p_1^2c^2)=[M^2c^4-c^4(m_1^2+m_2^2)-2p_1^2c^2]^2$$

$$4p_1^2M^2c^2=[M^2c^2-c^2(m_1^2+m_2^2)]^2-4m_1^2m_2^2c^4$$

由上式可解得

$$p_1=\frac{c}{2M}\sqrt{[M^2-(m_1+m_2)^2][M^2-(m_1-m_2)^2]}$$

相应求得

$$E_1=\sqrt{m_1^2c^4+p_1^2c^2}=\frac{c^2}{2M}(M^2+m_1^2-m_2^2)$$

8.17 当光子与电子碰撞时，证明若电子完全吸收光子，将无法同时满足动量和能量守恒定律.

证 频率为ν的光子能量为$h\nu$，动量为$h\nu/c$；静止电子的能量为mc^2，动量为零. 若电子完全吸收光子，则由能量守恒和动量守恒得

$$h\nu+mc^2=\gamma mc^2,\quad h\nu/c=\gamma mv$$

式中，v为吸收光子之后电子获得的速度，$\gamma=(1-v^2/c^2)^{-1/2}$. 将第二式代入第一式得$\gamma mvc+mc^2=\gamma mc^2$，从中解得$\gamma=c/(c-v)$，与$\gamma$的本来数值不符，说明上述能量和动量守恒方程无法同时满足.

《电磁学与电动力学（第二版）习题解答》后记

本习题解答（胡友秋、程福臻、叶邦角、刘之景、胡岳东编著）包括两个部分，电磁学部分与电动力学部分，分别解答再版教材《电磁学与电动力学》上、下册中所布置的全部习题.

《电磁学与电动力学》上册（胡友秋、程福臻、叶邦角编）于 2008 年 7 月由科学出版社出版. 该教材是在 1994 年 5 月高等教育出版社出版的《电磁学》（胡友秋、程福臻、刘之景编）的基础上修改、补充而成的. 自出版之后，《电磁学》一直为中国科学技术大学的教师所使用. 应他们的建议，由该书的作者之一程福臻教授与他的两位辅导老师胡岳东、张为群同志编写了习题解答，于 1996 年 4 月由校教务处胶印后发给校内任课教师使用参考. 后来出版的《电磁学与电动力学》上册曾对习题作了删改，于是习题解答也需进行相应修改，此项任务由程福臻教授负责完成，修改后的习题解答仍由校教务处胶印后在校内供任课教师参考. 这次教材再版书名维持不变，作者改为胡友秋、程福臻、叶邦角、刘之景，仍由科学出版社出版. 在再版过程中，对部分习题作了调整，将原来的习题解答作了相应改动，对改动后的习题解答作了仔细审阅.

《电磁学与电动力学》下册于 2008 年 1 月由科学出版社出版，与该教材配套的习题解答由胡友秋教授主笔编写，程福臻教授审核.

在解题过程中，编者尽力做到概念清晰、方法简洁、规范，与课堂内容密切配合. 除极个别习题之外，每题只给了一种解法，供教师和同学参考. 在使用本教材和配套习题解答的过程中，本校的历届任课教师和修课同学指正了习题和解答中的多处错误；王少杰教授仔细审阅了电动力学部分的习题解答，提出了宝贵的修改意见，编者在此对他们致以诚挚谢意.

虽经过多次检查，仍难免出现疏漏和欠妥之处，衷心期盼各位老师和同学批评指正.

编　者

2013 年 12 月于合肥